KB236143

글누림 문화콘텐츠 총서 7 | 컴퓨터게임개론

저자소개

김 경 식
1991~현재 : 호서대학교 게임공학 전공 교수

최 삼 하
2003년~현재 : 호서대학교 게임공과 박사과정재학
　　　　　　　숭의여자대학 겸임교수

김 정 현
2003년~현재 호서대학교 게임공학과 박사과정 재학중

이 우 석
2003년~현재 호서대학교 컴퓨터공학과 박사과정 재학중

장 희 동
2002년~현재 호서대학교 게임공학과 교수

허 과 현
2002~현재 호서대학교 게임공학 산학협동교수

글누림 문화콘텐츠 총서 7

컴퓨터게임개론

초판 인쇄 2005년 12월 16일
초판 발행 2005년 12월 24일
지은이 김경식 · 최삼하 · 김정현 · 이우석 · 장희동 · 허과현
펴낸이 최종숙
편집 이태곤
펴낸곳 도서출판 글누림
주소 서울 성동구 성수2가 3동 301-80
전화 3409-2055
팩스 3409-2059
등록 2005년 10월 5일 제303-2005-000038호
전자우편 nurim3888@hanmail.net
값 15,500원
ISBN 89-957345-6-6-03560

글누림 문화콘텐츠 총서 7

컴퓨터게임개론

김경식 · 최삼하 · 김정현 · 이우석 · 장희동 · 허과현 공저

글누림

문화콘텐츠 총서 발간에 부쳐

호서대학교 교수님들이 주축이 된 글누림 문화콘텐츠 총서의 발간을 축하합니다. 지금 우리가 살고 있는 21세기는 지식기반 사회로 들어서고 있는 바, 이러한 문화의 세기에 대학 교육도 초국적, 초학제, 초캠퍼스라는 새로운 환경에 적응해야 합니다. 이런 시대정신의 흐름에서 가장 필요한 것이 창의적인 도전정신입니다.

이번에 발간되는 문화콘텐츠 총서는 그러한 도전정신을 가지고 우리 대학의 연구자들이 이룩한 연구 업적입니다. 금번 1차 문화콘텐츠 총서에 이어 신개척의 문화 영역에서 창의적이고 도전적인 업적들을 담은 우리의 총서는 지속적으로 간행될 것입니다.

그간 우리 대학은 벤처정신을 극대화하고 특성화함으로써 비약적인 발전을 이룩해 왔으며, 하나님을 공경하고 사회와 인류에 기여하는 참사람을 길러내는 데 최선을 다해 왔습니다. 이번 총서도 바로 이 인재 양성의 목표를 위해 노력한 그간의 창조적이고 도전적인 젊은 벤처정신이 일구어낸 결실인 것입니다.

빛과 소금이 되라는 성경 말씀을 실천에 옮긴 문화콘텐츠 총서 기획단 및 집필자 여러분의 노고에 다시 한번 격려의 말씀을 드리는 바입니다.

호서대학교 총장   강 일 구

EDITOR'S NOTE

2000년에 들어 '文化産業'이라는 이름으로 출발했던 것이 이제는 '문화콘텐츠'라는 이름으로 굳어져 다음 세대의 산업을 선도할 핵심 분야라는 평가를 듣고 있다. 문화산업이 아니라 문화콘텐츠산업이라고 그 명칭도 수정되어 지금은 문화콘텐츠산업을 진흥하기 위한 문화콘텐츠진흥원도 설립되었다. 또한 관련 학회도 활발히 활동하고 있다. 각각의 문화산업 분야의 학회는 말할 것도 없고 산업과는 거리가 멀 것 같은 人文 영역이 이젠 문화콘텐츠산업에 중추적 역할을 할 것이라는 사명감으로 인문콘텐츠학회도 만들었다.

미국에 있는 학과 교수에게 문화콘텐츠를 영문으로 표기해야 할 일이 있었다. 한국문화콘텐츠진흥원의 영문 명칭을 참조해 'Culture and Content'라는 용어로써 표기했다. 잘 모르겠다는 눈치여서 우리가 생각하는 문화콘텐츠를 설명하니 그것은 문화산업이니 'Culture Industry'로 표기해야 하는 것이라고 했다. 영화나 게임 등 상업적 목적이 뚜렷한 것은 말할 것도 없고 한국문화원형사업이든, 韓流事業이든, 지역축제든 에듀테인먼트든 그 궁극적인 목적은 문화를 기반으로 한 산업화의 가능성이라는 것을 털어놓으라는 말이다. 사실 출발이 문화산업으로부터 출발했으니 그 문화산업의 내용을 문화콘텐츠라고 지시한다고 해서 산업적 속성이 사라지는 것은 아니다.

문화산업이라고 하든, 문화콘텐츠산업이라고 하든 처음의 출발이 산업적 개념과 목적으로 시작된 것은 사실이다. 천박한 商魂은 모든 것을 상품화하기 마련이라고 나무라기 전에 가치를 인정받지 못하면 결국 존재적 의의마저도 상실될 수밖에 없는 가혹한 현실을 받아들여야 한다는 것이다. 지금의 상황이 인문학의 위기는 아니며, 인문학의 위기가 기초 학문의 위기는 더욱 아니며 학문의 위기는 더더욱 아니라고 한다. 오히려 탄탄한 기초 학문, 인문학문이 문화산업의 가능성을 열어주니 학문으로서는 새로운 대응력을 갖는 것이라고 역설한다.

우리 대학은 산학 분야에서 단연 인정받고 있다. '벤처'를 학교의 모토로 삼은 것도 벤처 산업을 염두에 둔 것이 아니라 문자 그대로의 의미에서 '모험 정신'을 내세우기 위함이다. 이러한 의미에서의 모험 정신이 산학 분야에 집중되었다면 이제는 그 학술적 역량을 발휘할 때가 되었다. 이번 문화콘텐츠 총서의 정신은 바로 여기에 있다.

이 총서는 교양 있는 일반인을 위한 문화콘텐츠의 학술적 동향과 안내를 하는 것이 그 목적이다. 쉽고 간결한 문체를 선택하도록 했고 많은 그림과 도표로써 이해를 돕도록 했다. 모든 주석은 내용주로 처리하되 설명을 위한 최소한의 주석만 넣도록 했다. 단순 전거를 밝히는 주석은 참고문헌에서 몰밀어서 제시하도록 했다. 이러한 원칙을 정하고 모두 네 차례에 걸친 심포지엄을 열어 서로의 초안을 읽고 의견을 개진했다. 그러니 이 총서는 사실 개개의 집필자의 개성에 넘치는 저작이면서도 또한 공동 작업의 결과이기도 하다.

지금은 1차 총서이지만 향후 문화콘텐츠의 전 영역에 걸쳐 2, 3차 총서가 지속적으로 발간될 것이다. 이 작업이 문화콘텐츠라는 初有의 분야에 의미 있고 중요한 저술이 되길 희망한다.

호서대학교 한국어문화학부 국어국문학전공 김성룡

PROLOGUE

본서는 대학생 및 일반인들에게 게임 제작에 대한 입문 및 제작 기술들을 사례를 통해 소개하고 생활속의 게임이라는 단원으로 현재의 사례를 소개한다.

'게임 입문'을 통해 게임의 역사와 흐름, 게임의 정의와 장르별 특성을 설명하고 산업으로서의 게임, 게임문화 와 게임 컨텐츠의 동향을 살핀다.

'게임 제작 기술'에서는 게임 제작 공정을 교양적 게임개발 사례를 통해 소개하고 그 세부적인 내용인 게임 기획, 게임 시나리오, 게임 디자인, 게임 프로그래밍, 게임 그래픽, 게임 사운드, 게임 테스팅 & 마케팅에 대해 설명한다. '플랫폼 별 게임 제작기술'에서는 현재 가장 많이 사용되어지고 있는 온라인 게임, 3D 게임, 모바일 게임, 콘솔 게임 등을 플랫폼 별로 정리하고 각각의 게임제작기술을 설명한다.

'생활 속의 게임 문화' 에서는 21세기의 문화로서 자리 잡은 게임이 실생활에 미치는 영향과 사례를 소개하고 향후 게임제작의 방향을 예측한다.

2005년 12월

저자 일동

CONTENTS

글누림 문화콘텐츠 총서 7

1. 게임 입문

(1) 게임의 정의와 특징

한적한 동네의 귀퉁이에서 경쾌한 컴퓨터음향 소리가 계속해서 흘러나온다. 대중음악 같지도 않고 클래식 음악도 아닌 색다른 소리가 사람들의 발길을 잡아당긴다. 문을 열고 그 곳으로 들어서면 조금은 어두침침한 조명 아래 마치 TV처럼 생긴 기계 앞에서 동네 꼬마 아이들이 열중하며 손을 놀리고 있다. 그 모습들은 너무나도 열중한 나머지 옆에 사람이 뭐라해도 전혀 들리지 않을 만큼 귀와 눈을 닫고 마치 화면에 찰싹 달라붙어 있는 듯 보인다. 몇몇 다른 아이들은 축구 경기중계라도 보는 듯 열중한 아이들 뒤로 둘러서서 관람을 하고 있다.

이것이 바로 10년 전 게임을 접할 수 있었던 '오락실'이라는 곳의 풍경이다. 그 때만해도 부모님 눈길을 피해야만 했으며 혹시라도 담임선생님의 눈에 띌까 걱정스레 이리저리 둘러보며 오락실 문을 급하게 열고 들어가곤 했었다. 공부하는데 방해만 되는 불필요한 음성적인 문화로 여겨지던 것이 바로 '오락', 즉 지금의 '게임'이다.

그러나 10년이 지난 지금 그 때 그 시절의 '오락'은 어떻게 변해있는가? 하루에 버스도 몇 번 안다니는 시골 한적한 마을까지 초고속 통신망이 깔려 있어 언제 어디서나 인터넷에 접속 가능하고 개인용 컴퓨터 한 대 없는 집을 찾아보기 힘들며 부모님과 아이들 사이의 다툼거리는 늘 게임 때문에 일어난다. 한 시간이라도 더 게임을 하려는 아이들과 그걸 막으려는 부모님들 간의 실랑이가 큰 사회적 문제가 되기도 한다. 집을 나와서도 동네마다 PC방에 가면 한 시간에 1-2천원으로 온갖 게임을 즐길 수 있으며 심지어는 TV에서도 게임방송을 하루 종일 방영하고 있다. 때로는 정규방송에서 특정 게임을 홍보하는 CF(Commercial Film)가 황금시간대에 올라온다.

더 이상 게임은 아이들이 가지고 노는 장난감이 아니다. 게임은 이제 온 국민의 휴식시간을 주무르는 대중문화가 되어가고 있다. 그 어떤 문화매체보다도 강력한 영향력을 행사하고 있으며 그 어느 스포츠보다도 더 많은 관중을 열광시키고 있다. 청소년들이 미래에 자신이 종사하고 싶어 하는 희망직업 중에서 항상 상위권에 위치하는 프로게이머나 게임개발자들도 이제 예전처럼

〈그림 1.1〉 (주) 엔씨소프트, 리니지2

자신의 직업을 부끄러이 여기던 시절은 지나갔다. 그야 말로 게임의 황금기가 도래했다고 해도 과언이 아닐 것이다. 세계에서 가장 큰 기업들이 게임시장을 쟁취하기 위해서 몇 억불씩을 홍보의 수단으로 써버리고 있으며 보이지 않는 전쟁을 벌이고 있는 것도 사실이다.

국내에서 이런 게임의 열풍이 불어오기 시작한 것은 아이러니 하게도 경제가 밑바닥을 치고 있던 IMF시절이었다. 게임은 생산적인 활동이라기보다는 유희의 수단이기 때문에 생활이 어려운 시절에 게임산업이 활성화 된다는 것이 이해가 되지 않는 현상이었으나 PC방의 등장과 지금까지도 게임판매 차트 1위를 고수하고 있는 불가사이한 게임 〈StarCraft〉의 인기에 힘입어 국내에 뿌리를 내릴 수 있었다. 또한, 〈바람의 나라〉로 시작된 국산 온라인 게임의 성장은 〈리니지〉를 통해서 꽃을 피우게 되었고 온라인 게임 강국이라는 명성을 얻을 수 있는 기폭제가 되었다. 초고속 통신망 보급률 세계 1위라는 막강한 통신 인프라를 배경으로 게임의 변방국이

었던 대한민국이 온라인 게임을 통해서 게임강국의 면모를 갖추어 가고 있으며 타국의 문화시장에 진입하기 위해 계속해서 해외진출을 모색하고 있다.

　정부에서도 정책적으로 게임산업을 장려하고 중흥시키기 위해 다양한 지원체계를 갖추고 있으며 이에 따라 세계에서 처음으로 대학에 게임학과가 개설되어 현재는 80여개가 넘는 대학에서 게임을 가르치고 있다. 일반대학원에도 게임과정이 개설되어 고급인력을 배출하고 있으며 몇몇 고등학교에서도 게임특성화 학교[1]를 표방하며 조기부터 게임인력을 양성하여 우수한 게임개발 인력을 육성하고 있다. 게임에 관한 학생들의 열기에 힘입어 대부분의 학교에서 학생모집에 큰 어려움을 겪지 않고 있으며 앞으로도 이러한 게임특성화 교육은 확충될 것으로 예상된다.

게임은 이제 문화다.

〈그림 1.1.2〉 김홍도의 고두놀이

　게임은 이제 대중문화(大衆文化)다. 다른 대중문화에 비해 역사가 짧다는 단점이 있기는 하나 시장규모나 발전가능성으로 볼 때 잠재력이 무궁무진한 미래지향적인 분야이다. 게임을 지배하는 나라가 국제적인 문화시장을 주도하는 시대가 멀지 않은 미래에 도래할 것이다. 유명한 게임 개발자가 어느 직업보다도 대우를 받으며 인기 게임 개발자는 지금의 유명 연예인보다도 더 인기를 얻는 시대가 도래할 것이다. 전 세계 인류가 월드컵에 열광하듯이

1. 한국게임학회 홈페이지(kcgs.or.kr)에 교육기관 및 담당교수의 연구분야, 연락처 등에 대한 자료가 있다.

세계적인 게임대회에 온 인류가 관심을 집중하고 환호하는 시대가 도래할 것이다. 초등학교에서 어린 학생들에게 게임의 역사에 대해서 가르치는 시대가 도래할 것이다.

우리 한 민족은 예로부터 찬란한 문화를 꽃피워온 감성이 풍부한 민족이다. 춤과 음악을 즐기며 풍류를 즐길 줄 아는 민족이다. 문화에 대한 이해가 타 민족에 비해 월등함이 여러 분야에서 차츰 증명되고 있다. 근자의 동남아시아에 일고 있는 한류(韓流)현상이 그 대표적인 사례라고 할 수 있다. 우리의 문화가 세계문화콘텐츠 시장을 석권할 날이 실현되기를 바라며 또 하나의 새로운 신문화인 게임에 대한 올바른 이해와 분석을 통해 타국의 음악과 애니메이션에 열광하던 과거의 청소년문화에서 벗어나 우리가 만든 게임을 구입하기 위해 외국인들이 줄을 서서 기다리는 날을 기대해본다.

❶ 게임의 정의

'게임(game)'이라는 용어가 우리 주변에서 사용되기 시작한 것은 그리 오랜 과거의 일이 아니다. 불과 10년전만해도 게임보다는 오락이라는 용어로 사용되었다. 그만큼 게임에 대한 인식자체가 정립된 시기가 근래에 이루어졌다는 것을 알 수 있다. 본서에서 게임이라고 일컫는 용어의 범위는 실상 '디지털 게임'에 한정된다. 즉 아이들이 공터에 모여서 즐기는 '숨바꼭질'이나 '무궁화 꽃이 피었습니다'와 같은 놀이와 동네 어른들이 정자나무아래에서 소일거리로 내기를 거는 '윷놀이'와 같은 종류의 게임은 제외된다.

게임의 정확한 범위와 정의에 대해서 알아보도록 하자. 먼저 게임의 사전적인 의미를 살펴보자. 게임의 어원은 '흥겹게 뛰다'라는 인도 유러피안 계통의 'gehem(혹은 ghem)'에서 파생된 단어로 게임은 재미를 느낄 수 있는 '놀이' 혹은 '오락'으로 표현하고 있다. 일반적으로 게임이라는 용어를 사용하는 대상은 매우 다양한 형태를 가지고 있으며 그 범위 또한 무척이나 광범위하다. 예를 들면 유원지나 놀이공원에서 볼 수 있는 풍선 터트리기나 두더지 잡기 등도 게임이라 불리며 여러 명이 모여서 집단을 이루어 행해지는 놀이도 게임이라고 불린다. 규칙을 정해놓고 다양한 형태의 승부를 겨루는 행위를 통 털어서 게임이라고 부른다. 〈표 1.1〉에서 볼 수 있듯이 사전적인 의미에서 게임의 목적이나 형태에 따라 그 정의가 매우 다양하다는 것을 알 수 있다.

그러나 우리가 현재 다루고 있는 게임이라는 용어의 범위는 '컴퓨터 기술을 사용한 디지털 게임'에 한정되어 있다. 따라서 사전적인 의미에서 찾을 수 있는 게임의 정의만으로는 부족하다. 게임은 컴퓨터 기술과 영상, 음악, 미술 등 종합예술이 합쳐진 뉴미디어 기술의 산물이다. 본서에서 다루는 게임이라 함은 '디지털 게임' 혹은 '컴퓨터 게임'에 한정됨을 다시 한 번 밝혀둔다.

〈표 1.1〉 Game의 사전적 의미

사 전	내 용	분 석
브리태니카 백과사전	오락의 보편적인 형태이며 일반적으로 기분전환이나 유흥을 위한 제반활동이 포함되며, 흔히 경쟁이나 시합을 수반한다.	게임의 범위를 오락의 영역으로 넓게 보고 있으나 보편성에 중심을 둔 나머지 게임의 특성을 설명해 주기에는 부족하다.
금성판 국어사전	게임이란 규칙을 정해놓고 승부를 겨루는 놀이이다.	게임의 범위를 규칙에 의거한 승부라는 점에 한정시켜 버림으로써 너무 편협하게 보고 있으며 컴퓨터 게임에 대한 정의로는 적합하지 않다.

사 전	내 용	분 석
Oxford Dictionary	A diversion of the nature of contest, played according to rules, and decided by superior skill, strength, or good fortune. (The Oxford Universal Dictionary)	기술이나 힘 또는 행운이라는 요소가 게임의 속성을 이루고 있다고 설명하고 있으나 보편적인 게임의 특성이나 속성을 설명하기에는 부족하다.
컴퓨터 용어사전	OR기법 중의 하나로서 상반되는 이해 관계자들이 각기 일정한 규칙 아래에서 행동할 때 각자가 최대의 결과를 얻게 되는 상태이다.	컴퓨터 테크놀러지에 한정되어 설명한 것으로 일반적인 게임과는 그 의미가 동떨어져 있다.

반면 법률적인 측면에서 게임에 대한 정의가 어떻게 규정되어 있는지 살펴보자. 일반적인 사전상의 의미에서 보다 좀 더 상업적이고 구체적인 정의가 되어 있다. 물론 법률적인 특성 상 일반인들이 이해하기 쉬운 용어로 정의되어 있지는 않지만 구체적으로 게임에 대해 설명하고 있다는 것을 알 수 있다. 국내에서 법률적으로 게임에 대해 언급하고 있는 것으로 가장 대표적인 법률은 음비게법으로 불리는 '음반 및 비디오물 게임물에 관한 법률'과 '문화산업진흥기본법' 그리고 '온라인디지털콘텐츠 산업발전법'이 있다. 〈표 1.2〉는 이들 법률에서 다루고 있는 게임에 대한 정의를 설명하였다.

〈표 1.2〉 법률상의 게임의 정의

사 전	내 용	분 석
음반 및 비디오물 게임물에 관한 법률	게임물이라 함은 컴퓨터 프로그램에 의하여 오락을 할 수 있도록 제작된 영상물(유형물에 고정 여부를 가리지 아니한다)과 오락을 위하여 게임 제공업소내에 설치 · 운영하는 기타 게임기구라고 정의함	게임의 특성을 반영하는 내용이라기보다는 게임의 범위를 정하는 수준에서 게임물에 대한 정의가 이루어져 있다.

문화산업 진흥기본법	문화산업의 범위를 영화, 음반, 비디오물, 게임물, 출판·인쇄물, 정기간행물, 방송 프로그램, 캐릭터, 애니메이션, 디자인 전통공예품 및 멀티미디어콘텐츠 등과 관련된 산업으로 정의함	문화산업이 국가의 주요 전략산업으로 부각됨에 따라 게임을 문화산업으로 규정하고 있으며 하나의 문화산업으로 간주하고 있다.
온라인 디지털콘텐츠 산업발전법	디지털콘텐츠를 '부호·문화·음성·음향·이미지 또는 영상 등으로 표현된 자료 또는 정보로서 그 보존 및 이용에 있어서 효용을 높일 수 있도록 전자적 형태로 제작 또는 처리된 것'으로 정의함.	디지털콘텐츠에 게임을 포함시키고 있으며 전자적 형태의 종합영상 정보로 규정하고 있음

〈표 1.2〉의 내용에서 알 수 있듯이 국내 법률 상에서 정의하고 있는 게임은 게임콘텐츠의 본질에 대한 정의라기보다는 상업적인 측면에서 법률의 적용범위를 한정하고 있다. 따라서 컴퓨터게임의 본질적인 정의와는 차이점이 있다는 것을 알 수 있다.

게임에 관한 여러 정의가 서로 엇갈리고 있는 현상은 논자들이 좀 더 비중 있게 고려하는 게임이 서로 다르다든가 논의의 초점이나 수준에 차이가 있는 데서 기인한다고 볼 수 있다. 「21C 게임 패러다임」의 저자인 김창배 선생은 컴퓨터 게임을 "컴퓨터(개인용 컴퓨터에 한정된 것이 아니라 정보처리능력을 가진 장치로서의 컴퓨터)라는 하드웨어 상에서 흥미를 유발하는 내용물이 어떤 규칙에 의거한 선택과 결정과정을 통해 진행되어 나가도록 컴퓨터 프로그램에 의하여 제작된 것"이라고 정의하고 있는데 이 정의가 게임의 특징적인 면모를 어느 정도 개념적으로 정리해주는 것은 사실이지만 문화형 디지털 콘텐츠로서 게임의 본질을 효과적으로 규정하고 있다고는 볼 수 없다. 이와 같은 현상은 기본적으로 게임이 지니고 있는 복합적인 성격, 그리고 게임 형태의 다양성과 일정하게 관련된다.

그렇다면 공식적인 게임에 대한 정의는 어떤지 살펴보도록 하자. '전자오락게임의 문화정책적 접근방안' 이라는 연구보고서에는 전자오락게임은 '전자적'이라는 기술적 측면과 '오락'이라는 놀이적 재미를 내포한 문화적 측면 그리고 '게임'이라는 상품적 측면을 포함하고 있다. 이는 게임을 전자오락게임으로 한정하면서도 단순히 게임의 특성을 설명하는 데 그치지 않고 게임의 산업적 특성을 부과하여 정의를 내리고 있는 것이다. 또 다른 보고서에 의하면 '전자오락 게임은 전자적 기술과 오락이라는 놀이적 재미성을 결합한 게임 콘텐츠와 컴퓨터 기술을 접목한 멀티미디어 기술을 표현한 영상세계이다.' 라고 정의하고 있다. 이는 전자의 정의 내용을 어느 정도 인용한 것으로 게임의 문화적 측면이나 상품성뿐만 아니라 내용적 측면과 영상이라는 매체의 측면을 강조하였다.

「게임대학」의 저자인 이카오 고우이치는 게임을 '놀이를 목적으로 한 프로그램'이라고 매우 단순하게 설명하고 있으며 이 설명은 그 단순성에도 불구하고 게임을 규정하는 데 필요한 여러 측면의 특성을 개념적으로 잘 표현하고 있다. 놀이를 목적으로 한다는 것은 게임의 목적을 함축적으로 전달하고 있으며 프로그램이라는 것은 그 놀이를 가능하게 해주는 기술적인 기반이 컴퓨터 기술에 근거한다는 것을 말해주고 있다. 물론 세부적인 제작과정이나 콘텐츠의 성격에 따르는 종합영상매체라는 부분이 빠져있기는 하지만 놀이의 범주를 크게 확대해 본다면 그 의미를 충분히 포함하고 있다고 할 수 있다. 따라서 유희적인 특성을 가지며 재미라는 목적을 지니고 있는 놀이를 컴퓨터 기술을 사용하여 만든 일종의 프로그램 혹은 종합 영상예술 매체라는 것을 알 수 있다.

<table 1.3="" 게임의="" 정의와="" 분석="">

〈표 1.3〉 게임의 정의와 분석

사 전	내 용	분 석
21C 패러다임 (김창배 저)	컴퓨터(개인용 컴퓨터에 한정된 것이 아니라 정보처리능력을 가진 장치로서의 컴퓨터)라는 하드웨어 상에서 흥미를 유발하는 내용물이 어떤 규칙에 의거한 선택과 결정과정을 통해 진행되어 나가도록 컴퓨터 프로그램에 의하여 제작된 것	게임의 특징적인 면모를 어느 정도 개념적으로 정리해주는 것은 사실이지만 문화형 컴퓨터 식으로서 게임의 본질을 효과적으로 규정하고 있다고는 볼 수 없음
전자오락 연구보고서	전자오락게임은 '전자적'이라는 기술적 측면과 '오락'이라는 놀이적 재미를 내포한 문화적 측면 그리고 '게임'이라는 상품적 측면을 포함한다.	게임의 문화적 측면이나 상품성뿐만 아니라 내용적 측면과 영상이라는 매체의 측면을 강조
게임대학 (이카오 고우이치)	놀이를 목적으로 한 프로그램	단순성에도 불구하고 게임을 규정하는 데 필요한 여러 측면의 특성을 개념적으로 잘 표현

게임의 본질을 이해하기 위해서는 놀이와 프로그램의 의미를 동시에 이해해야 할 것이다. 게임은 유희를 추구하는 오락적인 놀이로서의 성격과 예술로서의 성격을 동시에 공유하고 있으며 컴퓨터 기술의 산물인 디지털 시스템의 형태를 갖고 있다. 이처럼 다양한 성격을 갖는 경우 게임을 오락이나 예술 혹은 프로그램 덩어리 그 어느 한쪽에 치우쳐 설명하거나 이해하려는 시도는 논란을 빚을 여지가 있을 뿐 아니라 자칫 편파적인 이해를 가져올 수 있다. 대중문화에 대한 폭넓은 이해와 첨단 테크놀러지에 대한 깊이 있는 이해가 동시에 이루어져야 한다.

현대의 게임을 올바르게 정의한다는 것은 실상 매우 어려운 일이다. 그 범위가 광범위하며 사용자의 목적에 따라 혹은 구현하고 있는 기술상의 문제에 따라 다양한 특성을 가질 수 있기 때문이다. 다만 우리가 게임을 바라보는 시각이나 이해가 과거의 그것처럼 비생산적이거나 음성적인 하급문화의 대상에 머물러서는 안 된다는 것이다. 현재에도 그러하고 앞으로 다가올 미래에도 게임은 첨단기술과 종합영상매체의 결합이라는 새로운 문화장르로 그 역할을 더해 갈 것이며 대중문화 시장의 대표적인 아이콘(icon)으로 자리 잡을 것이다. 게임의 정의에 대한 논의도 앞으로의 발전가능성과 그 영향력에 대한 고려와 함께 병행되어야 할 것이다.

❷ 게임의 속성

일반적으로 게임이라고 하면 축구나 농구 같은 스포츠와 상대를 나누고 승부를 겨루는 오락활동 등을 말하지만 최근에는 전쟁이나 모의전쟁, 제 몫을 나누기 위한 협상뿐만 아니라 주식투자 및 국가 간의 역학관계도 게임이란 이름으로 일컬어지고 있다. 게임은 거의 모든 방면에서 현대의 삶 속에 존재한다. 심지어 "인생이란, 게임이다(Life is game)" 이라고 말하는 사람도 있다.

게임에는 다양한 형태의 속성을 가지고 있으며 이들이 적절히 조화되어 하나의 게임콘텐츠를 구성하고 있다. 게임이 갖고 있는 다양한 속성에 대해서 알아보도록 하자.

가. 재미

게임은 항상 즐거움 혹은 재미(pleasure)를 동반한다. 재미없는 게임은 아무런 의미가 없으며 게임으로써의 가치도 없다. 즉 재미를 수반한다는 것은 게임의 당위성이라고 할 수 있다. 인류의 시작과 함께 '유희(遊戱)'라는 행위는 현재까지도 인간의 삶과 함께 했다. 유희인

(Homo Ludens)이라고 학명이 있을 만큼 인간이 유희를 추구하는 행위는 본능적이라고 할 수 있다.

게임이 무엇이냐는 질문에 대부분의 사람들은 가장 간단한 대답을 '놀이'라고 할 것이다. 게임이라는 용어가 정착되기 이전에 사용되던 '오락(娛樂)'이라는 용어에서도 이러한 흔적을 찾을 수 있다. 비록 그 제작과정이나 매체의 형태가 일반화된 놀이의 대상과는 다르지만 궁극적으로 재미를 추구하는 것은 부인할 수 없는 사실이다. 게임을 즐기는 사람은 일반적으로 어떤 생산적인 목적을 달성하기 위해 '일'이라는 의미로 게임을 하지는 않는다. 게임이라는 활동을 통해 사람들은 즐거움과 만족을 얻고 있으며, 일과는 다르게 강제성이 없이 자발적으로 참여하게 된다. 이는 재미있는 행위이며 그 행위에 따른 보상으로 심적인 만족을 얻을 수 있기 때문이다.

플레이어는 게임을 하면서 새로운 세상에 대한 탐험욕구와 화려한 시각적, 청각적 자극을 즐기게 되고 일상생활이나 일에서 생기는 스트레스에서 벗어나 기분을 전환하거나 정신적인 피로를 풀고 새로운 생활의욕을 높이기 위한 레크레이션 활동의 대신으로 인식한다. 현실에서는 갖지 못한 대단한 능력을 지닌 자신의 모습을 게임 속 캐릭터에서 투영시켜 새로운 삶에 대한 동경을 맛보기도 하며 사회적인 규범 및 보편적인 가치관 때문에 경험할 수 없었던 행동에 대한 간접적인 경험을 맛보기도 한다. 이러한 일련의 행위를 게임이라는 새로운 세상에서 경험하며 희열을 느끼게 되는 것이다.

영화 〈13층〉[2]을 보면 게임을 즐기는 이러한 사람들의 심리가 잘 표현되어 있다. 실제 현실과 흡사하게 구현된 가상현실세계를 드나들며 사회적인 지위와 전통적인 가치관으로 인해 억

---

2. Josef Rusnak 감독의 1999년 작. 가상현실과 그를 창조한 도덕성에 대해 다룬 SF영화. 존재의 의미에 대한 고민을 하게 만드는 스릴러물이며 절대적인 신의 능력을 갖게 되는 인간의 타락과 회복에 대한 원초적인 질문을 던지는 영화

눌러왔던 자신의 욕망을 실현하게 되는 한 컴퓨터 공학자의 심리상태를 살펴보면 게임을 즐기는 사람들의 공통적인 심리 상태를 유추할 수 있다. 가상세계라는 설정은 모든 행위에 대한 면죄부로 작용할 수도 있으며 자신의 행동에 의해 발생되는 다양한 결과에 대해 책임을 지지 않아도 된다는 점이 바로 게임 속에서 플레이어들이 희열을 느끼는 가장 기초적인 배경인 것이다.

〈그림 1.3〉 The Thirteenth Floor

그 원인이 어디에서 기인하던 간에 게임은 다양한 형태의 즐거움을 플레이어에게 제공하고 바로 그 때문에 중독에까지 이르는 심도 있는 몰입을 만들어 내는 것이다. 게임에 수반되는 재미는 매우 다양하다. 스펙터클한 효과를 중심으로 시각적 · 청각적인 즐거움을 선사하기도 하며 미지의 세계에 대한 동경이나 동심에서 볼 수 있었던 판타지를 구체적으로 선사하기도 한다. 인간의 본능적인 심리상태를 불안정에서 안정으로 혹은 안정에서 불안정한 상태로 재구성하는 재미를 선사하기도 한다. 퍼즐(puzzle)장르가 그 대표적인 예이며 원초적인 본능을 자극하는 재미를 선사하기도 한다.

나. 규칙

모든 게임은 규칙(rlue)으로 이루어진다. 규칙이 있는 재미있는 놀이가 바로 게임인 것이다. 게임을 진행하는데 있어 명확한 규칙이 규정되어 있지 않다면 게임플레이에 예상하지 못한 많은 혼란이 발생하게 된다. 게임을 즐기는 플레이어의 행위방식은 물론이고 게임월드 안에서 발생하는 모든 사건에 대해 일정한 규칙이 있어야만 톱니바퀴가 서로 엇물려 한 치의 오차도 없이 제대로 동작한다.

규칙이란 무의식적으로 반복되거나 의미 없는 것들로 받아들여지던 것들 즉, 무의식적인 대상을 의식화한 것이다. 장기를 예로 든다면 차(車)라는 것의 움직이는 방식과 마(馬)라는 것의 움직이는 방식이 서로 다르게 설정한 것을 말한다. 두 가지 말의 특성에 따라 움직이는 거리와 움직이는 방향 그리고 우선순위와 공격의 방법까지도 일정한 규칙을 설정해 놓고 그 규칙 안에서 플레이어는 장기라는 놀이를 즐기게 되는 것이다. 만약 장기에 각각의 말의 움직임에 대한 규칙이 일정하지 않다면 장기를 두던 두 사람이 서로의 진행방법에 대한 일관성을 찾을 수 없어서 싸우게 될 것이 분명하다.

또 다른 예를 들어보자. 근래 인터넷 게임포탈을 중심으로 부담 없이 즐길 수 있는 온라인 캐주얼 보드게임이 유행하고 있다. 특히 하드코어(hardcore)[3]한 게임에 부담감을 가지고 있는 20~30대 층의 여성유저와 어린이 층에 많은 인기를 누리고 있다. 그 중 고스톱을 예로 들어보도록 하자. 고스톱은 각 지역마다 조금씩 규칙이 다르다. 각 지방의 여러 곳에서 동시에 접속해서 즐기는 온라인 고스톱에서 각기 지방마다의 규칙을 그대로 모두 적용한다면 게임진행에 많은 어려움이 생길 것이다. 따라서 게임에서는 각기 상이한 규칙을 하나로 통일해서 게임을 시작하는 모든 사용자에게 숙지시키게 된다. 규칙에 대한 공정성과 일관성을 유지해서 게임 진행을 매끄럽게 하도록 하기 위함이다.

이와 같이 규칙과 게임은 따로 떼어서 생각할 수 없는 필수적인 구성요소라고 할 수 있다.

---

3. 게임에서 하드코어(hard-core)는 가볍게 즐길 수 있는 그런 종류의 게임이 아니라 게임을 즐기는 데 있어 상당한 지식과 게임에 대한 경험이 있어야 하는 게임을 말한다. 대부분 매니아적 성격이 강한 게임들이 주를 이룬다. 난이도에 있어 결코 쉽지 않은 특징을 보이며 게임시스템을 익히는 데에도 상당시간이 소요되는 게임을 의미한다.

게임은 어떤 목적을 성취하기 위한 것이지만 게임을 진행시키는 것은 규칙이다. 게임을 한다는 것은 규칙을 지키고 그것을 즐기는 것이나 다름없다. 게임의 규칙을 존재하게 만드는 것은 바로 경쟁인데 규칙은 경쟁을 공정하게 유지하기 위한 수단인 것이다.

다. 갈등과 경쟁

혼자서 즐기는 게임을 스탠드얼론(stand-alone) 게임이라고 부른다. 그러나 스탠드얼론 게임이라고 해서 경쟁(competition)하는 상대가 없는 것은 아니다. 게임 안에서 나와 경쟁하는 것은 컴퓨터인 것이다. 게임은 본질적으로 경쟁과 동일하며 경쟁 후의 보상이 긍정적이고 재미를 수반한다는 점에서 즐거운 경쟁이라고 할 수 있다. 일반적으로 경쟁은 나와 또 다른 사람의 사이에서 혹은 좀 더 큰 의미에서는 집단과 집단 사이에서 발생하는 것이지만 게임에서는 사람과 컴퓨터 혹은 게임에 접속해 있는 플레이어와 또 다른 플레이어 사이에서 발생하게 된다.

일반적으로 게임에서는 경쟁하고 있는 두 명 혹은 그 이상의 플레이어에게 신체적인 능력, 지적 수준 등의 현실적인 배경과는 관련 없는 대등한 조건의 환경을 제공한다. 즉, 달리기 게임을 한다면 현실에서는 스피드가 빠른 사람이 늘 일등을 하겠지만 게임은 달리기를 하는 동안에는 플레이어의 장점과 단점이 시로 보완되어 경생 자체에 열중할 수 있도록 배려하고 있다. 설령 초기에 불리한 입장에서 시작한다고 하더라도 결과를 바꿀 수 있는 여러 가지 장치를 설정하여 게임을 즐기는 플레이어로 하여금 흥미를 유발하고 경쟁심을 심어주는 것이다.

즐거운 경쟁을 유발하는 것이 바로 게임이며 그를 위해 잘 설계된 규칙이 필요한 것이다. 결과에 대해 현실적인 부담이 없으며 그로 인한 어떤 영향도 받지 않기 때문에 플레이어는 경쟁이라는 흥미로운 행위자체에 몰입할 수 있는 것이다. 게임의 규칙은 긍정적인 것만 있는 것이 아니라 규칙 위반에 대한 벌칙을 마련하고 있으며 규칙 위반자는 엄히 다스리는 것이 일반적인 현상이다. 게임이 규칙에 의거해 진행되므로 게임을 정상적으로 진행시키기 위해 반드시 필요한 일종의 장치인 셈이다.

라. 선택

"게임은 흥미로운 선택(choice)의 연속이다."

인터렉티브 미디어와 게임디자인 분야의 선구자로 알려져 있는 크리스 크로포드4의 말이다. 게임을 개발하는 개발자들은 항상 이 문제에서 어떻게 즐길 수 있게 게임을 설계할 것이냐에 대한 고민을 한다. 게임은 다른 서사적인 매체와 동일하게 서사성을 갖는다. 즉, 일련의 사건들이 연속적으로 발생하는 이야기 구조를 갖는다. 사건의 연속성을 갖기 위해 사건과 사건을 연결시켜주는 부분의 선택을 플레이어에게 맡기는 것이다. 이는 게임이라는 서사적 매체 속으로 플레이어를 몰입시키는 것과 함께 흥미를 유발시킬 수 있는 최적의 구조이다.

MMORPG와 함께 국내에서 가장 많은 인기를 끌고 있는 게임 장르인 전략게임장르는 이러한 선택상황을 과장하고 부각시키는 대표적인 게임 장르이다. 대부분의 전략게임들은 게임의 목적을 달성하기 위해 플레이어가 해결해야 할 일들을 전략적으로 분석하여 처리하는 형태로 설계되어 있다. 즉, 순간순간의 주변 요건이나 상황에 대한 정보를 수집하여 분석하고 가장 최적화된 대응방안을 마련하여 대처할 수 있도록 이야기 구조를 만들고 있는 것이다. 따라서 게임에서의 선택이 무의식적인 반사반응이 아니라 전략적인 안배에 의해 일어나도록 만드는 것

4. 크리스 크로포드(Chris Crawford) : 1979년 Atari에서 게임디자인을 시작한 이후 수많은 게임을 디자인 했다. 1982년 컴퓨터 게임디자인기술(The Art of Computer Game Design)을 출판했고, 1985년에는 게임개발자회의(Game Developers Conference)를 창설했다.

이다.

　떨어지는 블록을 적당한 위치로 이동시켜 바닥에 쌓여 있는 요철(凹凸)에 정확히 맞추면 쌓이는 블록이 사라지도록 설계된 〈테트리스〉에서도 전략적인 선택은 존재한다. 떨어지는 블록을 적당한 위치로 움직이는 것은 물론이고 블록을 회전시켜 맞추기 적당한 방향으로 재배치하는 것과 다음에 등장할 블록의 모양을 보고 전략적인 선택을 할 수 있도록 설계한 것이 그것이다. 어드벤처 게임에서 두 갈래의 길을 만나서 그 간의 게임을 진행하면서 수집한 정보를 총동원하거나 특정한 아이템을 사용해서 올바른 길을 찾아내는 것이 바로 그것이다. 스포츠게임에서 특정 선수를 게임진행 도중 투입할 것이냐 현 인원 그대로 진행할 것이냐의 선택을 내리는 것이 게임에서 요구되는 흥미로운 선택이다.

　마. 능동적인 참여

　게임의 본질적인 성격은 상호작용(interactivity) 혹은 능동적인 참여와 피드백(feedback)이라고 할 수 있다. 일반적으로 다른 여타의 매체들은 정보의 전달이 수동적이며 단방향적으로 이루어진다. 즉 관객의 입장에서 혹은 관람자의 입장에서 매체에 접근하며 매체가 전달하고자 하는 정보에 대한 수용과 판단만이 존재하게 되는 것이다. 영화를 만드는 감독은 기본적으로 자신이 전달하고 싶은 메시지를 관객에게 전달하기 위해 연출을 한다. 이야기의 전개에 따라 어떤 곳에서는 관객들을 웃기고 어떤 곳에서는 관객들의 눈물을 흘리게 한다. 이는 감독의 의지에 따라 관객들의 반응을 유도하는 것이다. 다시 말해 영화를 만든 감독으로부터 영화라는 매체를 통해 메시지가 관객들에게 한쪽방향으로 흘러가는 것이다. 대부분의 매체들은 이러한 형식을 취하고 있다. TV, 라디오, 영화, 음악 등 대중매체들이 동일한 성격을 갖고 있다.

하지만 게임은 그와는 매우 다른 특성을 보인다. 게임을 만드는 개발자는 자신의 메시지를 게임을 통해 플레이어에게 전달하는 것이 아니라 다만 플레이어의 흥미로운 선택을 유도해 낼 수 있는 특정한 상황을 연출하는 것뿐이다. 물론 게임에도 다른 매체와 마찬가지로 기본적인 주제와 소재 그리고 서사적인 이야기 구조가 존재한다. 권선징악이나 사랑을 주제로 하는 게임들이 많고 소재는 중세 판타지나 SF가 주를 이루고 있다. 이는 게임도 서사적 이야기 구조를 갖고 있는 일반적인 매체이기 때문이지만 게임에서는 타 매체에서 찾아볼 수 없는 독특한 부분이 있다. 게임을 즐기는 플레이어의 능동적인 참여가 기본적인 매체의 근간이라는 것이다.

과거 TV오락 프로그램 중에서 특정사건에 대해 주인공이 선택을 달리할 경우에 발생하는 결과를 두 가지로 보여주는 프로그램이 있었다. 이 프로그램에서와 마찬가지로 게임을 즐기는 플레이어는 특정 선택상황에서 자신이 스스로 내린 결정이 게임의 진행 전체에 영향을 미친다는 것을 잘 알고 있으며 이를 즐긴다. 플레이어의 의견과 선택사항이 게임의 진행을 이끌고 가는 주된 요인이기 때문에 플레이어는 게임플레이에 더 깊게 몰입될 수밖에 없다. 근래에 들어 스토리 자체를 게임 플레이어들이 만들어 나간다는 온라인 게임들은 바로 이러한 게임에 능동적으로 참여하는 플레이어들의 속성을 이용해서 여타 모든 서사적 이야기 구조를 플레이어의 행동에 의해 다양하게 변화할 수 있는 환경을 제공하고 있다. 이는 플레이어가 개발자의 의도에 따라 움직이지 않고 자신만의 스타일과 자신만의 느낌으로 게임을 즐길 수 있는 독특한 방식을 선보이는 것이다.

연극이나 뮤지컬과 같은 문화장르에서 이러한 시도들을 해보고 있지만, 디지털 매체가 아니라는 한계가 있기 때문에 게임과 같은 플레이어의 깊은 몰입을 유도해 낼 수가 없다. 게임은 첨단 컴퓨터 기술력과 종합예술이 결합한 새로운 매체라는 특성에 근거하여 플레이어와 게임 월드 사이에 완벽한 피드백시스템을 갖추고 있다.

능동적인 참여가 없는 게임은 게임이 아니다.

바. 서사성

'서사(narrative)'라는 말이 '사건에 대한 서술'을 의미하는 문학 고유의 용어인 까닭에 게임이란 새로운 문화의 형식을 설명하는 데 적합한 용어인가에 대해 의문을 가질 수 있다. '서사'는 통상 '사건의 서술'을 의미하며 사건은 여러 가지 행위에 의해 이루어지는 사건들의 연속을 이름하는 일정한 단위의 총체적인 개념으로 인식해야 한다. 서사라고 말할 때 우리는 그 내부에 속해 있는 일련의 과정과 부분적 요소를 지니지 않는 원소와 같은 기초 단위의 실체를 서술되는 사건으로 상정하지는 않는 것이다. 이와 같은 개념을 전제할 때 '게임의 프로그램'을 서사와 연관지어 이야기하는 데는 무리가 따른다. 따라서 게임의 서사라고 부르는 것은 흔히 이야기나 스토리라고 지칭되는 일정한 현상과는 구분되는 게임 플레이어의 '사건체험' 그 자체라는 사실을 알아야 할 것이다. 즉 문학의 텍스트에서는 사건을 서술하기 위해서 화자가 필수 요건이다. 그 화자가 표면에 노출되어 있거나 숨겨져 있거나 간에 문학 텍스트에서는 사건을 인지하는 사람과 인지된 사건을 서술하는 사람이 반드시 있어야 한다.

이에 반해 게임의 서사는 문학텍스트나 극 텍스트에서 이루어지는 서사와는 달리 사건의 인

〈그림 1.4〉 귀무자2, Capcom

지와 서술의 과정이 모두 게이머 자신에게서 일어난다. 게임을 하는 사람 자신이 주어진 여건을 이용하면 주체적으로 자유롭게 사건을 만들어나가고 그과정에서 사건에 대한 독자적인 체험을 하게 된다. 즉 게임에서 게이머는 사건을 일으키는 행위자이자 그 사건을 주관적으로 인지하는 유일한 사람이다. 플레이어는 스스로 판단하여 행동을 선택하고 그 선택에 따라 행위를 하면서 그 행위의 과정과 결과를 인지할 뿐 다른 누구에게도 그 사건에 대해서 전달하지 않는다. 플레이어의 주관적 체험을 제외하면 게임의 서사는 어느 곳에도 객관적으로 존재하지 않는 셈이다.

물론 게임을 개발하는 게임 개발자들은 자신이 전달하고자 하는 메시지를 여러 가지 방법을 통해 게임 속에 장치한다. 플레이어가 느끼지 못하도록 숨겨놓는 경우도 있으며 게임에 영화의 형식을 빌어서 서사적인 요소를 담아내기도 한다. 일반적으로 일본에서 많이 개발하는 형태의 RPG에서 이러한 형식을 찾아볼 수 있다. 즉, 게임의 기본적인 진행은 플레이어의 선택에 의해 이루어지지만 바탕에 깔려 있는 시나리오에 의해 목적지점으로 나아갈 수 있도록 교묘하게 배치되어 있으며 중간 중간 강제로 진행되는 부분과 자주 등장하는 동영상 등이 바로 게임의 서사적인 부분이

다. 개발자는 이런 요소들을 적절히 사용해서 플레이어에게 고정된 사건의 진행을 따라가도록 강요하지 않으면서도 적절한 메시지를 전달할 수 있는 방법을 모색하고 있는 것이다. 예를 들어 캡콤(Capcom)의 히트작인 〈귀무자(鬼武子)〉 시리즈를 보게 되면 전국시대의 효웅 '오다 노부나가'가 죽었던 '혼노지의 변(本能寺の變)'과 '천정이가의 난(天正伊駕の亂)'을 주요 소재로 스토리가 구성되어 있다. 주인공이 악의 근원인 '오다 노부나가'를 쓰러뜨리는 것이 주요 내용이다. 이를 표현하기 위해 게임에서는 자주 화려한 동영상이 등장한다. 게임의 진행에 필요한 내용을 동영상이라는 방법을 통해 플레이어의 서사적 서술자의 역활을 배제하고 일반적인 서사문학의 형식을 구현한 아주 좋은 예라고 볼 수 있다. 형식의 차이가 있기는 하지만 게임 속에는 분명 서사적인 이야기 구조가 존재하고 이는 기본적인 게임의 속성이라는 데에는 반론이 있을 수 없다.

사. 목표

게임에는 반드시 목표(goal)가 있다. 흑백화면에 직사각형과 원의 조합으로 이루어졌던 초기의 게임에서부터 화려한 그래픽과 웅장한 사운드로 무장한 현대의 게임에 이르기까지 플레이어에게 주어지는 목표는 반드시 존재한다. 다시 말해 게임의 목표는 게임을 종결시킬 수

〈그림 1.5〉 Prince of Persia, UBI Soft, 1989

31

있는 궁극적인 조건을 의미하며 플레이어는 이 조건을 달성하기 위해 준비된 게임플레이를 통해 목표를 향해 나아가는 것이다.

286컴퓨터가 처음 보급되던 시절에 처음으로 개인용PC를 구입해서 사용하던 무렵 큰 충격으로 다가왔던 게임이 있다. 〈페르시아의 왕자(Prince of Persia)〉라는 게임이다. 3D라는 개념이 정립되지 않았고 기술적으로 구현이 불가하던 그 시절에 등축시점(isometric-view)5을 사용해서 주인공 캐릭터가 탐험하던 미로가 마치 실제인 것처럼 느낄 수 있게 해준 게임이었다. 그 게임의 목표는 페르시아의 지하 감옥에서 탈출해 나쁜 마법사에게 납치된 공주를 60분 이내에(실제시간) 구출하는 것이다. 공주를 구한다는 판타지적인 설정과 함께 시간적인 제한장치를 둔 것이 게임을 좀 더 흥미롭게 만드는 아주 중요한 요소로 작용했다.

대부분의 게임들은 시작부분에 등장하는 동영상이나 프롤로그에서 이러한 게임의 기본 스토리와 목적에 대한 정보를 플레이어에게 전달한다. 아주 간단한 게임일지라도 게임이 갖고 있는 배경스토리가 존재하며 사건의 해결을 위한 게임진행의 목표가 존재한다. 플레이어들은 이러한 배경 스토리와 목표에 대해서 정보를 습득한 후 게임을 플레이해야 좀 더 재미를 느낄 수 있으며 몰입될 수 있는 것이다.

아. 비선형성

게임에는 예측불가능한 결말이 존재한다. 동일한 사람과 동일한 시간에 동일한 곳에서 동일한 조건하에서 바둑을 둔다고 해도 매번 다른 결과가 나오는 것처럼 게임은 그 과정이나 결과에 대해 비선형성(non-linearity)을 갖는다. 대부분의 게임들은 플레이어의 선택에 따라 이야

---

5. 3차원 좌표를 2차원 좌표로 변환하여 보여주는 투시기법의 하나로 X.Y.Z 축의 축소 비율이 모두 같은 경우를 등축투시법이라고 한다. 2D이지만 3D와 같은 느낌을 줄 수 있는 시점표현 기술의 하나이다.

기의 결말이 달라지는 멀티엔딩(multi-ending)의 형식을 갖는다. 이는 다양한 플레이어의 선택에 따라 이야기 구조를 달리함으로써 불확실한 미래에 대한 긴장감과 호기심을 증가시켜 좀 더 사실성을 부각하기 위함이며 반복적인 플레이를 유도하는 장치이기도 하다. 전통적인 미디어 매체들은 선형적인 구조를 갖는 것이 일반적이다. 시작과 결말이 분명하며 그 중간 과정 또한 일직선상에 존재하며 단조로움을 피하기 위해 반전이라는 극적 장치를 구축하기도 하지만 이야기 구조 자체에 영향을 미치지는 못한다.

그러나 게임에서는 이러한 전통적인 미디어 매체들과 확연히 구분되는 비선형적인 이야기 구조를 갖고 있다. 즉 게임을 플레이하는 플레이어의 선택에 따라서 서사 자체가 다른 방향으로 흘러갈 수도 있으며 결말이 여러 개가 될 수도 있다는 것이다. 이러한 멀티엔딩의 형식을 보여주는 대표적인 게임인 〈프린세스 메이커(Princess Maker)〉6를 예로 들어보자. 게임의 내용은 매우 단순하다. 악마와의 전쟁에서 승리한 한 용사는 수호신한테서 천계의 여인이라는 10살내기 소녀를 받게 된다. 18세가 될 때까지 용사는 아이를 정성스럽게 키우게 되는데 키우는 방식에 따라서 다양한 직

〈그림 1.6〉 Princess Maker, Gainax, 1991

6. 일본 가이낙스(Gainax)사에서 1991년에 제작한 육성시뮬레이션 게임. 1994년에 2편이 등장했고 이후 제작사가 교체되어 1997년에 3편까지 제작되었다. 10세부터 18세까지 소녀를 키우면서 다양한 방식을 통해 육성시켜서 최종적으로 공주를 만드는 게임

업을 갖게 되거나 훌륭하게 자라서 공주가 되기도 한다. 즉 게임의 결말이 매우 다양하게 준비되다는 것이다. 플레이어의 플레이 방식에 따라 서사의 구조가 바뀐다는 것을 말한다. 이것이 바로 게임의 비선형성이다.

프린세스 메이커처럼 이야기가 여러 가지로 결말을 맺게 되는 멀티엔딩의 형식이 있는가하면 시작부터 플레이어의 선택에 따라 다른 캐릭터의 스토리라인으로 게임이 진행되는 형식도 있고 중간에 스토리가 분기하거나 혹은 다시 합류하기도 하는 등 다양한 형태를 갖게 된다. 플레이어의 선택과 능동적인 참여라는 기본 성격으로 인해 서사의 구조가 비선형적인 구조를 갖게 되는 것이다. 이는 게임을 즐기는 플레이어로 하여금 자신만의 서사 구조를 만들어나가는 새로운 재미를 생성하는 또 하나의 요인이 되고 있다. 이러한 비선형적 서사구조에 대한 여러 특징들 때문에 근래 들어 영화나 다른 매체에서도 실험적으로 시도되고 있다. 이는 비선형적 서사구조가 선형적인 서사구조에 비해 메시지 전달능력은 떨어지지만 관객의 심도 있는 몰입을 유도하기에 더 유리하기 때문이다. 물론 아직까지는 이 두가지 서사방식의 완벽한 결합체는 완성되지 못했으나 전통적서사와 비선형적 디지털서사의 중간영역으로 점차 그 형태를 갖추어 가고 있다. 인터렉티브 시네마나 인터넷을 이용한 디지털 드라마, 그리고 전통적인 서사구조와 스토리를 부각시키는 일부 장르의 게임 등이 그 좋은 예라고 할 수 있다.

❸ 게임의 특징

가. 게임의 문화적 특징

문화(文化, Culture)라는 용어는 본래의 경작(耕作)이나 재배(栽培)라는 의미에서 사용되었으나 나중에는 교양, 예술 등의 뜻으로 사용하게 되었다. 영국의 인류학에서는 문화란 지식 · 신앙 · 예술 · 도덕 · 법률 · 관습 등 인간이 사회의 구성원으로서 획득한 능력 또는 습관의 총체라고 정의를 내리고 있으며[7] 현대의 문화인류학에서는 인류에서만 볼 수 있는 사유(思惟), 행동의 양식 혹은 생활방식 중에서 유전에 의하는 것이 아니라 학습에 의해서 소속하는 사회로부터 습득하고 전달받은 것 전체를 포괄하는 총칭으로 설명하고 있다.

문화의 용어적인 특징만으로 살펴봐도 게임도 문화의 한 범주에 속한다는 것을 알 수가 있다. 특히 현대를 대표하는 주요 놀이문화로 성장하여 일반적인 대중에게 거부감 없이 인식되고 있으며 지적 재산으로서의 그 부가가치가 매우 높다고 할 수 있다. 게임은 앞서 설명한 것처럼 첨단 기술인 컴퓨터 테크놀러지와 영상 · 음악 · 미술 등 종합예술이 합쳐진 뉴미디어 제작 기술의 산물이다. 기존의 문화에서 발전되어 과학과 전자기술이 접목되어 발전된 형태의 문화인 것이다. 게임에는 음악도 존재하고 미술도 존재하며 인류학도 존재하고 중세판타지와 같은 문학도 존재한다. 문화라고 인식되고 있는 거의 모든 형식이 게임 안에 녹아 있는 것이다.

게임은 기존의 첨단 대중문화와는 본질적으로 성격이 다른 양상을 보인다. 대중문화를 주도하고 있는 현대의 문화매체는 매스미디어를 들 수 있다. 수단(手段)의 의미로 불특정 대중에게 공적 · 간접적 · 일방적으로 많은 사회정보와 사상을 전달하는 신문 · TV · 라디오 · 영화 등의 시청각매체(비인쇄 또는 전파매체)로 대변된다. 이 들의 공통적인 특징은 정보전달의 단방향성에 있다고 볼 수 있다. 즉, 문화의 정보가 매체에서 일반 대중에게 한쪽 방향으로만 흘러간다고 할 수 있다. 예를 들어 영화를 만드는 감독의 의도에 따라 관객은 치밀하게 연출된 부분에서 눈물을 흘리기도 하고 웃기도 하며 가슴 찡한 감동을 체험하기도 한다. 이는 감독이 사전

7. 인류학자 E.B.Tyler, 원시문화(Primitive Culture), 1871

에 준비한 이야기를 풀어놓으면 관객은 그것을 통해 간접적인 체험을 하게 되는 것이다.

게임은 이 같은 일반적인 매체와는 다른 성격을 갖는다. 게임은 상호작용성을 기본성격으로 갖는다. 게임은 연속적인 선택상황 아래 게이머의 자유로운 선택에 따라 그 연속이 유지되는 독특한 성격을 지닌 매체이다. 게임은 또 하나의 세계이다. 게이머는 게임 속에 만들어진 가상세계에서 또 다른 자신과의 만남을 즐기고 있으며 현실세계에서는 맛 볼수 없는 일탈(逸脫)과도 같은 새로운 삶을 살고 있는 것이다. 때로는 2차 세계대전의 유명한 야전사령관이 되기도 하며 중국 삼국지 속의 제갈량이 되기도 하며 중세 판타지 속에 나오는 요정이 되기도 한다. TV속에서나 볼 수 있었던 멋진 스포츠카를 타고 서울 도심 한가운데를 질주하기도 하며 시속 300km를 넘나드는 스피드의 세계에서 경주를 하기도 한다. 아름다운 여인들 속에서 사랑의 줄다리기를 하는 멋진 남자 주인공이 되기도 한다. '나비가 나인지 내가 나비인지 분간치 못하겠다'는 장자(莊子)의 호접지몽(胡蝶之夢)8에서 일컫는 물아일체(物我一體)의 경지에 몰입하게 되는 것이 바로 게임의 세계인 것이다.

다만 그 속의 주체가 자신이 된다는 것이다. 즉 모든 결정을 나의 의지에 의해 이루어지며 나의 의지는 게임 속 캐릭터를 통해서 게임세계에 반영된다. 게임을 개발하는 개발자는 흥미로운 선택의 연속을 던져주고 게임을 즐기는 대중은 그 선택상황을 자신의 의지에 따라 선택하고 그 결과를 즐기는 것이 게임인 것이다. 이러한 점에서 다른 매체와 확연히 구분이 되는 매체적인 특징이 있다.

게임은 이미 청소년 뿐 아니라 30-40대의 기성세대에게도 주요한 놀이 문화로 자리 잡고 있다. 화이트칼라(white-color)9를 대변하는 샐러리맨이 업무 중 쉬는 시간이나 점심식사 후의 휴식시간에 삼삼오오 모여서 컴퓨터 게임을 즐기고 있으며 30-40대의 주부들이 여가시간

8. 장자의 제물론편(齊物論)에 나오는 이야기, 피아(彼我)의 구별을 잊는 것, 또는 물아일체의 경지를 비유하는 고사성어
9. 경영인・사무직・판매직 등에 종사하는 사람들로 신중산계급의 핵심세력을 일컫는다. 명목상으로는 육체적 노력이 요구되는 일을 하더라도 실제로는 상품생산과는 전혀 무관한 일을 하는 사람을 가리킨다.

에 가장 많이 즐기는 것이 컴퓨터 고스톱이라는 사실이 이를 증명한다. 〈스타크래프트〉라는 게임은 '프로게이머'라는 신종 직업을 만들었으며 프로게임 리그를 창설하고 프로게임 팀을 만들었다. 프로게임 리그의 결승전에 10만이 넘는 관중을 동원하기도 했다. 어떤 스포츠가 10만이 넘는 관객을 동원할 수 있을까?

대중문화가 아닐 수 없다.

이제 게임은 대중문화이다.

나. 게임의 산업적 특징

게임 산업은 1960년에 도입된 이래 짧은 시간 동안 초고속 성장을 해온 산업으로 그 대표적인 특징은 부가가치가 높으며 모험성이 강한 산업이라는 특징을 갖는다. 일반적으로 게임산업은 낮은 재료비와 높은 판매가격으로 인하여 부가가치 면에서 자동차나 가전산업보다 훨씬 월등한 가치를 창출하고 있으며 영화나 애니메이션과 유사하게 게임 자체의 흥행 여부에 따라서 하루아침에 높은 이익을 얻을 수 있는 대표적인 벤처산업이라고 할 수 있다. 게임 산업은 초기에 설비 투자비용이 많이 소요되지 않는 인력중심의 S/W 개발 산업이다. 따라서 게임 산업은 타 산업에 비하여 높은 수익성을 가지고 있으며 성공했을 경우 타 산업으로의 응용이 용이한 디지털 매체 제작 산업이다.

게임 산업은 제조업과는 달리 커다란 공장이나 많은 종업원을 필요로 하는 사업이 아닌, 소수의 인원으로 사업을 시작할 수 있으며 다수의 획일적인 아이디어보다는 소수의 창의적인 아이디어에 의하여 성공할 수 있는 사업이다. 개발도상국처럼 경제문제에 국가의 힘이 전력투구되는 국가보다는 경제문제와 아울러 삶의 질을 논할 수 있는 선진국에 보다 적합한 산업이라 할 수 있으므로 미래 지향적인 지식기반 산업이라 할 수 있다. 이런 중요성을 인식했기 때문에 국내에서도 10년 남짓한 짧은 그 역사에도 불구하고 국가적으로 중요한 국책육성산업으로 부각되고 있으며 온라인게임 분야는 세계적으로 그 시장과 기술력이 인정되고 있다.

이러한 특징에 따라 과거에는 소수의 능력 있는 개발자들의 열정과 땀에 의해 이끌어지던 게임 산업은 점차 그 시장규모가 확대되고 기반기술력이 향상됨에 따라 영화산업과 마찬가지로 제작규모의 양분화를 걷고 있다. 즉, 대규모의 자금이 유입되어 개발규모가 100억원 가까이 되는 블록버스터(block-buster)[10]급 개발사와 소수의 인원으로 게임성에 승부를 거는 저예산 게임개발사로 양분되고 있다. 최근에 와서는 전 세계 체인망을 가진 게임유통사가 등장하면서 게임제작도 소수정예의 원칙을 벗어나 전 세계의 공통된 가치관을 전제로 한, 게임이 제작되기 시작하면서 홍보마케팅 등에 수백만 달러가 투입되어 소규모의 게임개발사 및 제작사들의 입지가 점점 작아지고 있다.

게임산업은 영상과 음향 등 멀티미디어 기술이 집약된 산업으로서 최근 멀티미디어화의 진전으로 세계적으로 급속하게 성장하고 있다. 더불어 인터넷의 발전에 따라 게임은 국경과 문화의 경계를 초월하는 핵심 콘텐츠의 하나로 각광받고 있다. 또한 게임은 그 특성상 브랜드 이미지와 캐릭터 상품 등 다양한 부가가치 파생상품을 활용할 수 있는 산업이기도 하다. 원소스 멀티유즈(one-source multi-use)가 가능한 게임은 다양한 산업관계를 형성해나갈 수 있다. 즉, 〈리니지〉와 같은 경우를 예로 들어보자. 〈리니지〉는 개발 전 만화의 인지력을 바탕으로 게임에 대한 초기 지지기반을 확보하였으며 다시 게임산업의 발전을 기반으로 〈리니지〉 게임에 등장하는 캐릭터에 대한 캐릭터 산업을 활성화 시킬 수 있었다. 또한 이를 바탕으로 게임이나

---

10. 원래는 제2차세계대전 중에 쓰인 폭탄의 이름으로 한 구역을 송두리째 날려버릴 위력을 지녔다고 해서 블록버스터(block-buster)라고 하였다. 현재는 여름방학 등의 특정한 시즌을 겨냥하여 대규모 흥행을 목적으로 막대한 자본을 들여 제작한 영화를 말한다.

디지털영상의 산업 군으로 확대시킬 수 있었다. 따라서 게임산업은 원소스 멀티유즈라는 마케팅 기법에 최적화되어 있는 산업이라고 할 수 있다.

게임산업은 상품의 지속성이 강한 산업이다. 게임은 상호작용이라는 특징을 가지고 있기 때문에 몰입도가 높은 문화컨텐츠이고 반복 구매에 따른 상품의 지속성이 강한 콘텐츠 산업이라 성장성이 매우 크다는 특성도 지니고 있다. 성공한 영화들의 후속작은 곧잘 실패하는 사례를 많이 보았다. 하지만 게임은 후속작일지라고 전편보다 성공하는 작품들이 영화에 비해 많다. 이는 상품의 지속성이 강한 콘텐츠 산업이라는 것을 입증한다. 물론 제조업과 같은 설비를 기반으로 하는 제품생산 산업이 아니기 때문에 실패에 대한 위험요소가 큰 산업이다. 그 시장의 규모에 비해 시장을 주도하는 게임은 소수의 인정받은 제품에 한정되며 수요의 불확실성이 높고 라이프사이클이 짧아 그 리스크(risk)가 타 산업에 비해 상대적으로 높은 편이다. 또H 한가지 게임은 디지털콘텐츠라는 특징으로 인해 사회적으로 문제가 되고있는 불법복제의 주요 타켓이 된다. 수십억원에 이르는 막대한 제작비용을 투자하고도 제품이 출시되기전에 인터넷을 통해 전세계에 불법유통되는 사례가 빈번하다.

다. 게임의 사회적 특징

게임의 사회적인 특징은 게임은 강한 친화력을 가지며 동시에 강한 공감대를 형성하는 집단을 만든다는 점으로 요약할 수 있다. 게임은 다른 어떤 매체보다도 사용자의 의지가 적극적으로 반영되는 인터렉티브한 성격이 강하기 때문에 사용자의 몰입을 쉽게 유도하며 그 깊이 또한 정신적으로 심각한 수준에 이르게까지 할 정도이다. '게임 중독증'이라는 말이 공공연히 TV방송을 통해 언급되고 있으며 심각한 사회적인 문제로까지 받아들여 지고 있다. 따라서 요즈음에는 특정 게임을 모르면 학교에서 대화에 끼지도 못하는 경우가 다반사라고 한다. 한 때 초등학생들 사이에서 대단한 인기를 끌었던 〈크레이지 아케이드(Crazy Arcade)〉[11]가 대표적인 예라고 할 수 있다. 당시 이 게임을 잘못하거나 모르는 초등학생들은 아이들 사이에서 왕따를 당할 정도로 강한 커뮤니티를 형성하는 위력을 보여주었다. 마치 TV드라마 '용(龍)의 눈물'이 샐러리맨 사이에 사극(史劇)바람을 일으켰던 그 현상과도 비슷하다고 할 수 있다.

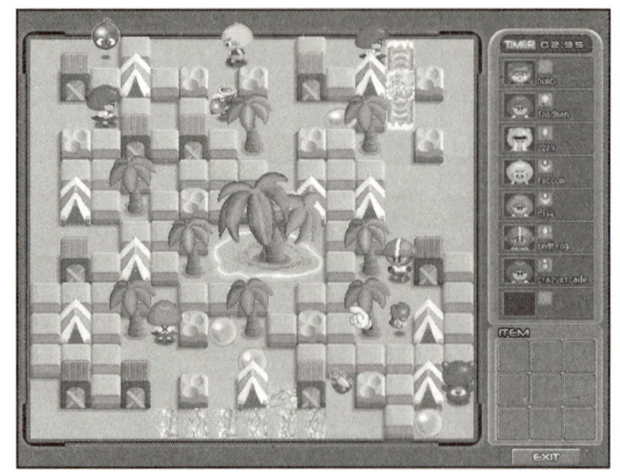

<그림 1.7> 크레이지 아케이드, (주)넥슨

청소년층에서는 특정한 게임을 통하여 또래집단을 형성하기도 하며 이러한 또래집단을 통하여 공통된 사회적 가치를 창출하기도 한다. 이러한 게임은 또래집단의 친분을 강화시키는 기능을 수행하며 역으로 게임을 모르는 사람들에게는 더욱 배타적이 되어 사회적 고립감을 심화시키는 역기능이 있기도 하다. 또한 사용자에게 있어서 게임은 더 많은 의미를 가지고 있는데 일부 사람들에게는 의식주처럼 기본적인 생활의 요소가 되어 컴퓨터와 익숙해지는 계기뿐만 아니라, 동시에 컴퓨터를 게임기로 생각하는 경우도 있게 된다.

이러한 컴퓨터 게임의 사회성은 국내에서 가장 인기 있는 게임분야인 온라인 게임이 등장하면서 그 극치를 보여주고 있다. MMORPG(Massively Multi-plyer Online Role Playing Game)의 특징 중의 하나가 커뮤니티(community)형성이라는 데에 있으며 온라인(On-line)

---

11. 넥슨(Nexon)의 자회사 엠플레이에서 2001년 10월 개발한 인터넷게임 포털사이트의 이름. 새로운 하이브리드 P2P 게임엔진을 기반으로 인터넷상에서 실시간으로 다른 사람과 아케이드게임을 즐길 수 있게 함. BnB, 테트리스, BnB어드벤터, 크레이지미니 등의 게임이 서비스 된다.

상에서는 물론이고 오프라인(Off-line)에서도 동일한 목적으로 결성된 커뮤니티 그룹의 확산을 가져오고 있다. 간혹 온라인 게임을 즐기다 보면 게임을 즐기기 위한 목적으로 게임월드에 접속하는 것이 아니라 게임 속에서 함께 어울리는 커뮤니티 구성원을 만나기 위해 접속하는 사람들을 볼 수 있다. 다시 말해 게임성과 사회성이 뒤바뀐 것이다. 게임을 위한 게임이 아니라 커뮤니티를 위한 게임이 된 것이다.

길드(guild)[12], 클랜(klan), 혈맹(血盟) 등으로 불리우는 이 온라인 커뮤니티는 게임 내에서 막강한 힘을 행사하며 게임컨텐츠의 성공여부에도 큰 영향을 미치는 등 성공하는 게임의 필수적인 요소로 부각되고 있다. 커뮤니티 게임이라는 신종 장르가 등장하고 있는 것도 이러한 영향에서 기인한다고 할 수 있다. 인터넷 인프라의 전 세계적인 확산과 함께 인터넷이 현대인의 생필품이 되어가고 있다. 온라인 게임은 이러한 인터넷을 기반으로 형성이 되어 있으며 MMORPG와 같은 게임들은 현실과 닮은 동일한 환경의 사이버세상을 반영하고 있다. 게임 안에는 각각 게이머 자신의 분신인 아바타들이 사이버세상에서 독립된 하나의 인격체로 살아간다. 자연스럽게 또 다른 아바타들과 대화하고 협력하고 싸우며 사이버 세상속의 커뮤니티를 만들어 간다. 게임월드 자체가 현실세계를 모델링한 것이기 때문에 월드안에 존재하는 각각의 캐릭터들은 현실과 동일한 사회성을 갖고 있으며 점점 더 현실과 가까워지고 있다.

게임, 특히 온라인 게임은 또 하나의 사회이다.

라. 게임의 학습적 특징

게임의 학습적 특징은 게임의 원리를 학습에 적용시킴으로써 학습의 효과를 증진시킬 수 있다는 것인데 이는 놀이가 학습의 에너지원이자 학습동기를 유발 및 증진시킬 수 있는 원천이

---

12. 중세의 도시성립과정에서 결성된 상공업자의 동업자 조직을 말하지만 게임에서는 동일한 게임내에서 게임의 정보교환이나 게임내의 세력을 형성하기 위한 목적으로 결성된 온라인 조직을 말한다.

기 때문이다. 또한 놀이와 게임 그리고 학습을 상호 연결함으로써 상호 시너지효과를 창출할 수 있을 뿐만 아니라, 학습 자체를 게임으로 구성하여 구성원의 참여를 증진시킴으로써 학습의 능동적인 참여기회를 부여하고 이를 통하여 학습이 달성하고자 하는 목표를 쉽게 그리고 효과적으로 달성하게 한다.

에듀테인먼트(edutainment)라는 말이 근래에 자주 화자되는 것을 볼 수 있다. 에듀테인먼트는 교육(education)과 오락(entertainment)의 합성어로 일반적으로 멀티미디어 영상을 바탕으로 한 입체적인 대화형 오락을 통해 학습 효과를 노리는 소프트웨어를 가리킨다. 게임 형태이므로 사용자가 쉴 새 없이 프로그램에 참여해야 하고, 그에 따라 결과가 달라진다는 것이 특징이다.13

전통적으로 학습이라는 것은 딱딱하고 지루한 경성(硬性)문화의 대표 격이었다. 시대가 변하면서 이러한 교육 분야에도 좀 더 재미있는 교육, 좀 더 흥미로운 교육방법을 모색하다가 즐겁고 부드러운 연성(軟性)문화의 대표 격인 오락과의 접목을 시도하게 된 것이다. 에듀테인먼트 콘텐츠는 학습 자료와 교육방식에 있어서 재미의 요소가 첨가되어야 하는데 이 재미의 요소는 긍정적인 피드백을 기반으로 한다. 또한 콘텐츠의 교육효과를 담보하기 위해서 학습자의 능동적이고 적극적이며 자발적인 학습 참여도가 극대화 될 수 있는 콘텐츠가 필요하다. '상호작용성'이 에듀테인먼트의 가장 큰 특징인데 바로 게임은 이러한 에듀테인먼트에 적합한 매체이다.

게임을 통한 학습의 효능에 대해서는 이미 많은 분야에서 구체적으로 연구가 진행되고 있으며 그 성과도 주목할 만하다. 현대의 청소년들은 멀티미디어 매체에 익숙해 있기 때문에 게임

---

13. Naver IT용어사전

이라는 매체에 쉽게 접근하며 그들의 대표적인 놀이문화가 게임이기 때문에 여타 매체들에 비해 쉽게 몰입하는 특성을 지니고 있다. 이러한 성격을 이용하여 게임을 통한 교육·학습은 매우 바람직한 형태로 받아들여지고 있다. 이미 북미지역을 중심으로 이런 에듀테인먼트 콘텐츠는 일반화되어 있으며 국내에도 본격 교육용 MMORPG를 표방하는 '디미어즈'라는 게임이 출시되어 많은 관심을 끌고 있다.

게임을 하듯이 학습을 한다. 얼마나 즐겁고 의미 있는 일인가.

게임은 실제적으로 체험 또는 실험하기 어려운 내용을 가상현실 또는 시뮬레이션 학습 및 훈련으로 학습내용을 체험할 수 있게 하고 아울러 무한한 공간으로 창의력을 확장시키는 계기를 제공하여 개개인의 상상력과 능력향상에 기여하는 역할을 수행한다. 다시말해 다양한 멀티

〈그림 1.8〉 디미어즈 온라인, (주)재미창조

미디어 매체와 학습자와의 상호작용으로 학습자의 학습능력 향상은 물론이고 좀 더 다양한 간접체험을 이끌어 내어 학습자를 또 하나의 새로운 세상에 무리없이 몰입할 수 있도록 해준다.

❹ 게임의 유해요소

게임산업이 급속도로 팽창하고 확산되면서 다양한 사회적인 현상을 불러 일으켰다. 그 중에서도 대중에게 미치는 영향력이 매우 개인적이면서도 집중력이 강하기 때문에 그 유해한 부분이 하나씩 사회적인 문제로 대두되기도 했다. 근래에는 심심찮게 매스컴을 통해 게임의 심각한 폐해나 바람직하지 못한 사회현상이 언급되고 있다. 조금은 과장된 면이 없지 않지만 타 대중문화매체에 비해 역사가 짧고 비평문화가 아직 활성화되지 않았다는 점에서 올바른 창작문화도 자리 잡지 못하고 있는 것은 사실이다. 때문에 분명 게임콘텐츠가 자라나는 청소년들이나 게임 플레이어들에게 정신적·신체적으로 나쁜 영향을 미치는 부분이 있다.

이는 디지털 영상매체라는 점에서 타 매체에서 갖고 있는 유해한 부분과 동일한 성격일 뿐 게임만이 가지는 독특한 성격은 아니다. 다만 게임이 타 매체에 비해 상호작용성이 강하므로 그 체험에 대한 느낌이 매우 구체적이고 심도 있다는 점에서 우려되는 것이다. 이런 부정적인 부분이 게임의 전부는 아니다. 게임은 교육적인 측면에서도 사교적인 측면에서도 여가와 생활의 재충전이라는 의미에서 매우 유익한 매체임이 틀림없다. 다만 올바른 비평문화아래 올바른 창작문화가 바로 잡힐 때 아래에서 언급하는 유해한 요소들을 원천적으로 근절할 수 있을 것이다.

▶ 게임은 현실을 단순화하므로 실제 생활과는 동떨어진 사고를 가지기 쉽고 이로 인해 사회적 적응을 어렵게 만들 수도 있다. 현실과 게임과의 경계선에 대한 지각 능력이 저하되므로 현실과 게임을 구분하지 못하여 혼란스러운 판단기준을 가질 수 있다.

이는 게임속에서나 가능한 행동들을 현실에서도 아무렇지 않게 행하는 비정상적인
행동양식을 야기할 가능성이 있다.

▶ 규칙에 따라 반복하여 실행하는 단순동작만을 반복함으로써 신체적 · 정신적으로
균형 있는 발전을 저해할 수 있다. 특히 게임은 중독성이 있기 때문에 장시간 게임을
즐기는 것은 신체적으로나 정신적으로 부작용을 일으킬 수 있으며 실제로 이로 인해
사망에까지 이르는 사례들이 등장하고 있다.

▶ 게임에 몰두하게 되면 자칫 폐쇄적인 생활패턴을 만들 수 있으며 이로 인해 올바른
인간관계 형성에 방해가 될 수 있다. 게임을 과도하게 즐기는 청소년들은 대부분 현
실에 적응하지 못하는 경우가 있다. 이는 활동적으로 또래 집단과 어울려야 할 청소
년뿐만 아니라 일반 사회구성원에게도 폐쇄적인 자기중심적 사고와 생활패턴을 만
들어 낼 수 있다. 이는 원만한 인간관계를 저해하는 요소로 작용할 수 있다.

▶ 게임의 특성상 다른 매체에 비해 더욱 강력한 자극을 받을 수 있으므로 게임의 내용
이 폭력 · 음란 · 기존 질서의 부정으로 이어질 때에는 올바른 정서 형성에 나쁜 영향
을 미칠 수 있다. 게임의 고유한 특성인 상호작용성과 능동적인 참여는 같은 내용이
라 할지라도 타 매체에 비해 강력한 체험을 가능하게 해준다. 이는 자칫 비정상적인
간접체험에서 발생되는 정신장애를 유발할 가능성이 있다.

▶ 게임이 첨단기술과 접목된 예술의 하나라 하더라도 현재까지 게임으로 표현된 작품
중에서 예술성을 찾아보기는 힘들다. 게임을 즐기면서 특정 게임을 예술적 가치의
판단기준으로 삼을 경우에는 미술이나 음악 등의 예술성 높은 작품을 감상할 기회를

제공받지 못하며 때로는 예술성이 높지 않은 콘텐츠를 자주 접함으로 인해 예술에 대한 인식수준 자체가 낮아질 수 있다.

▶ 외국산 게임을 무분별하게 접할 경우에는 우리의 정서와는 융화되기 어려운 타국의 문화와 충돌하는 문화적 충돌을 피할 수 없다. 특히 생소한 문화에 대한 비판능력을 갖추지 못한 청소년들에게는 정서적인 자정 과정을 거치지 않기 때문에 가치관이 형성되는 과정에 나쁜 영향을 미칠 수 있다.

(2) 게임의 역사

❶ 게임의 기원

게임의 기원은 일반적으로 인류의 시작과 동일선상에서 있다고 보고 있다. 이는 인류가 유희를 추구하는 유희인(homo rudens)이라는 호이징가의 학설에 근거한다. 게임의 기원을 밝히는 일은 그 발생과정에 대한 고찰을 바탕으로 현재의 게임에 대한 정확한 분석과 미래에 도래할 게임에 대한 예측이라는 측면에서 매우 중요하다고 할 수 있다. 게임의 기원에 대한 가설로 대표적인 것은 아래와 같다.

첫째, 게임의 기원이 일상생활에서 유래되었다는 가설과 관련하여 독일의 역사학자인 에르만(Erman)[14]은 한 부족이나 국가는 보다 높은 문명수준에 도달하게 되면 생존에 필요하였던 과거의 활동들이 더 이상 존재이유가 없어짐에도 불구하고 본래의 목적과는 다르게 그 활동들

14. Erman, Johann Peter Adolf, 1854~1937 : 독일의 이집트언어 학자, 베를린학파의 창시자이며 고대유물, 특히 언어·문학 연구에 많은 업적을 남겼고 고대 이집트어학의 체계화에 공헌하였다.

을 추구한다고 하였다. 이는 사람들이 생존의 유지에 필요한 이유로 인해 여러 제약이 불가피했던 부담에서 벗어나 좀 더 자유롭게 일이 아닌, 놀이로서 그 활동들을 즐기게 되었다는 것을 의미한다. 이러한 예로 다트게임이나 경마, 탁자 위에서 행하는 카드놀이나 게임 판을 이용한 놀이, 스키 등을 들 수 있다.

게임의 이러한 측면은 민족이나 종족을 초월한 모든 문화권에서 시간과 공간을 초월하여 발견되고 있다. 현대의 대표적인 게임과 스포츠 95가지 종목에 관한 기원을 조사한 내용에 의하면 그 중 약 50%는 삶을 유지하는 수단, 커뮤니케이션 수단, 운송 수단 또는 전쟁에 사용되었던 일들

〈그림 2.1〉 중세시대의 병사들

이 일상생활에서 벗어나 여가를 즐기는 레크리에이션 활동으로 발전되었으며, 종교적인 제례의식에서 기원한 놀이는 약 10%인데 비하여 15% 정도가 여가활동을 위하여 창안된 것이라고 한다. 또한 그는 어린이들의 게임이나 탁자 위에서 행해지는 놀이들처럼 종교적인 것보다는 종교와 관련이 없는데서 더욱 많이 유래된 것으로 밝히고 있다.

둘째, 군사훈련과 관련해서 게임이 유래되었다는 가설과 관련된 증거로는 석전, 궁술, 창던지기, 투포환, 격구, 검도, 사격, 폴로 등과 같은 수많은 게임이나 스포츠가 전쟁이나 전쟁의 예행연습과 관련하여 유발되었다는 사실 등을 들 수 있다. 고대 그리스인들은 스포츠와 전쟁을 그 언어의 용법에서 볼 수 있듯이 거의 구별하지 않은 듯하며 이러한 경향은 고대 페르시아인

들에게도 발견된다.

운동경기를 뜻하는 영어의 'Athletics'가 파생된 그리스어 'Athlos'는 경기장 안에서 뿐 아니라, 전쟁터에서의 전투를 의미하며 경쟁의 의미를 지닌 'Agon'[15]은 전쟁 또는 경쟁적 겨루기 게임을 의미한다. 수많은 고대 게임이나 스포츠가 전쟁을 위한 준비로서 또는 전쟁의 대안으로서 존재했었다는 사실들은 게임의 기원과 전쟁과의 관련성을 시사한다.

셋째, 놀이와 게임의 기원이 종교적 제례의식과 관련된 가설을 뒷받침하는 증거로서는 풍요제 등을 들 수 있다. 고대인들은 줄다리기 등과 같은 겨루기 게임을 통해 풍년과 다산을 성취하고자 하는 모방적 주술행위를 하였으며 기원전 776년에 시작되어 서기 393년 로마의 황제 테오도시우스의 명에 의하여 중단될 때까지 매 4년마다 개최되었던 고대 올림픽 게임은 다름 아닌 제우스신을 위한 제전이었다.

고대 올림픽 게임에서는 던지기, 달리기, 각종 구기 종목 뿐 만 아니라 주사위와 게임 판을 이용한 놀이도 행하여졌다. 한국과 관련된 문헌인「삼국지 위지 동이전(三國志 魏志 東夷傳)」의 '삼한조(三韓條)'를 보면 부여에서는 정월에 하늘에 제를 지내는 국가적인 행사를 치르고 그 이름을 북을 두드리며 신을 맞이한다는 뜻의 제의인 '영고(迎鼓)'가 행하여졌다고 한다. 사람들이 날마다 술 마시고, 노래하고, 춤추며 신과 삶들이 함께 어우러지는 축제의 한마당을 꾸몄던 것이다. 이러한 사실들은 종교적인 제례의식과 놀이의 기원과의 관련성을 시사해준다.

넷째, 게임의 기원에 대해 견해를 달리하는 일부 학자들은 각기 다른 종류의 게임 안에서 상호관계를 밝힘으로써 그 유래를 알고자 하였다. 도박에 관한 와크스(A. Wykes)의 연구에 의하면 대부분의 게임들은 일종의 경쟁적인 요인을 갖고 있으며 한 사람이 다른 사람에 대한 힘

---

15. 원래 갈등을 의미하는 그리스어로 희극에서 주요인물이 갈등, 언쟁을 나타내는 말이다. 미국의 문학비평가인 해럴드 블룸이 시(詩)의 영향에 관한 이론서 〈Agon : Toward a Theory of Revisionism〉에서 문학비평용어로 사용하였으며 로제카이와의 〈놀이와 인간〉에서는 게임의 중요한 성격을 구분 짓는 경쟁을 나타내는 용어로 사용하였다.

과 체력적 우위를 증명할 수 있는 게임들이 초기의 게임들인 반면, 목표물이 설정되어 있어 기술적 요소가 더욱 요구되는 게임들은 후기에 도입되었다고 한다. 이는 운동기술이 뒤떨어지는 사람들은 개인적인 능력보다 운이 게임의 승, 패를 가름하는 게임에 더 많은 투자를 할 가능성을 시사한다. 목표물에 돌이나 창을 던져 맞추는 게임보다 초기의 놀이는 돈이나 조개 따위를 공중에 힘껏 던져 기술적인 면보다는 운이나 요행이 작용하도록 게임들을 변형하였다.

후에 돈이나 조개를 대체하여 주사위가 개발되었을 가능성은 사실 진위를 떠나서 나름대로 타당성이 있어 보인다. 아마도 힘을 겨루는 경쟁은 스피드나 경주시합과 더불어 발전되었을 가능성이 높으며 이는 경주에 관한 모방으로서 중

〈그림 2.2〉 테이블게임 Backgammon

동에서 유래되어 유럽과 미국에서 널리 유행하는 대표적인 테이블 게임 (table game)인 '백개먼(Backgammon)'16이라는 게임에서 기원한 것이라고 여겨진다. 테이블 게임에 관한 수많은 변형 게임들의 원조 격인 〈Backgammon〉이야말로 역사적 유래가 깊은 놀이이다.

게임 판을 이용하는 놀이 형 역사에 관한 권위자인 영국의 역사학자 머레이(M.J.R. Murray)는 그의 저서 「History of Board-Game Other than Chess」에서 게임의 기원에 관한 그의 견해를 다음과 같이 밝히고 있다. "만일 우리가 게임이 어떻게 기원이 되었는가를 알고자 한다면 우리는 문명이 시작되었을 당시로 거슬러 올라가야 한다. 원시인들이 놀이를 즐기기 위한 가장 중요한 필요는 그들이 가족의 생존을 위한 일상의 일들이 충족되어지고 난 후 자신의 내

---

16. 실내에서 두 사람이 하는 서양식 주사위 놀이. 그리스에 그 원형이 있다. 중앙을 경계선으로 하고, 그 좌우에 12개의 설형(楔形) 도안을 그린 체스판(chessboard) 크기의 백개먼판을 사용한다. 놀이방법은 두 사람이 각각 빛깔이 다른 원형의 말을 15개씩 가지고 정해진 자리에 배치한 다음, 다이스(dice) 컵으로 2개의 주사위를 교대로 던져서 나온 주사위의 숫자만큼 말을 전진시킨다. 검은말은 왼쪽으로 돌고, 흰말은 오른쪽으로 도는데 각자의 말밭(검은말은 우측, 흰말은 좌측)에 먼저 모아서 들어서는 사람이 승자가 된다.

면적 충동에 의해 자신이 손쉽게 구할 수 있는 연장이나 조약돌 등으로 뚜렷한 목표 없이 던지거나 차보다가 순간적으로 그러한 연장들의 새로운 사용 가능성에 의한 눈을 뜨게 되고 관심을 집중하게 되었으며 바로 주위에 있는 일상적인 용구나 물건들이 놀이도구로 사용되고 게임에 필요한 도구들도 개발되었을 것이다” 사람들은 적으로부터 방어나 공격, 식량을 구하기 위한 수렵활동 또는 땅을 경작하는 과정에서 자연스럽게 서로 어울리는 경향을 지니게 되었다.

그 사람들의 삶이 생존과 생활을 위해 그렇게 어울려질 수밖에 없었다면 그의 가족 또는 동료들과 기쁨을 나눌 수 있는 즐거운 놀이들을 서로 나누어 행하는 것 또한 자연스러운 것이었으리라 짐작된다. 바로 이러한 점에서 게임이 유래되었을 가능성도 매우 높은 것이다.

❷ 게임의 역사

오늘날의 게임은 언제 어디서나 쉽게 접할 수 있는 생필품과도 같은 존재이다. 어느 집에나 개인용 컴퓨터가 갖춰져 있고 유명한 게임 한 두 개는 대개 설치되어 있다. 항상 몸에 휴대하고 다니는 모바일기기에도 게임 한 두 개는 설치되어 있다. 친구들과 만나면 PC방이라는 곳에서 네트웍 게임을 즐기기도 하고 약속시간이 되기까지의 짜투리 시간에는 아케이드의 게임장에서 아케이드 게임을 즐기기도 한다. 수업시간에는 선생님 눈을 피해서 몰래 웹게임(Web-Game)을 즐기기도 한다.

어느 곳에서나 언제나 게임을 즐기는 시대이다. 어느새 이렇게 게임은 우리의 생활 속 깊은 곳까지 차지하고 있다. 이런 게임은 언제 누가 만든 것일까? 우리가 알고 있는 게임들은 어떻게 발전을 할 것일까? 비록 게임이 영화처럼 100년이 넘는 역사를 지니고 있지는 못하지만 눈부시게 발전할 수 있었던 원동력은 어디에 있었을까? 이와 같은 의문을 하나하나 풀어 보기로 하자. 이제부터 우리가 살펴볼 게임은 디지털 게임에 한정됨을 명심하도록 하자. 기계적인 방법을 사용해서 작동되던 게임기는 일단은 제외하고 전자적인 기술을 응용한 게임기 즉, 디지털 게임을 주로 살펴보도록 한다.

가. 게임의 태동기(1958~1960년대)

1) 테니스 포 투(1958, Willy Higginbotham)

윌리 히깅보덤(Willy Higginbotham) 박사는 1950년대에 브룩헤이븐 국립 연구소에서 근무한 저명한 물리학자이며 원자폭탄 개발로 유명한 '맨하탄 프로젝트'의 전자회로 디자이너로 일한 분으로 1958년 연구소를 방문하는 방문객들에게 전시할 목적으로 쌍방향 게임을 개발하게 된다. 이 게임은 오실로스코프와 아날로그 컴퓨터 그리고 몇 개의 버튼을 조합한 형태였다. 이런 구상의 결과물로 탄생한 것이 간단한 테니스 게임으로 〈Tennis for Two〉란 명칭의 세계 최초의 전자 게임인 것이다. 이는 이후 아타리(Atari)에서 개발한 〈퐁(Pong)〉보다 10여년 이상 앞서 나온 것이며 "과학과 친숙하기 위해서"라는 개발 동기에 맞게 특허권이나 여타 재산권을 설정하지 않고 일반에게 공개되었다. 첨단 과학기술을 "평화에 기여한다"는 박사의 의지를 담고 있다고 볼 수 있으며 이는 원자폭탄을 제조하여 악의에 사용한 박사의 참회의 마음을 담아 인류평화에 기여할 수 있는 새로운 매체를 만들어 보겠다는 발상으로 해석할 수 있다.

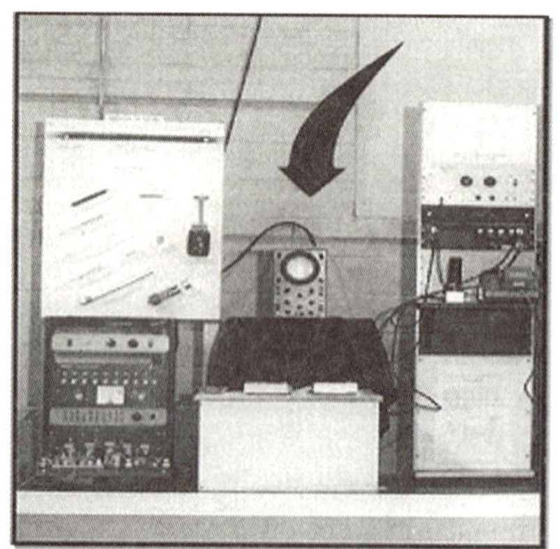
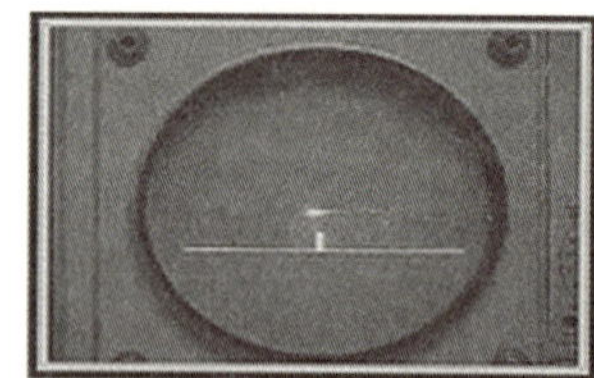
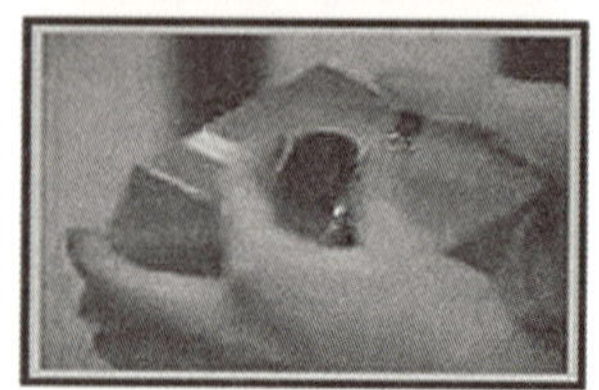

〈그림 2.3〉 Tennis for Two, 최초의 전자게임

〈그림 2.4〉 space war

2) 스페이스 워(1962, MIT의 Steve Russel과 친구들)

1962년 MIT의 스티브 러셀과 그의 친구들은 대학 내에 설치되고 있던 PDP-1 컴퓨터의 성능을 효과적으로 보여 줄 데모를 개발하였다. 당시 컴퓨터들은 보통 천공카드나 종이테이프를 통해 입출력을 했지만, PDP-1은 그와 달리 모니터를 갖춘 특이한 장비였다. 이를 이용해서 스티브 러셀은 최초의 컴퓨터 게임을 개발하였다. 〈스페이스 워(Space War)〉라고 이름 붙여진 이 게임에는 웨지(Wedge)와 니들(Needle)이라는 두 대의 로켓이 등장한다. 이 두 로켓이 컴퓨터 공간에서 전투를 벌이게 되는데 플레이어가 스위치를 조작해

52

서 로켓의 방향을 정하면 이 로켓은 무중력 공간에서의 움직임을 표현하며 자체에 장착된 31발의 어뢰를 발사하여 적 로켓을 명중시키면 승리하게 되는 게임이다.

물론 현재의 시각적인 효과나 스테레오 사운드는 존재하지 않지만 이 게임은 전자게임 역사에 있어서 거대한 이정표를 남겼다는 데에 큰 의의가 있다. 후대의 수많은 전자게임 개척자들에게 영향을 주었고 게임산업을 태동시키는 계기를 마련하게 된다. 이 후에 놀란 부쉬넬(Nolan Bushnell)이라는 인물에 의해상업적인 게임기로 다시 태어나기도 한다.

나. 아케이드 게임시대의 개막(1970~1979)

1970년대는 아케이드 게임시대를 여는 시기이며 비디오 게임시장의 태동기이기도 하다. 이 때 부터 본격적으로 게임시장이 형성되기 시작했으며 기술적인 진보의 계기가 되기도 한다.

1) 컴퓨터 스페이스(1971년, Nutting & Association, Nolan K Bushnell)

Uta 대학에서 컴퓨터 공학부에 재학 중이던 놀란 부쉬넬은 조교들과 친분을 가지고 있었고 연구실에 설치되어 있던 PDP-1을 사용할 수 있는 기회가 있었다. 이 때 놀란 부쉬넬은 PDP-1에 탑재되어 있던 〈스페이스 워〉에 주목했고 이를 상품화하게 된다. 최초의 동전 투입식 게임기로 게임 비즈니스의 가능성을 확인하게 해준다.

이 게임기는 전체적인 결과만으로는 성공적이라고 할 수는 없지만 술집 한구석에서 설치해야 한다는 전형적인

〈그림 2.5〉 게임 『Computer Space』

생각을 깨고 대학 캠퍼스에서 인기가 높다는 이례적인 결과를 가져오게 되었다. 다시 말해 교육수준이 높은 곳에서 성공적이었다.

2) 퐁(1972년, Atari, Nolan K Bushnell)

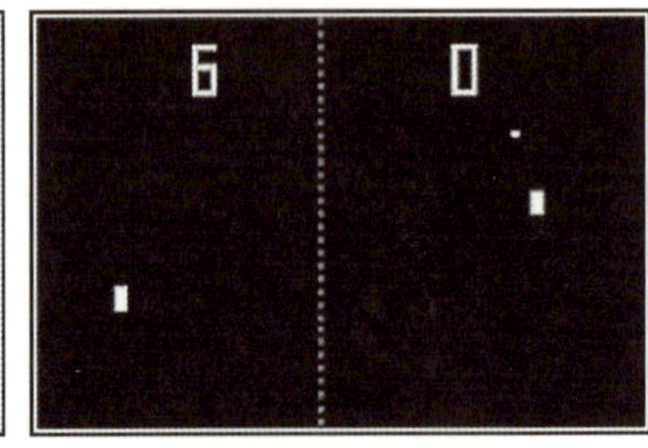

〈그림 2.6〉 게임 『Pong』

너팅&어소시에이트와 컴퓨터 스페이스 프로젝트의 자금 지원을 협상하는 동안 놀란 부쉬넬은 자신의 동료인 테드 데브니(Ted Debney)와 함께 자신의 회사를 만들기로 결심한다. 회사의 첫 이름은 시지지(Syzyzy)였으나 결국에는 바둑을 즐기던 부쉬넬의 의지로 '아타리(Atari)'라는 이름을 갖게 되고 500불을 출자하여 만든 이 조그만 회사가 5년 후에 자산규모 2천8백만불의 엄청난 규모의 대기업으로 성장하게 된다. 아타리의 첫 번째 히트작인 퐁(Pong)은 부쉬넬이 컴퓨터 스페이스를 만들면서 깨달은 단순하면서도 쉬운 게임을 지향하는 컨셉으로 제작되었다. '술에 취해서도 즐길 수 있는 단순한 게임'이라는 컨셉을 가진 이 게임은 최초로 상업적으로 성공한 게임이라는 평가를 받게 된다.

3) Magnavox Odyssey(1972년, Ralph Bear)

랄프 베어(Ralph Bear)는 TV수상기를 만들던 기술자였으며 도발적인 발명가였다. 그는 TV와 게임은 서로를 위해 존재한다는 믿음을 가지고 있었으며 이러한 그의 노력으로 현재의 콘

솔게임(Console Game)의 시초가 되는 〈마
그나복스 오딧세이(Magnavox Odyssey)〉
를 만들게 된다. 〈마그나복스 오딧세이〉는
최초의 가정용 비디오 게임기였으나 상업
적으로는 성공하지 못하였다. 다수의 게임
이 저장된 카트리지 방식을 사용하였으며
TV수상기에 연결해서 사용하는 방식을 채
택하였다.

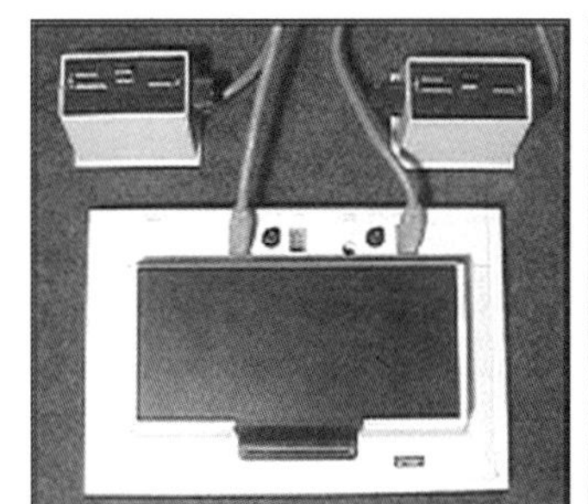

〈그림 2.7〉 Magnabox Odyssey

　이후 아타리(Atari)의 〈퐁〉에 대한 저작권 문제로 소송을 치르고 놀런 부쉬넬에게 저작권료
를 받게 되지만 퐁의 성공을 예측하지 못하고 터무니없는 비용으로 협상에 응하게 된다. 그가
게임산업계에 미친 영향에 비하여 그는 상업적으로는 그리 성공하지 못하여 불운의 천재라고
불리우기도하였다.

4) 탱크(1974년, Kee Games, Atari inc)

　키 게임즈(kee Games)와 아타리(Atari)가 연합해서 만든 ROM(Read Only Memory)을 사
용한 최초의 게임이며 그래픽 데이터를 ROM에 저장할 수 있었기 때문에 캐릭터를 좀 더 정교
하게 표현하는 것이 가능했다. 키 게임즈는 실상 아타리에 속한 또 하나의 아타리였으나 당시
불법복제 시장이 아타리의 매출에 막대한 손실을 가져온다는 것을 알게 된 부쉬넬이 불법복제
시장까지도 장악하기 위해 만들어낸 일종의 유령회사였다. 표면적으로는 키 게임즈와 아타리
는 경쟁사였으나 실제로는 한 회사였던 것이다.

<그림 2.8> 게임 『탱크』

5) 나이트 드라이버(1976년, Atari)

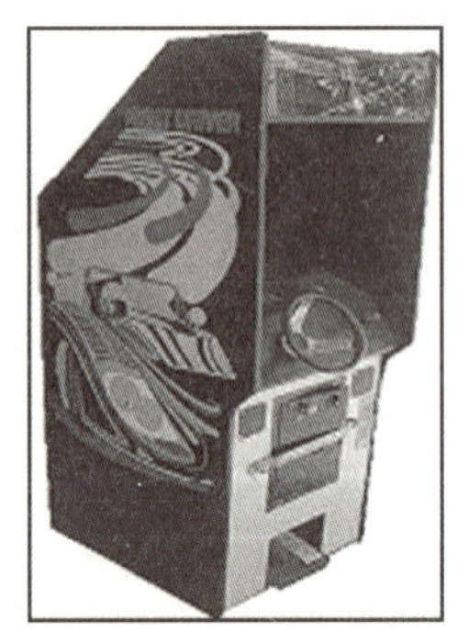
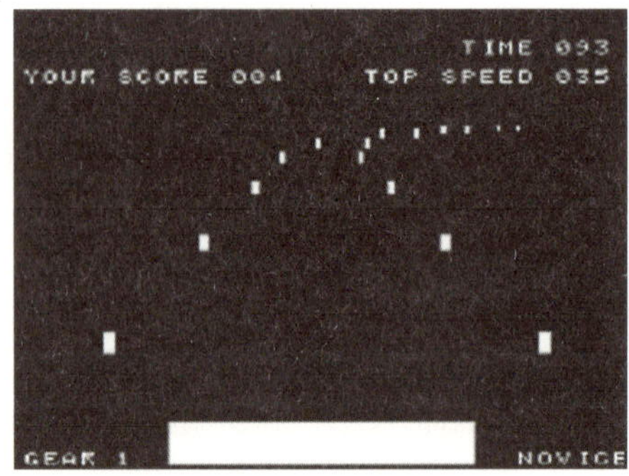

<그림 2.9> 게임 『Night Driver』

최초의 경주, 레이싱 게임으로 1인칭 시점을 사용하였다. 이러한 시점은 3D 게임의 기본개념을 제공하게 된다. 물론 현재의 3D 게임과는 개념적으로 다르지만 게임을 즐기는 게이머의 눈으로 보는 영상을 그대로 스크린에 옮기는 효과를 표현했다는 것이 매우 의미가 크다. 요즘 인기를 끌고 있는 3D 레이싱게임의 원조라고 할 수 있다.

6) 스페이스 인베이더(Taito, 1978년, Toshihro Nishikado)

타이토(Taito)는 비디오 게임 산업에 뛰어든 초기 일본 기업들 중 하나다. 일찍이 미드웨이와 게임공급 계약을 맺고 최초로 미국시장에 수입된 일본게임인 건파이트로 첫 발을 내딛은 회사이다. 〈스페이스 인베이더(Space Invader)〉는 스크린 상, 하단에 색을 표현하기 위해 오버레이를 이용한 것을 제외하면 순수 흑백게임이며 화면을 가득 채운 외계인과 영화 죠스의 음산한 음악과 같은 사운드 효과로 무장한 최고의 히트작이었다. 스페이스 인베이

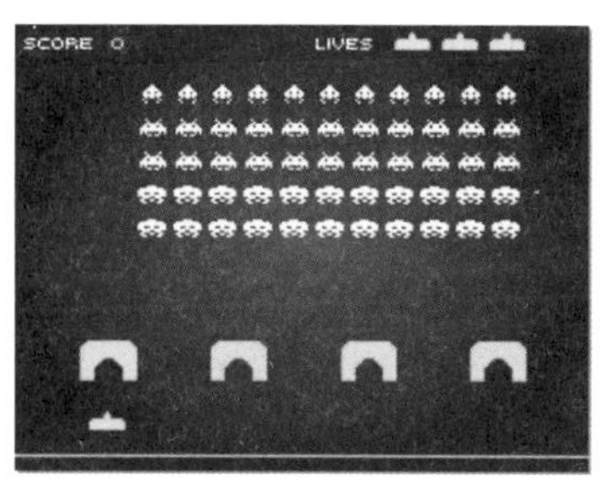
〈그림 2.10〉 『Space Invader』

더는 플레이어가 외계인의 침공으로부터 얼마나 오래 버틸 수 있느냐가 핵심이었으며 승리를 대신할 요소로 하이스코어(High Score)를 만들어 냈다. 차후에 텍사스 주의 메스퀴드(mesquite)에서 법적 분쟁[17]을 일으킨 일은 매우 유명하다.

7) 풋볼(1978년, Atari,Dave Stubben)

스페이스 인베이더가 미국을 강타하고 있을 무렵 이와 경쟁하고 있던 게임은 아타리의 풋볼(Football)이 전부였다. 풋볼은 최초의 스포츠 시뮬레이션 게임이라고 할 수 있으며, 최초로 플레이어가 공격과 방어

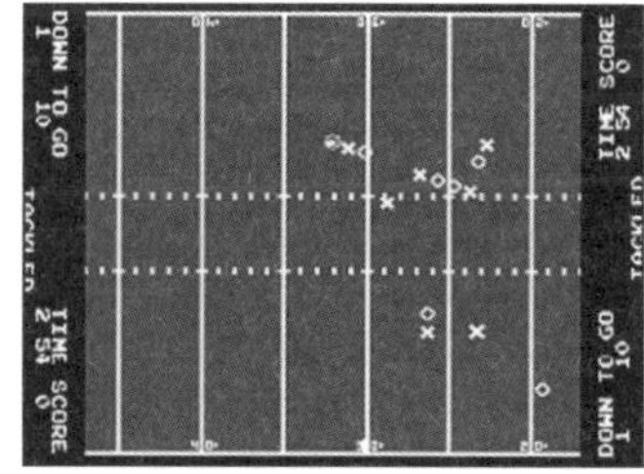
〈그림 2.11〉 게임 『Football』

---

17. 학생들의 무단결석을 방지하고 어린이들을 도박 또는 중독성 있는 여러 가지 비합법적 행위를 하는 사람들로부터 보호하기 위함이라는 명목으로 메스퀴트(Mesquite) 주민과의 법적 싸움이 있었던 사건.

전략을 선택할 수 있는 게임이기도 하다. 풋볼은 X.O를 사용하여 O는 공격팀을 나타내고 X는 수비 진영을 나타낸다. 화면은 한번에 30야드를 보여주며 스크롤 된다. 1979년 이루 2~4인용 버전으로 다시 발표되기도 했다.

풋볼은 또한 최초로 스크롤 및 트랙볼 기능을 제공한 것으로 알려졌다.

8) 아스테로이드(1979년, Atari, Ed Logg)

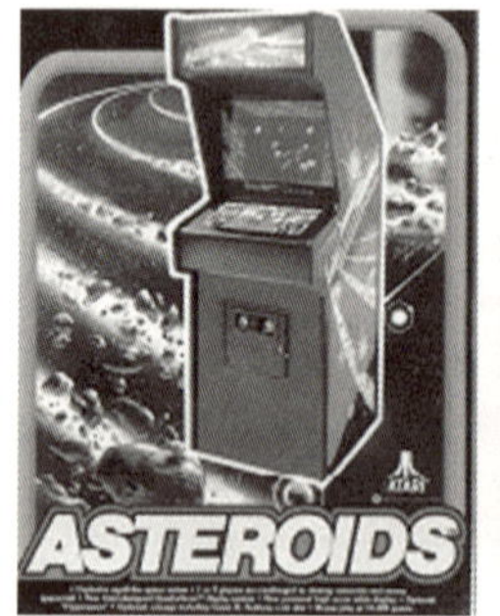
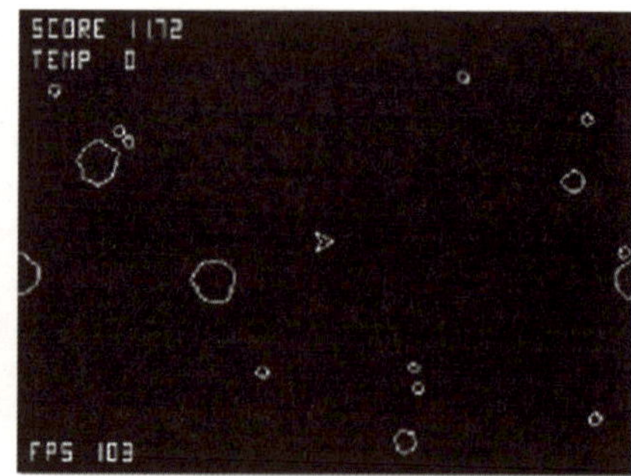

〈그림 2.12〉 게임 『Asteroids』

〈아스테로이드(Asteroids)〉는 최초로 벡터 그래픽을 사용한 게임으로 그 의미를 갖는다. 하워드 델만(Howard Delman)의 〈루나 랜더(Lunar Lander)〉로 고전족인 로켓 착륙게임에 벡터 그래픽을 시험적으로 사용하긴 했으나 에드 로그(Ed Logg)가 만든 〈아스테로이드〉야 말로 최고의 게임이 되었다. 〈스페이스 인베이더〉의 엄청난 성공으로 위축되었던 아타리는 〈아스테로이드〉로 다시 일본게임의 공습에 역습을 가하게 된다.

9) 워리어(1979년, Vectorbeam/Cinematronics)

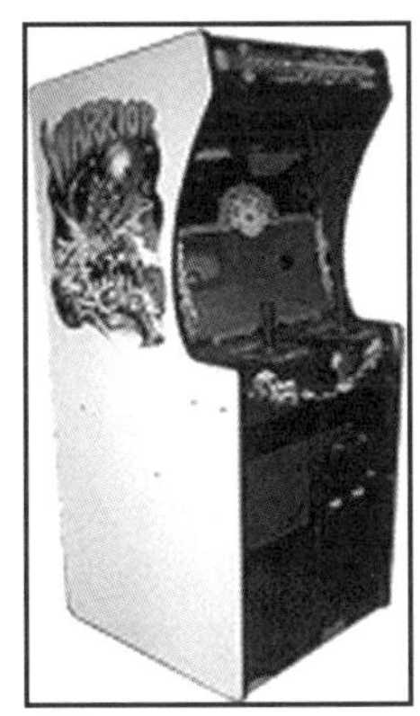 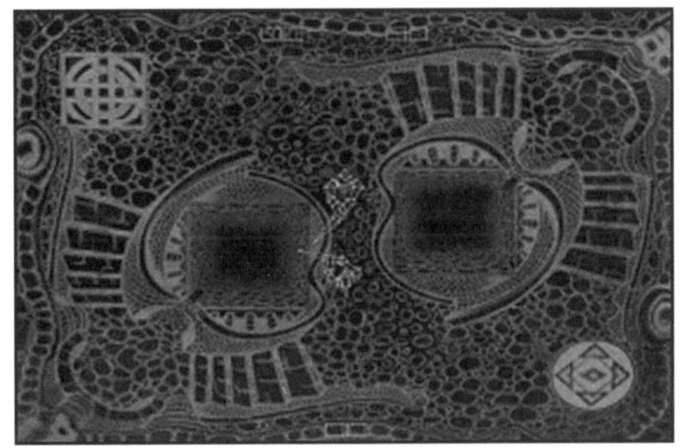

〈그림 2.13〉 게임 『Warrior』

최초의 1:1 격투게임, 화려한 벡터 그래픽을 사용하였다. 화려한 배경이미지가 매우 뛰어 났으며 검을 들고 싸우는 두 명의 전사를 표현한 게임이다. 화면 중앙에 보이는 하얗게 표시된 것이 검을 들고 있는 전사이다. 시점을 따지자면 탑뷰방식을 사용했다고 할 수 있다.

다. 아케이드 게임의 전성기(1980~1984)

1980년대가 시작되면서 전자 게임 산업은 두 번째 세대로 접어들게 된다. 그야말로 전성기가 시작된 것이다. 블록버스터 게임이 등장하면 곧이어 또 다른 블록버스터가 뒤를 이었다. 가정용 게임기인 콘솔게임(console game)이 성장하면서 아케이드 버전의 게임들이 속속 가정용 게임기로 이식되었고 이는 가정용 게임기 시장의 성장을 가져오게 된다. 더불어 개인용 컴퓨터가 개발되어 보급되기 시작했으며 PC용 게임의 태동기가 바로 이 시기이기도 하다. 기술적으로 폐쇄되어 있던 아케이드 게임이나 콘솔게임에 비해 상대적으로 열려있는 PC용 게임시장은 놀라운 속도로 성장하기 시작했다.

1984년 이후 아타리의 붕괴로 인해 아케이드 게임시장의 몰락을 가져오는 대 사건이 일어나기도 하지만 1980년대 후반에는 다시금 부흥의 길을 걷게 된다.

1) 배틀 존(1980년, Atari, Ed Rotberg)

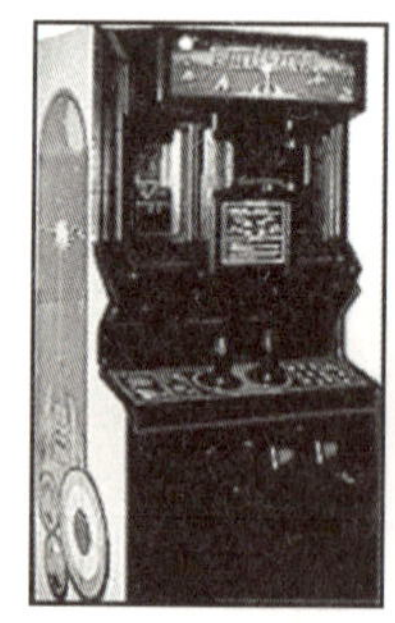
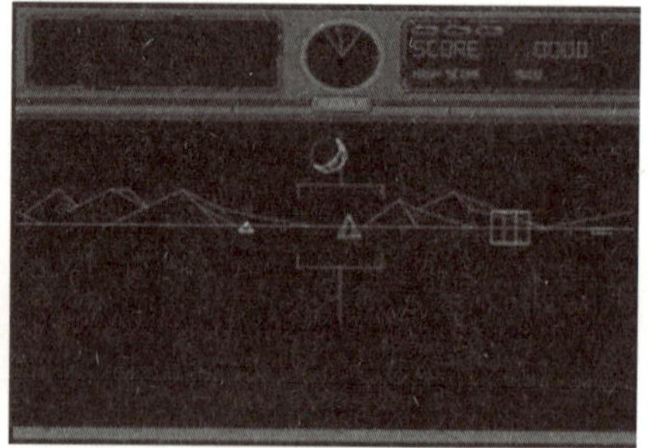

〈그림 2.14〉 게임 『Battle Zone』

1974년에 이미 성공을 거둔 바 있는 〈탱크〉게임이 모태가 된 게임이다. 〈탱크〉와는 다른 시점을 제공하고 있으며 이는 어쩌면 현재의 〈둠(Doom)〉이나 〈퀘이크(Quake)〉같은 1인칭 시점의 기원쯤으로도 볼 수 있겠다. 〈배틀 존(Battle Zone)〉은 2칼라의 벡터그래픽을 사용하였으며 두 개의 듀얼 조이스틱을 이용한 컨트롤 시스템을 제공하고 있다. 특히 〈배틀 존〉은 상업용 게임 최초로 미 육군의 의뢰를 받아 제작된 게임이다. 미 육군이 아타리에 브래들리 보병 전투 장갑차(Bradley Infantry Fighting Vehicle)에 기반을 둔 트레이닝 게임 제작을 요청해서 만들어진 게임이다.

2) 랠리-X
(1980년, Midway)

1980년 전미 오락기기 쇼에서 최고의 게임으로 선정된 〈랠리-X〉는 화려한 색깔의 그래픽과 만화와 같은 액션이 조합된 게임이었다. 당시 대부분의 게임들이 검은 배경에 게

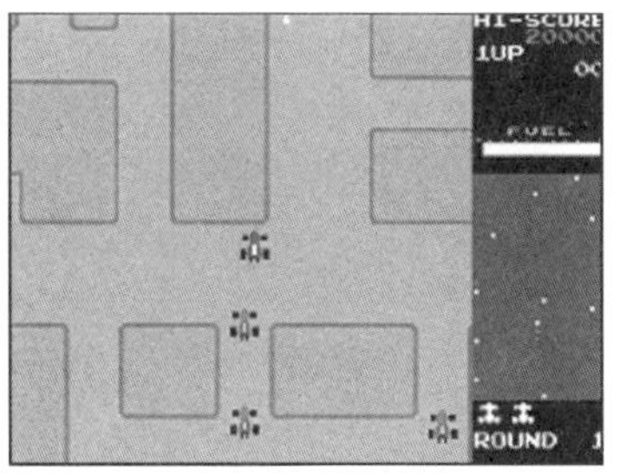

〈그림 2.15〉 게임 『Rally-X』

임의 캐릭터나 주요 기능만 컬러로 부각시켰던 것에 비해 〈랠리-X〉는 화면 전체를 화려한 색으로 물들이고 있었다. 게임 안에서 색깔의 사용이 어떠해야 하는가를 보여주었다. 최초의 보너스 라운드를 제공한 것으로도 유명하며 국내에는 '방구차'라는 이름으로 소개되었다. 특유의 효과음으로 국내 게임장에서 인기를 끌었다.

3) 팩 맨 (1980년, Namco, Tohru Iwatani)

〈팩맨(Pac-Man)〉은 게임의 역사상 최초로 게임캐릭터가 라이센스화 된 것이라는 데 의미가 있다. 이전까지의 게임캐릭터는 캐릭터라는 명칭을 붙이기에 부족함이 있었다. 남코의 프로그래머인 이와타니

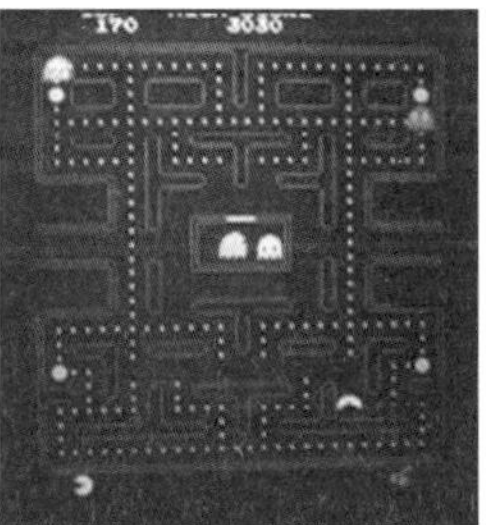

〈그림 2.16〉 게임 『Pac-Man』

토루가 한 조각이 빠진 피자를 보면서 게임에 대한 영감을 떠올렸다고 한다. 〈팩맨〉이 가지는 의미는 여러 가지가 있다. 성공한 게임캐릭터라는 것 이외에 〈팩맨〉은 처음 기획할 때부터 의도적으로 비폭력적인 게임으로 기획되었다는 점과 여성들에게 어필할 수 있는 게임이라는 것에 주목해야 한다. 이와타니 토루의 이러한 기획 의도는 〈팩맨〉이 게임 역사상 최고의 성공을 거둔 게임 중의 하나가 되는데 원동력이 되었다. 귀여운 이미지의 캐릭터, 점으로 상징되는 아이템 찾기, 비폭력적인 미로 탐험 등은 이후 개발되는 게임들에게 막대한 영향을 미치게 된다.

Pac-Man이라는 이름에 대한 일화도 유명하다. 원래의 이름은 Puck-Man이었으나 고의적으로 이름을 다르게 부를 것에 대비해 그냥 Pac-Man으로 결정했으며 이후 이 결정에 대해 남코의 개발진들은 매우 잘한 결정이었다고 이야기한다.

4) 템피스트(1981년, Atari, Davids Theurer)

〈템피스트(Tempest)〉는 아타리의 컬러 벡터 그래픽을 이용한 최초의 게임이다. 밝고 컬러풀한 그래픽의 〈템피스트〉는 〈스페이스 인베이더〉의 직선적인 움직임을 1인칭 시점으로 옮겨 놓은 것이라고 할 수 있다. 〈템피스트〉는 당시까지의 게임의 접근 방식을 새롭게 제시하였다. 기하학적 모양의 특이한 오토바이 같은 우주선을 움직여 96가지 도형으로 가득찬 공간을 미끄러져 나가면서 다가오는 붉은색 물체를 피해야 하는 게임이다.

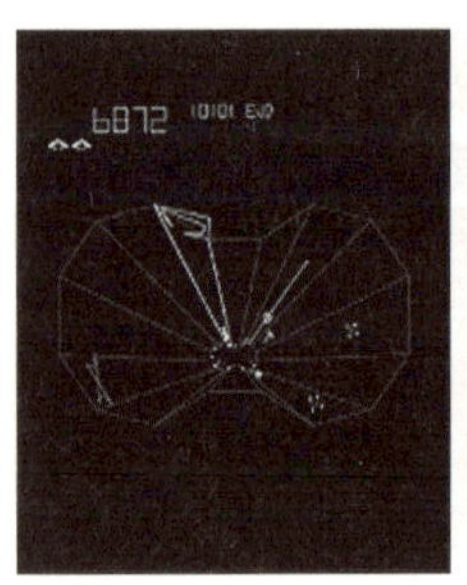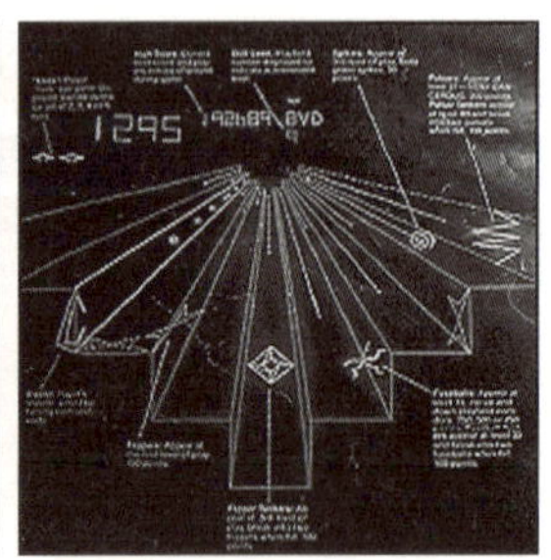

〈그림 2.17〉 게임 『Tempest』

5) 센터피드(1981년, Atari, Ed Logg, Dona Bailey)

〈센티피드(Centipede)〉는 화면아래에 있는 뱀 머리 모양의 커서를 트랙볼로 조작해 화면 꼭대기에서 아래로 빠르게 굽이치는 지네를 쏘아 맞추는 게임이다. 화려한 색감과 파스텔 톤 이미지를 사용하여 여성에게 더 많은 인기를 끌었던 게임이다.최초로 여성이 공동개발한 게임으로도 알려져 있다.

이후 게임대회의 개최로까지 그 인기가 확산되었고 게임의 개발에 참여한 베일리(Bailey)의 독특한 색감선택이 성공의 요인이 되었다고 평가된다.

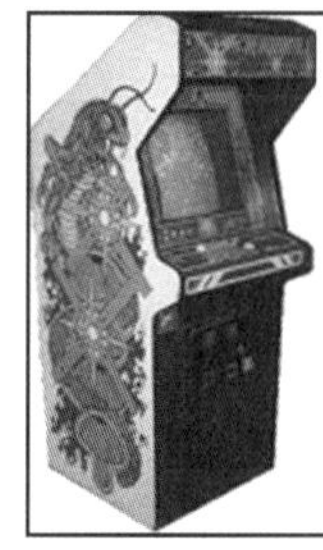
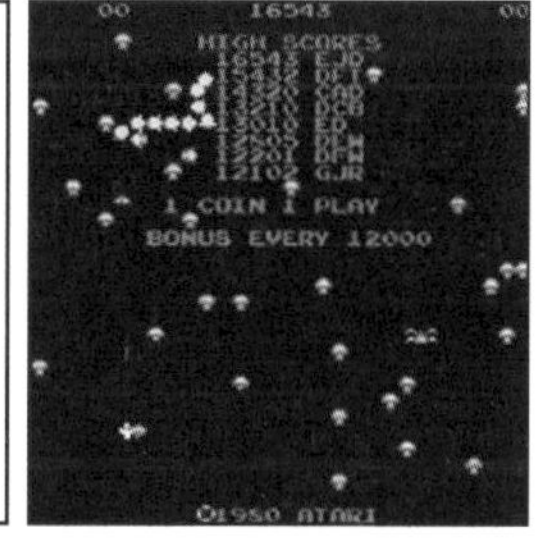

〈그림 2.18〉 게임 『Centipede』

6) 갤러그(1981년, Namco)

〈갤러그(Galaga)〉는 아케이드 슈팅게임의 대명사와도 같다. 남코의 히트작 중의 하나로 〈스페이스 인베이더〉가 진화를 한 형태라고 볼 수 있다. 보너스 우주선을 획득할 수 있으며 가미가제 식으로 날아드는 외계인을 파괴하는 것이 기본적인 게임플레이 방식이며 몇 차례 외계인과의 교전을 마치고 나면 '챌린징 스테이지(challenging stage)'라는 이름의 보너스 라운드가 등장한다.

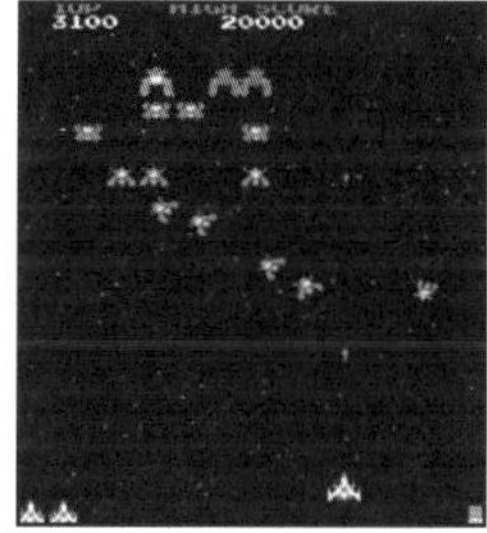

〈그림 2.19〉 게임 『Galaga』

7) 동키콩(1981년, Nintendo, Shigeru Miyamoto)

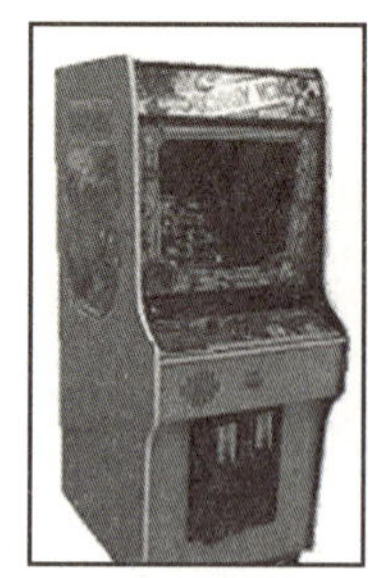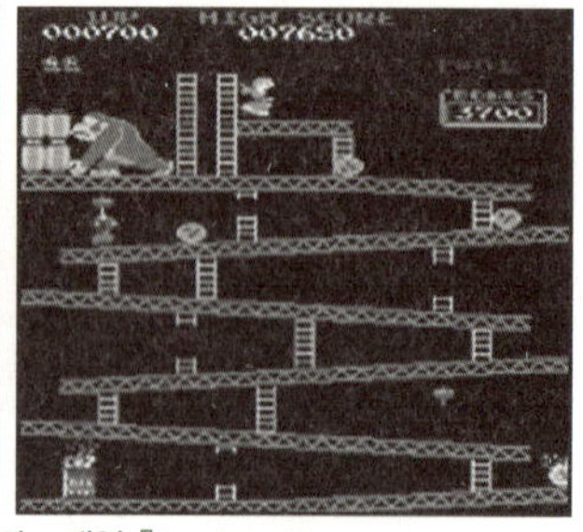

〈그림 2.20〉 게임 『Donkey Kong』

게임역사상 가장 성공한 게임캐릭터 중의 하나이며 〈레이더스코프 (Radarscope)〉 게임의 재고처리 문제로 어려움을 겪고 있는 닌텐도를 회생시킨 불후의 명작이다. 동키콩이라는 고집센 고릴라에게 납치된 공주를 구한다는 컨셉의 이 게임은 차후에 〈마리오〉나 〈젤다(Zelda)〉시리즈에서 반복되었고 〈프린스 오브 페르시아(Prince of Persia)〉와 같은 게임에도 영향을 미치게 된다. 동키콩의 주인공은 후에 마리오(Mario)란 이름을 얻게 되며 또 하나의 유명한 게임캐릭터로 성장하게 된다. 〈동키콩〉이 크게 성공하자 유니버설 스튜디오가 그들의 영화 '킹 콩'과의 유사성을 들어 지적재산권 침해로 고소하여 법정분쟁을 일으키기도 한다. 〈동키콩〉의 인기가 얼마나 대단했는가를 단적으로 보여주는 일화이다.

8) 핏폴(1982, Activision, David Crane)

액티비전의 디자이너들은 실력 있는 프로그래머들로 구성되었으며 독창적인 게임디자인으로 유명하다. 기술적인 면과 디자인 면에서 모두 시스템을 극한까지 몰아세우며 히트작을 계속해서 만들어 냈다. 그 중 〈핏폴(Pit Fall)〉은 아타리의 VCS(video- computer system)용 게임 중 가장 인기를 얻었던 게임이다. 〈핏폴〉은 최초의 횡스크롤 액션게임의 시발점이 되는 게임이다. 이 후 수 없이 만들어지는 횡스크롤 게임의 기반을 마련했다는 것이 이 게임의 가장 큰 의미라고 할 수 있다.

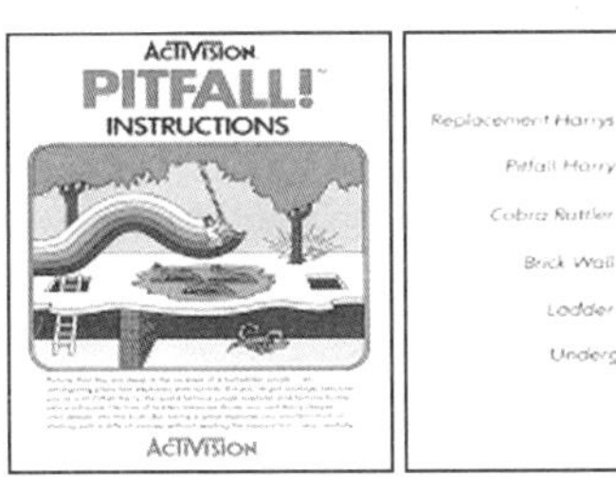
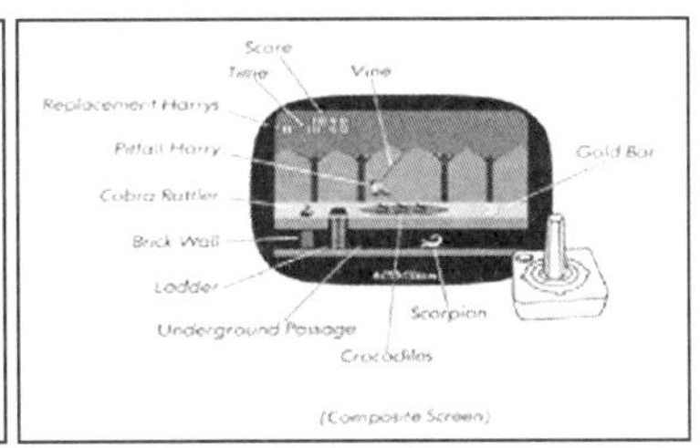

〈그림 2.21〉 게임 『Pit Fall』

9) 디그 더그(1982년, Namco)

〈디그 더그(Dig Dug)〉는 아타리가 일본에서 수입한 게임으로 초기 미로 게임의 반전과도 같은 게임이다. 게이머 스스로가 터널을 파서 미로를 만들어 가는 것은 당시의 미로게임과는 차별화된 게임이었다. 독창적인 게임 플레이와 귀여운 그래픽, 재치 있는 적 캐릭터들은 이 게임을 명작으로 만들어 주었으며 이 후 맥시스(Maxis)[18]의 〈심 앤트(Sim Ant)〉에 영향을 주기도 했다.

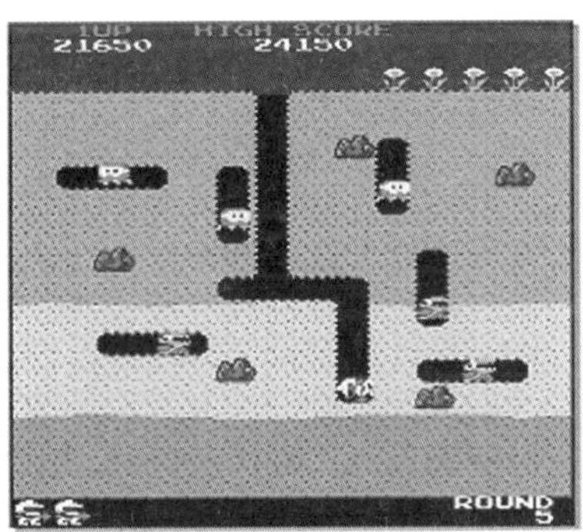

〈그림 2.22〉 게임 『Dig Dug』

---

18. 윌 라이트(Will Wright)가 설립한 게임개발사로 관리시뮬레이션 게임을 주로 만들고 있다. 심시티(Sim-city)시리즈와 심즈(Sims)를 개발하여 북미게임차트를 석권하는 대단한 흥행성적을 올리기도 했다. 윌라이트의 게임개발 컨셉은 '인형의 집' 이라고 하며 심즈도 이 컨셉을 충실히 따르고 있다고 한다.

10) 폴 포지션(1982년, Atari)

〈그림 2.23〉 게임 『Pole Position』

〈폴 포지션(Pole Position)〉이 갖는 의미는 매우 크다고 할 수 있다. 〈폴 포지션〉이란 이름은 게임 이름이라기보다 레이싱게임이라는 장르를 대표하는 것으로 잘 알려져 있다. 현재의 레이싱게임의 형식을 완성한 게임이며 실제 트랙의 느낌을 제대로 재현한 최초의 레이싱 게임이다.원근법을 사용하였고 실제로 많은 집중과 테크닉을 요구하는 게임으로 아타리의 〈나이트 드라이버〉에게 최초의 드라이빙 게임이라는 자리는 내어주었지만 속도에 대한 본능을 만족시켜주는 최고의 레이싱 게임으로 평가된다.

11) 잭슨(1982년, Sega/Gremlin)

〈잭슨(Zaxxon)〉은 최초로 등축시점(isometric perspective)을 사용하였다. 일반적으로 쿼터뷰(quarter view)라고 불리지만 당시에 등축시점은 어느 거리에 있어도 같은 크기를 유지하였기 때문에 등축(等軸)이라는 단어가 사용되었다. 2D 기반의 게임에 익숙

〈그림 2.24〉 게임 『Zaxxon』

해있던 게이머들은 사실적인 입체감을 표현하는 새로운 기법을 접한 뒤 대단히 큰 반응을 보이게 된다. 비행기는 높낮이를 입체적으로 감지할 수 있어서 전자 장벽이나 벽돌 벽을 피하면서 연료탱크나 안테나 같은 구조물을 파괴하는 게임이었다.

12) 문 패트롤(1982년, Irem / Williams)

〈문 패트롤(Moon Patrol)〉은 게임성이나 소재로 봐서는 명작이라는 소리를 듣기에는 부족한 점이 많다. 그러나 〈문 패트롤〉만의 독특한 특징이 있는 것은 사실이다. 우선 〈문 패트롤〉은 전경(前景)과 후경(後景)의 움직임을 시차를 두어 그려낸(parallax scroll) 기법을 사용한 최초의 게임이며 이런 기

〈그림 2.25〉 게임 『Moon Patrol』

법은 배경스크롤을 통해 좀 더 현실적인 원근 효과를 표현하고 있다. 또한 게임이 끝난 후 일정 시간 내에 동전을 투입하면 게임을 이어서 할 수 있는 기능을 제공하였다.

13) 스타워즈(1983년 Atari, Mike Hally, Greg Rivera)

조지 루카스(George Lucas)의 동명 흥행영화 〈스타워즈〉를 모델로 제작된 게임으로 디자인이 매우 뛰어나다. 특히 케이스 디자인과 컨트롤러의 레이아웃은 최고로 평가되고 있으며 게

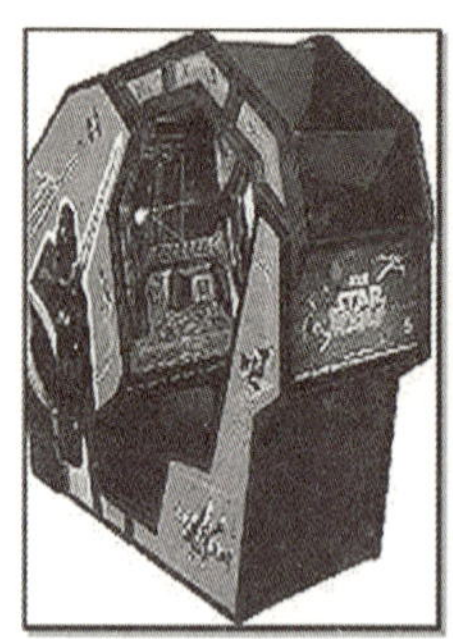
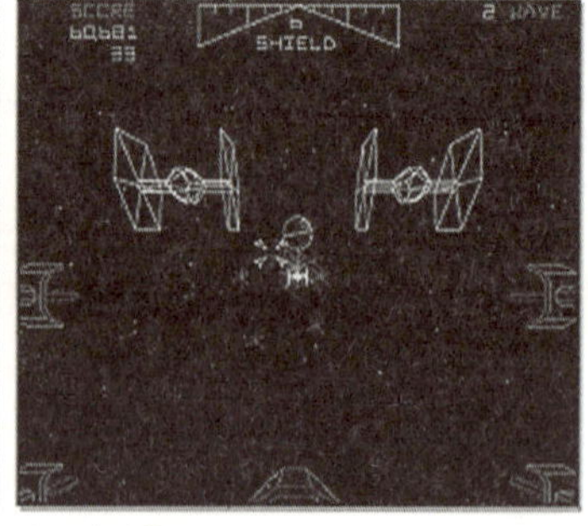

<그림 2.26> 게임 『Star Wars』

임플레이 역시 강한 인상을 주었다. 게임의 플레이는 영화 내용과 동일하게 타이(Tie) 파이터와의 전투와 데스 스타(death star) 파괴를 위한 전투로 이루어져 있다. 엑스윙(X-wing)의 콕핏과 동일한 버전으로 제작된 〈스타워즈〉는 영화 속 주인공이 된 느낌을 주기에 충분한 것이었다.

14) 드래곤스 레어(1983년, Cinematronics, Rick Dyer, DonBruth-CG)

시네마트로닉스에서 개발한 〈드래곤스 레어(Dragon's Lair)〉는 몇 가지 점에서 출시와 함께 센세이션을 불러 일으켰다. 우선 플레이 비용이 50센트로 당시에는 파격적인 가격이었다.

LD(laser disk)를 사용한 저장매체를 사용했기 때문에 가격이 비싸질 수 밖에 없었다. 덕분에 〈드래곤스 레어〉는 화려한 그래픽과 애니메이션을 제공할 수 있었고 이로 인해 미흡한 게임플레이에도 불구하고 많은 사람들로부터 인기를 끌었다.

<그림 2.27> 게임 『Dragon's Lair』

15) 마리오 브라더스(1983년, Nintendo, Shigeru Miyamoto)

〈동키콩〉에 처음 등장했을 때의 직업
이 목수였으나 마리오라는 이름을 갖고
등장한 새로운 게임에서는 배관공 마리
오로 다시 태어나게 된다. 거북이 쉘크리
퍼(shellcreeper)를 제거하며 하수구를
청소해 나가는 게임이다. 게임 플레이는
단순한 편이지만 동료인 루이지(luigi)와

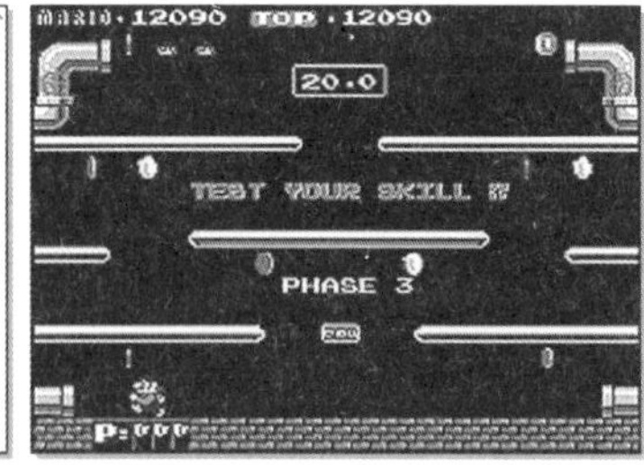

〈그림 2.28〉 게임 『Mario Bros』

협력하여 게임을 진행해가는 2인용 모드에서는 그 진가를 발휘한다. 원래의 목적은 협동을 통
한 게임 진행이지만 반드시 협동이 이루어지는 것은 아니며 이러한 점이 게임의 또 다른 재미
요소로 작용하였다. 마리오는 이후 미키마우스를 능가할 만한 인기 있는 캐릭터로 성장하게
되며 미야모토 시게루에게 부와 명성을 안겨다 주는 게임이 된다.

16) 아이 로봇(1983년, Atari)

〈아이 로봇(I, Robot)〉은 독특한 타이
틀 제목과 함께 최초로 그래픽 전체에
3D 폴리곤(The First videogame using
3D filled polygons)을 이용한 게임으로
기록된다. 기술적인 부분의 독창성과 함

〈그림 2.29〉 게임 『I, Robot』

께 게임 플레이에도 상당부분 특이한 점을 발견할 수 있다. 게임에서 주인공 로봇에게 주어진 첫 번째 규칙이 "점프를 해서는 안된다"이다. 또한 이 게임의 다른 특징은 두들 시티(doodle city)라는 옵션을 이용해 게임 플레이 중간에 플레이어가 폴리곤 그래픽을 그리며 즐길 수 있는 시간을 제공한다는 것이다.

라. 아케이드 게임의 몰락(1983~1984) : 아타리 쇼크(Atari Shock)

1980년대 초반은 그야말로 아케이드 게임기의 황금기라고 볼 수 있다. 수 없이 많은 히트작들이 개발되었고 게임 개발사들은 날이 갈수록 몸집이 커지고 있었다. 당시 게임 시장을 이끌던 공룡기업 아타리가 무너지기 전까지는 그 누구도 게임시장의 붕괴를 예상하지 못했었다. 아타리는 당시에 아타리라는 이름 만으로도 백만장 이상씩 게임팩이 팔리는 네임밸류를 가지고 있을 정도였으며 이에 아타리의 개발자들은 점점 자신들이 이룬 성공에 도취되어 회사 설립 초기에 보여주었던 실험적이고 도전적인 게임개발자의 정신을 찾아볼 수가 없었다.

1982년 아타리는 6천만개라는 천문학적인 숫자의 게임 카트리지 판매량을 올리고 있었으며 최고의 주가를 올리고 있었다. 그러나 이후 개발되는 대부분의 게임은 명작은 커녕 평작에도 미치지 못하는 수준 낮은 게임들이었다. 당시 자사의 비디오게임기 VCS2600에 탑재할 〈팩맨〉 카트리지를 1200만 장이나 제작했으나 짧은 개발기간이 원인이 되어 게임은 완성도가 떨어지는 형편없는 수준이었다. 아타리라는 명성이 팩맨 카트리지를 700만장 이상 팔리게 했지만 결국에는 아타리의 신뢰를 떨어뜨리는 결과를 가져왔다.

이후 스티븐 스필버그의 블록버스터 영화 'ET'의 게임개발 라이센스로 2500만 달러를 지불하고 크리스마스 시즌에 맞추어 출시하기 위해 6주 만에 게임을 만들어내게 된다. ET라는 명성을 마케팅에 이용하려 했으나 초기 제작분 500만장은 고스란히 창고행이 되어버렸다. 이를 계기로 아타리는 급격히 무너져 내렸고 1983년 말 아타리는 5억 3600만 달러라는 어마어마한 손실을 기록했고 이듬해에 워너 커뮤니케이션은 아타리를 매각하게 된다. 이것이 바로 그 유명한 아타리 쇼크(Atari Shock)의 전말이다. 어쩔 수 없이 덤핑시장에 뛰어든 아타리로 인해 게임시장 전체가 침체의 길을 걷기 시작했고 이러한 악재는 1990년대가 다 되었어도 완전히 사라지지 않았다.

1) ET(1983년, Atari, Howard Scott Warshaw)

아타리를 파멸로 이끈 최악의 게임. 스티븐 스필버그의 동명 화제작 ET를 게임으로 옮겼으나 아타리의 자신들의 네임밸류에 대한 과신과 크리스마스 시즌에 맞추기 위해 턱없이 부족한 게임개발 기간(단 6주만에 게임을 개발하게 된다)을 실정하여 형편없는 게임으로 탄생된다. 이로 인해 공룡기업 아타리는 몰락하게 된다.

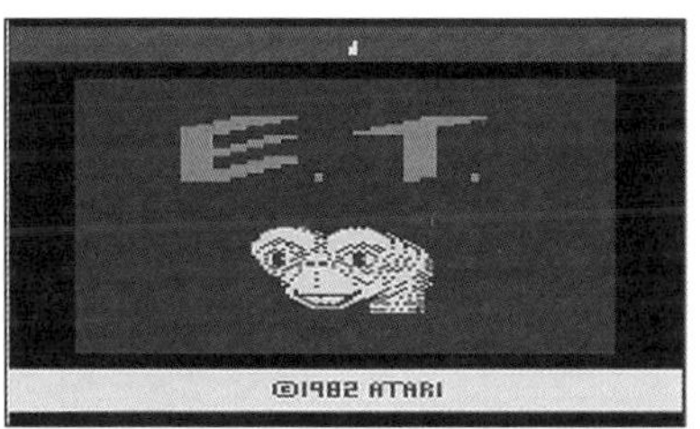

〈그림 2.30〉 게임 『ET』

2) 펀치 아웃(1984년, Nintendo)

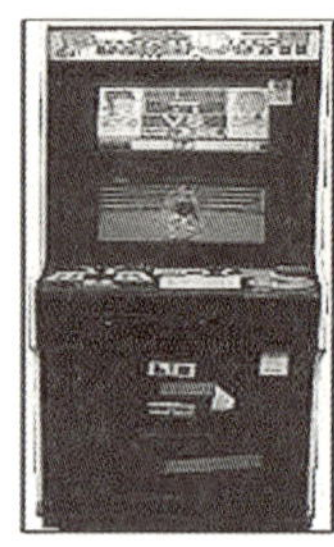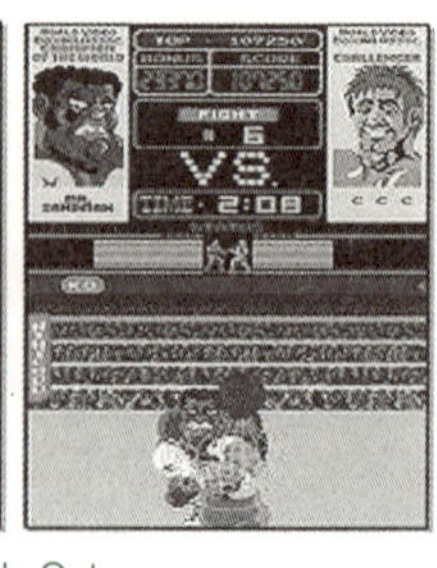

〈그림 2.31〉 게임 『Punch Out』

닌텐도의 〈펀치 아웃(Punch Out)〉은 재미있게 표현된 캐릭터들의 개성이 잘 살아있는 게임이다. 〈펀치아웃〉은 경기의 내용을 음성으로 해설해주고 있는데 비록 음질은 뒤떨어졌으나 실제 권투경기장에서 경기를 하는 듯한 인상

을 주기에 충분했고 이는 현대의 스포츠게임들이 대부분 채택하고 있다. 1인칭 시점을 표현하기 위해 주인공캐릭터를 와이어프레임으로 표현했으며 권투라는 소재를 아주 잘 표현한 게임으로 높이 평가된다.

3) 페이퍼 보이(1984년, Atari, Dave Ralston)

비디오 게임과 아케이드 게임 산업이 되살아나기까지는 몇 년의 시간이 필요했다. 아타리는 암울한 침체기에서 몇몇 명작을 만들어내게 되는데 〈페이퍼보이(Paper Boy)〉는 그 중 하나이다. 자전거를

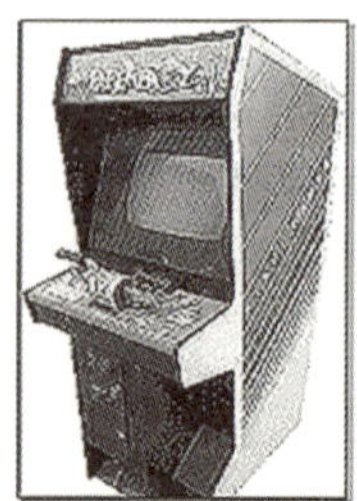

〈그림 2.32〉 게임 『Paper Boy』

탄 소년의 신문배달에 대한 내용을 주요 게임소재로 하고 있다. 세가의 〈잭슨(Zaxxon)〉에서 영향을 받았기 때문에 등축시점을 사용하고 있으며 독창적인 소재를 게임화해서 성공한 좋은 예라고 할 수 있다.

4) 건틀렛(1985년, Atari, Ed Logg)

〈건틀렛(Gauntlet)〉의 개발자인 에드 로그는 자신의 아들이 가장 좋아하던 게임인 〈던전&드래곤스 (Dungeons&Dragons)〉라는 게임 을 아케이드 게임으로 옮기게 된 다. 이것이 최초의 4인용 게임플레 이가 가능한 아타리의 또 하나의

〈그림 2.33〉 게임 『Gauntlet』

명작인 〈건틀렛〉이다. 탑 뷰(Top-View)방식을 사용하여 전통적인 RPG(role playing game) 를 아케이드에서 구현하고 있다. 게임의 특성상 고난이도의 레벨디자인과 밸런싱의 문제가 해결 과제였으나 에드 로그는 훌륭하게 해결하여 또 하나의 명작을 만들어 내는데 성공한다.

5) 스페이스 해리어(1986년, Sega, Suzuki Yu)

〈스페이스 해리어(Space Harrier)〉는 스프라이트 3D그래픽 기법 및 스테레오 사운드효과를 사용한 것으로 유명하다. 스프라이트 3D 기법은 폴리곤을 사용한 진정한 의미의 3D그래픽은 아니지만 3D효과를 표현하기에 충분하였다. 이러한 표현을 가능하게 하기 위해 아케이드 게

〈그림 2.34〉 게임 『Space Harrier』

임기가 고성능 하드웨어를 갖추어야 했으며 이를 계기로 아케이드 게임기가 고성능 하드웨어 시대로 본격 전환되게 된다. 게임을 개발한 유스즈키는 이 게임의 성공에 힘입어 계속해서 아케이드 게임의 명작을 만들어 내는 유명한 게임 개발자가 된다.

마. 아케이드 게임의 재도약(1990~1995)

아타리의 몰락으로 인해 침체기를 걷고 있던 게임 시장이 회복되는 데에는 꽤 오랜 기간이 지나고 나서야 가능했다. 실제로 1980년대 후반부터 차츰 회복의 움직임이 보이기는 했으나 게임개발사들은 1990년대에 와서도 그 암울한 시기를 완전히 떨쳐내기가 힘들었다고 한다. 1990년대에는 2인용 대전격투 게임의 성공과 함께 아케이드 게임시장에 다시금 활력이 넘치는 계기를 마련하게 된다. 캡콤과 세가의 주도로 아케이드 게임시장은 재도약의 발판을 마련하였고 고성능 체감형 시스템을 무기로 과거의 명성을 되찾아가고 있었다.

1) 스트리트 파이터 2 (1991년, Capcom)

아케이드 게임의 황금기를 개척한 작품으로 침체기에서 완전히 벗어나는 발판을 마련하는 것은 물론이고 아케이드 게임시장에 1:1 대전 격투게임 붐을 일으키게 되는 시발점이

〈그림 2.35〉 게임 『Street Fignter II』

된다. 〈스트리트 파이터(Street Fighter)〉는 측면 시점의 1대1 격투게임이며 홈비디오 및 슈퍼 닌텐도 게임으로 각색되어 닌텐도 게임만 1,500만개가 판매되는 흥행성적을 거두게 된다. 〈스트리트 파이터〉의 성공으로 인해 〈모탈컴벳(Motal Kombat)〉, 〈살인본능(Killing Instinct)〉, 〈버쳐파이터(Vietu Fighter)〉와 같은 경쟁작들이 속속 출시되게 된다. 1994년에는 게임의 캐릭터를 소재로 영화가 만들어지도 했다.

2) 버추어 레이싱(1992년, Sega Suzuki Yu)

〈버추어 레이싱(VIrtua Racing)〉은 사실주의적 그래픽을 사용한 레이싱게임의 대표작으로 평가되고 있다. 작품을 개발한 유 스즈키는 콘솔게임시장의 시게루 미야모토와 대등한 위치로 평가되는 인물이며 레이싱게임의 구조와

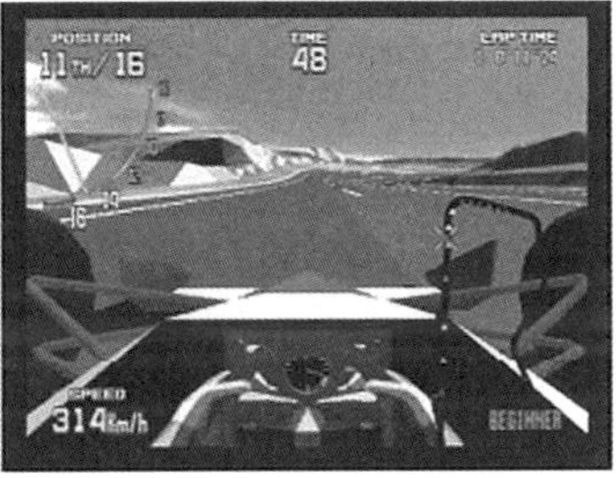

〈그림 2.36〉 게임 『Virtua Racing』

형식을 완성한 인물로 평가된다. 아타리의 〈폴 포지션(Pole Position)〉에서 영향을 받은 유 스즈키는 최초의 오토바이 레이싱 게임인 〈행 온(Hang-on)〉을 개발하여 성공하기에 이르고 후속작인 〈아웃 런(Outrun)〉에 이어 레이싱게임의 대명사인 버추어레이싱을 개발하게 된다.

3) 버추어 파이터 (1993년, Sega, Suzuki Yu)

〈버추어 파이터(Virtua Fighter)〉는 세가의 유 스즈키가 개발한 현대적인 3D대전 액션게임

<그림 2.37> 게임 『Virtua Fighter』

의 모델이 되는 게임으로 평가된다. 3D 폴리곤 그래픽을 사용하여 캐릭터의 움직임이 매우 사실적이며 당시까지의 1:1 격투대전 게임을 고스란히 3D그래픽 환경으로 옮겨놓았다. 이후에 〈철권〉시리즈나 〈소울칼리버〉 같은 대전격투액션 게임의 명작이라 일컬어지는 작품들에게 큰 영향을 미치게 된다.

4) 데이토나 USA (1994년, Sega)

<그림 2.38> 게임 『Daytona USA』

〈데이토나 USA(Daytona USA)〉는 레이싱 시뮬레이션 게임의 명작으로 꼽힌다. 텍스처 매핑(texture mapping)기법을 사용한 최초의 3D 폴리곤 게임으로 기록되며 게임플레이의 우수성이 높이 평가되고 독특한 팀플레이 옵션 등으로 크게 성공한 아케이드 게임으로 손꼽힌다.

바. 콘솔 게임(console game)의 역사

세대	연도	콘솔 게임	회 사	특　징
1세대	1972	Magnavox Odyssey	Magnavox	· 최초의 비디오 게임 콘솔 · 탈착형 게임 카드 사용 · 100달러
	1975	Atari Pong	Atari	· 아케이드 게임의 홈 비전 · 온스크린 스코어 기능 · 대성공
8비트 1세대	1976	Channel F	Fairchild Semiconductor	· 최초의 카트리지 콘솔 · Fairchild F8 CPU 사용 · 2개의 조이스틱 · 169.95달러(카트리지 19.95달러)
	1977	Astrocade	Bally/Midway	
	1977	Atari 2600 (Atari Computer System, VCS)	Atari	· 최초로 상업적 성공 · MOS 6507 CPU, RAM 128바이트, 1.19MHz, 16칼라, 2채널 오디오, 4K 카트리지 사용(비디오 메모리 없음) · 199.95달러
	1978	Odyssey2	Magnavox	· 2K ROM 카트리지 사용 · 전경/배경 그래픽, 사운드, 스코링 기능, 키보드 및 조이스틱 제공
8비트 2세대	1980	Intellivision	Mattel	· 299달러 · 최초의 16비트 콘솔(?)
	1982	Colecovison	Coleco	· 아케이드형 그래픽 및 콘트롤러 · 초기 12개 게임 제공(총 170개) · 199.95달러

	1982	Acadia 2001	Emerson Radio	· 36개 게임 제공(총 100여개)
	1982	Vectrex	GCE	· 벡터 그래픽, 9인치 모니터
	1983	Philips G7400 (Odyssey3)	Philips	· 그래픽 우수 · 199달러
8비트 3세대	1985	NES(Famicom)	Nintendo	· 256×224 픽셀, 16칼라 · 1995년까지 생산됨
	1986	Sega Master	Sega	· NES 대응 기기 · NES보다 기술적으로 우수
	1986	Atari 7800	Atari	· NES 대응 기기 · 기술적으로 우수하나 제공 게임들은 뒤짐
16비트 세대	1989	TurboGrafx 16 (PC Engine)	Turbo Technologies	· 얇은 메모리 카드 · 최초의 CD-플레이어 게임기 · Sega Mater와 경쟁
	1989	Sega Genesis (Sega MegaDrive)	Sega	· Sega의 대표적인 콘솔 · Super Nintendo와 경쟁
	1989	NeoGeo	SNK	· 아케이드 게임의 변형
	1991	Super Nintendo (Super Famicom)	Nintendo	· Sega Genesis 대응 기기 · 1990년대 중반까지 전세계 인기
	1991	Philips CD-i	Philips	· 멀티미디어 시스템의 한 버전
32비트 1세대	1991	Sega CD	Sega	· 게임 및 오디오 CD 플레이 · TurboGrafx 대응 기기
	1993	3DO	Panasonic	· 소프트웨어, 오디오, 게임 CD 등 멀티미디어 플레이어 시스템

	1993	Sega 32X	Sega	· Genesis와 Saturn의 중간 단계
	1994	Playdia	Bandai	· 젊은 층 겨냥 기기 단순 · 드래곤볼 등의 게임 제공
	?	PC-FX	Turbo Technologies	· Turbografx 16의 32비트 버전 · 타워 컴퓨터 형태
32비트 2세대	1993	Atari Jaguar	Atari/IBM	· 외주 제작 게임기 · 기술적으로 우수하나 게임 빈약
	1995	Sega Saturn	Sega	· 닌텐도 누르고, 콘솔 부문 2위로 부상 · 3D 그래픽 · 소니 플레이스테이션에 시장 잠식 · 최초의 인터넷 접속 콘솔
	1995	Sony Playstation	Sony	· 3D 그래픽을 사용한 최초의 대중적 콘솔 · 툼 레이더 시리즈 등 게임 제공
	1996	Nintendo 64	Nintendo	· 상대적으로 게임 빈약하나 플레이 스테이션에 이어 2위 · Super Mario 등 게임 제공
128비트세대	2000	Nuon	VM Labs	· DVD 플레이어의 부가기능
현재	1999	Sega Dreamcast	Sega	· 32비트에 대응, 차세대 콘솔 · Playstation2, Gamecube, Xbox 등에 패퇴 - H/W 부문 포기
	2000	Sony Playstation 2	Sony	· 강력한 멀티미디어 기능 지원
	2001	MS Xbox	Microsoft	· MS 게임 콘솔 부문 진출 · 강력한 멀티미디어 및 네트워크 기능
	2001	Nintendo Gamecube	Nintendo	· DVD포맷의 저장 기능 사용 · 다양한 게임 지원

사. 개인용 컴퓨터게임(PC Game)의 역사

연도	사 항
1889	· 일본 후사지로 야마우치, 닌텐도(Nintendo Koppai)사 설립
1945	· 바네바 부시, "우리가 생각하는 대로"발표 - 메멕스 구상
1948	· 최초의 전자식 컴퓨터 SSEM, 일명 "베이비" 성공적 시연
1951	· 최초의 상용 컴퓨터 페란티 마트1(Ferranti Mark 1) 시판
1952	· 더글라스, 세계 최초의 컴퓨터 게임 개발 - 틱택토 형태, EDSAC 컴퓨터
1954 1958	· 일본, 미국 핀볼 게임기 수입 개시 - 서비스앤게임(Services and Games)사 · BNL의 하긴보덤, 테니스 게임(Tennis for 2)개발 · 시연 - 아날로그컴퓨터, 오실로스코프 디스플레이
1960	· 넬슨, 하이퍼텍스트 구상 개시
1961	· MIT의 러셀, 스페이스워 개발 - 메인프레임 PDP - 1용, 연구실 사이에 유포됨
1963	· BBN, 모뎀 특허
1965	· 일본 서비스앤게임사, 세가(Sega)로 개명
1966	· 샌더스 어소시에이츠의 배어, 미 정부 지원하에 일급비밀로 비디오 게임 개발 · 세가, 최초의 아케이드 게임(슈팅 게임) 페리스코프(Periscope) 출시
1967	· 최초의 텍스트형 어드벤처 게임 어드벤트(ADVENT), PC용으로 출시됨 · 배어, TV 디스플레이형 컴퓨터 테니스 게임 개발 - 퐁(Pong)의 전신 · 유닉스 등장
1969	· 블룸, 스페이스워 2인용 버전 개발 - 원격작업으로 만듦 : 네트워크 게임의 등장 예고 · ARPANET 등장
1971	· 부시넬의 너팅 어소시에이츠, 최초의 컴퓨터 아케이드 게임 컴퓨터스페이스 출시 - 성공적이지 못함 · 매그너복스, 오디세이 개발 착수
1972	· 매그너복스, 최초의 홈비디오 게임기 오디세이 출시 · 부시넬, 아타리사 설립(6월 27일) · 매사추세츠대의 그레고리 욥, 시분할시스템 기반 〈Hunt the Wumpus〉 개발

1973	· 아타리, 최초의 퐁 아케이드 게임 개발 · 자이객스, 던전앤드래곤스 출시 - 비컴퓨터 게임
1974 1976	· 아타리의 홈 퐁(Home Pong), 장난감 박람회 출품 - 시어스, 독점 판매권 획득 · 크로더와 우즈, 최초의 메인프레임용 텍스트 어드벤처 게임인 어드벤처 개발
1976	· 최초의 카드리지형 게임 콘솔 채널F 출시 · 워너 커뮤니케이션즈, 아타리 매입 · 워즈니악, 아타리 출신의 스티브 잡스와 애플 컴퓨터 설립
1976	· 아타리, VCS 2600 출시 · 미드웨이의 아케이드 게임 건파이터, 최초로 마이크로프로세서 사용
1978	· 일본 빠징코회사 타이토, 스페이스 인베이더 출시 - 최초로 에니메이션 캐릭터 등장, 하이스코어 디스플레이됨 · 인텔, 8088 8/16비트 프로세서 개발
1979	· 시어스, 아타리와 결별, 독자적인 게임시장 진출 · 아타리, 베스트셀러 게임인 애스터로이즈의 아케이드 버전 출시 · 인포컴, 1인용 어드벤처 게임 조크 개발 · 〈어드벤스트 던전앤드래곤스 매스터즈 가이드〉 발간
1980	· 아타리, VCS 2600용 스페이스 인베이더 출시 · 마텔, 홈비디오 게임 콘솔 인텔비전 출시 · 아타리, 탱크 시뮬레이션 게임 배틀존 출시 - 최초로 3D, 1인칭 시점 활용 · 남코, 팩맨 출시 - 역사상 가장 인기 있는 아케이드 게임 · 닌텐도, 미국 지사 설립
1981	· 마리오, 동키 콩에서 최초로 등장(원래는 배관공이 아니라 목수로 개발됨) · 미국 아케이드 게임에 50억 달러, 홈비디오 게임 시스템에 10억 달러 소비 · IBM, IMB PC 출시 - 최초로 8088 프레세서 탑재 · BBC 마이크로 출범 - 컴맹 프로젝트 일환
1982	· 콜레코, 홈비디오 게임 콘솔 콜레코비전 출시 · GCE, 벡터그래픽 사용하는 홈비디오 게임 콘솔 벡트렉스 출시 · 아타리, VCS 판매 부진 발표 - 워너 주가 하루에 32% 하락 · 텔리텔(미니텔의 전신) 출범

연도	내용
1983	· 닌텐도, 패미콤 출시 - 발매 첫 두 달에만 50만개 판매, 기술적 문제로 리콜 · 콜레코, 컴퓨터 아담 출시 · 마텔, 인텔비전으로 2억2천5백만 달러 손실 · 코모도, 코모도 64 출시 - 비디오 게임지원 기능 - 1984년 게임시장 붕괴시작 · 애플, 최초의 GUI 컴퓨터 리사 출시 · 케스마이, 컴퓨서브 상에 메가워즈 I 출시
1984	· 닌텐도, NES 개발 착수 · 마텔 및 콜레코, 게임시장에서 퇴출됨 · 코모도 설립자 트래밀, 코모도 떠나 아타리 매입 　- VCS 2600 콘솔 중단, 새롭게 8비트 및 16비트 콘솔 및 컴퓨터 개발 착수 · 애플, 매킨토시 출시 · 미니텔, 가정 소비자에게 서비스 개시
1985	· 닌텐도, NES 출시 - 닌텐도, 라이센스 회사에만 소프트웨어 개발토록 제한 · 아타리, 16비트 컴퓨터 출시 - 애플의 매킨토시와 경쟁 · 코모도 - 아미가 1000 출시 · 마이크로소프트, 윈도 개발 · 퀀텀링크(AOL 전신), 출범
1986	· 닌텐도, 전세계에 NES 판매 · 세가, 세가 매스터 출시 · 코모도, 아미가 출시 · 아타리, VCS 7800 출시 · 닌텐도, 경쟁사들에 비해 10배 판매 · 액티비전, 인포컴 매입
1987	· NEC, PC-엔진 출시 · VGA 및 SVGA 그래픽 카드 개발 · 캐나다 회사인 애드립, PC 사운드 카드 출시
1988	· 아타리, 닌텐도 제소 - 독점적 지위 남용(가격 및 반경쟁 관행) · 테트리스 출시 · IRC 등장

1989	· 아타리, NES의 라이센스되지 않은 게임 출시할 수 있는 바이패스 기술 개발
	· 아타리 - 닌텐도 법정 공방 결과
	  - 아타리, 세가의 NES 버전 출시권리 획득, 자신의 아케이드게임 NES제공 허용
	  - 닌텐도, 테트리스 독점권 획득, 아타리 카트리지 리콜하게 됨
	· 닌텐도, 게임 보이(Gameboy) 출시
	· 아타리, 핸드헬드 링스 출시
	· 세가, 16비트 콘솔 제네시스 미국 출시
	· 최초의 3D 아케이드 게임인 위닝 런 출시
	· 인터넷, 일반대중에게 개방됨
	· 크리에이티브 랩, 사운드블래스터 카드 출시
	· 짐 애스폰스, TimyMUD 개발

1990	· 세가 메가드라이브 출시(영국) · 닌텐도, 게임 카트리지 대여사업 금지를 위한 법적 대응 착수 · 마이크로소프트, 윈도 3.0 출시 · TinyMUD 폐쇄, 유사한 머드형태들 다수 출현 · 화이트, MOO 개발 · 제록스 PARC의 커티스, 람다MOO 개발
1991	· 닌텐도, 수퍼NES 출시 · 세가, 캐릭터 소닉(Sonic the Hedgehog) 등장시킴 - 닌텐도의 마리오와 경쟁 · 갈롭 토이즈, NES 게임 치닝 가능한 게임 제니 출시 - 닌텐도 판매 봉쇄 시도 · S3, 최초로 단일칩의 PC용 그래픽 가속기 출시 · MUD 〈디스크월드〉 개시 · 라인골드, 《가상현실》 출간
1992	· 수퍼 NES, 영국 출시 · 세가, 세가CD 콘솔 출시(299.95달러) · 소니, 플레이스테이션 개발 착수 · 아타리, 닌텐도에 대한 반독점 제소 패배 · id 소프트웨어, 월펜시타인 3D 출시

1993	· 아타리, 최초의 64비트 게임 콘솔 재규어 출시 - 기능 다소 미약 · 세가, 게임(타이틀?) 시장 반 이상 장악 · 파나소닉, 최초의 32비트 게임기인 리얼 3DO 출시(699달러로 비쌈) · NCSA, 최초의 그래픽 브라우저 모자이크 등장 · Id 소프트웨어, 둠 출시 - 획기적인 1인칭 슈팅 게임 · 라인골드, 《가상공동체》 출간
1994	· 세가, 게임 콘솔 새턴 출시 · 소니, 플레이스테이션 출시 · 아타리, 재규어 출시를 지원하기 위해 세가와 제휴 - 세가, 독점권 획득 위해 아타리에 4천만 달러 제공 · 사이앤, 미스트 출시 - 역사상 가장 많이 판매된 게임
1995	· 닌텐도, 버추얼 보이 출시 - 그러나 이용자 투통 유발 · 마이크로소프트, 윈도 95 출시 · 소니, 플레이스테이션 미국 출시 · 오리진/일렉트로닉 아츠, 윙 커맨더 III 출시 - 풀모션 비디오 포함
1996	· 닌텐도, 닌텐도 64 출시 · 툼 레이더 출시 - 여주인공 라라 크로프트 · 바비 - 패션디자이너 출시 - 여성시장을 겨냥한 최초의 레저 소프트웨어, 대성공
1997	· 조이스틱 · 운전대와 같은 압력식 제어장치 등장 · 인텔, 펜티엄 II 프로세서 출시 · id 소프트웨어/액티비전, 퀘이크 II 출시
1998	· 세가, 드림캐스트 출시 · 젤다의 전설, 미국내 6주 판매량이 공휴일 기간 개봉된 영화보다 더 많은 수익 · 하프 라이프 출시 - 밸브 개발 · 애플, iMac 출시
1999	· 세가, 드림캐스트 영국 출시 - 세가, 유럽 출시 위해 1억 달러 지출

연도	
2000	· 소니, 플레이스테이션 2 출시
2001	· 마이크로소프트, 자사 최초의 게임 콘솔 XBOX 출시 · 리눅스 체제의 인드레마 L600 기획, 그러나 자금 확보 안돼 포기 · 킬번(베이비 발명자), 사망
2002	· 마이크로소프트, XBOX 영국 출시 · 닌텐도, 게임큐브 출시 · 세가, 드림캐스트 생산 중단, 게임 컨텐트 부분에만 집중
2003	· 미국 신생기업 인피니엄 랩스, 팬텀 브로드밴드 게임 콘솔 계획 발표

※ 출처 : Digiplay Initiative(2003)에서 재구성함.

아. 휴대용 게임(Handheld Game)의 역사

연도	게임기	회사	특 징
1979	Microvision	Smith Engineering	· 4비트 포터블 핸드헬드 게임기 · 카트리지 사용 · 첫해 성공했으나, 모니터가 작고 게임 수가 적어 발전하지 못함
1989	Lynx	Atari	· 아타리 유일의 핸드헬드 게임기(8비트) · 최초의 칼라 디스플레이 · 카트리지 사용 · 비디오 게임기 재규어(Jaguar) 접속 가능 · Game Boy보다 기술적으로 우수했으나 마케팅에 뒤져 90년대 중반까지만 생산됨
1989	Game Boy	Nintendo	· 가장 많이 판매된 핸드헬드 게임기(8비트) · 배터리 사용, 포터블 · 카트리지, 흑백

1991	Game Gear	Sega	· Sega Master System의 포켓 버전 · 그래픽 우수 · 닌텐도 Game Boy의 대응 기기 　- 기술적으로 우수했으나 판매 부진
1995	Sega Genesis Nomad	Sega	· Sega Genesis의 포켓판 · TV 컵속 가능(NTSC만 지원)
1996	Neo Geo Pocket	SNK	· Neo Geo의 포켓 버전
1997	Game Boy Color	Nintendo	· Game Boy 칼라 버전 · 8비트, 메모리 2배
1997	Game.com	Tiger	· Game Boy 대응 기기(8비트) · 온라인, 터치스크린 기능 · 게임 및 마케팅 열세로 2000년 종료
1999	Neo Geo Pocket Color	SNK	· 16비트, 칼라
1999	Wonderswan	Koto & Bandai	· 32비트 포터블 핸드헬드 게임기 · 흑백
2000	Wonderswan clolr	Koto & Bandai	· Wonderswan의 칼라 버전
2001	Game Boy Advance	Nintendo	· 32비트 포터블 핸드헬드 게임기 · 스프라이트 그래픽 기술 사용
2001	GP32	Game Park	· Game Boy Advance와 외양 유사 · SmartMedia 카드 사용, PC 접속 가능
2003	Game Boy Advance SP	Nintendo	· Game Boy Advance의 외양만 개선 · 1989년 Game Boy 카트리지도 사용 가능

※ 출처 : Widipedia(2003)에서 재구성함

(3) 게임의 분류

게임의 분류 방법은 매우 다양하게 존재하여 왔다. 장르적인 분류, 사회과학적인 측면에서의 분류, 문학적인 측면에서의 분류, 산업적인 측면에서의 분류, 용도에 따른 분류 등 매우 다양한 분류작업이 이루어졌다. 그러나 마치 게임은 빠르게 진화하는 생명체와도 같아서 기반이 되는 컴퓨터 기술이 발전함에 따라 혹은 대중문화의 흐름에 따라 시시각각 제 모습을 바꾸며 진화하고 있다. 하루가 다르게 변화하고 발전하는 게임의 본질을 파악하기 위해 다양한 기준의 척도로 게임을 분석하고 분류하고 있지만 객관적인 결론에 다다르기 매우 힘들다.

일반적으로 게임을 분류할 때에는 과연 그 게임이 어떤 하드웨어를 중심으로 개발되고 작동되느냐의 여부에 따라 '플랫폼에 따른 분류'와 게임의 내용과 형식에 따른 '장르적인 분류'로 나뉘게 된다. 그 밖에 여타 분류방법이 다양하게 존재하나 본서에서는 위 두 가지를 중심으로 게임을 분류하기로 한다. 물론 이 두 가지 분류방법으로 게임을 모두 설명한다는 것은 부족함이 있으나 가장 일반화되고 보편적인 분류방법이기도 하다.

❶ 게임의 장르적 분류

기존의 예술이나 영화, 만화 등이 지닌 특성과 비교할 때 게임은 훨씬 복잡한 요소 등을 동원하여 이루어지고 그것이 포괄하는 영역의 분포도 매우 다양하다. 스포츠와 같이 그 자체로 독립된 영역 전체가 하위 분야로 포섭되기도 하고 룰렛, 파친코 같은 운에 따르는 종류의 게임, 〈다마고치〉[19] 같이 애완물을 키우는 게임, 전략 시뮬레이션 게임처럼 복잡한 현실을 구성

---

19. Tamagotchi, 일본의 완구 제조회사인 반다이사(Bandai. Co. Ltd)가 발매한 전자완구, 휴대용 애완동물 사육기로 1996년 11월 판매를 개시한 이후 일본은 물론 해외까지도 폭발적인 판매량을 보였다. 계란모양의 키 홀더 안에 액정화면이 있어 스위치를 넣으면 화면속에서 알이 부화된다. 진짜 애완동물과 똑같이 기를 수 있는 것이 특징이며 실제 애완동물을 기르고 싶어하는 도시의 아이들에게 매우 큰 인기를 끌었다.

하는 게임 등 천차만별이라 할 수 있는 다양한 종류를 망라하고 있다. 게임의 물질적 토대가 서로 간에 크게 다르기도 하고 정신의 영역에 속한다고 해야 할 사항들이 매우 이질적인 형태를 갖기도 하는 것이 게임의 세계이다. 어느 쪽에 비중을 두고 구분하느냐에 따라 게임의 분류는 서로 다를 수밖에 없다. 이로 인해 현재 게임에 대한 이론서나 관련 서적들이 언급하고 있는 게임의 분류가 제멋대로라고 표현할 수 있을 만큼 그 객관성이나 통일성이 결여되어 있다.

따라서 게임의 장르에 대한 구체적이고 객관적인 분류 작업은 이와 같은 오류를 교정하고 게임에 대한 인식작업을 올바르고 바람직한 방향으로 이끌 수 있을 것이다.

장르(genre)는 공통의 특징을 지닌 사물의 무리를 뜻하며 생물학 용어로서는 종(種) 다음에 오는 속(屬)의 뜻이고 문학·예술 분야에서는 부문·양식·형(型)을 뜻한다. 하지만 일반적으로 장르라는 용어를 사용하는 대상은 사물을 나눌 때 사용하는 '종류'라는 의미보다는 예술, 영화, 만화, 게임 등에 공통된 어떤 특성을 지칭하는 의미로 사용된다고 할 수 있다. 즉 게임에서는 게임의 내용이나 형식, 게임플레이 방식 등 게임의 내용을 구성하고 있는 다양한 요소들의 공통적인 특징에 대한 일종의 '갈래'라고 보는 것이 옳다.

게임의 장르에 대한 기존의 분류를 고찰해 보면 상당부분 분류의 방법과 체계가 상이하다는 것을 알 수 있다. 물론 구분하는 커다란 중심개념은 동일하지만 세분화되거나 복합적인 부분에 대한 견해가 일치되지 않고 있음을 알 수 있다. 공통적인 분류기준은 4가지로 나타난다. 아케이드 게임, 어드벤처 게임, 시뮬레이션 게임, 롤플레잉 게임이 그것이다. 이 4가지의 분류형식은 가장 상위의 장르적인 구분이며 오랜 관행 속에서 자연스럽게 이루어진 것으로 현재까지 가장 널리 알려져 있는 분류이다[20]. 그러나 이 4가지 분류법으로 게임의 장르를 정의한다는

20. 최유찬. 「컴퓨터 게임의 이해」

것은 무리가 있다. 현재의 게임은 과거의 게임들과 비교할 수 없을 만큼 복잡해지고 방대해졌다. 따라서 각각의 장르별로 하위개념을 도입하여 좀 더 세부적인 장르적 분류가 이루어지는 것이 바람직하다. 본서에서는「게임대학의 저자 아카오 고우이치가 "현시점(1990)에서 게임의 장르로서 공인된 것"이라고 말하고 있는 일본의 분류방식을 기본틀로 삼기로 한다. 아카오 고우이치는 게임에서는 끊임없이 새로운 복합장르가 탄생하기 때문에 "분류라고 하는 것은 바로 의미를 잃어버리는 것"이라고 하면서도 "분류를 좀 더 이론적으로 생각"할 것을 요구하고 있다.

〈표 3.1〉 장르구분과 정의

장르구분	설 명
시뮬레이션 게임	현실세계의 특정 부분을 컴퓨터 가상세계에서 구현하여 게이머가 경험하게 하는 게임
롤플레잉 게임	특정 캐릭터가 역할을 수행하며 일정한 목적을 달성해가는 게임
어드벤처 게임	게이머가 단어를 직접 입력하거나 주인공에게 명령을 내림으로써 프로그램에 설정된 스토리를 완성해 나가는 게임
액션 게임	게이머의 반사 신경에 많이 의존하며 캐릭터를 조작하여 즐기는 게임, 격투게임, 슈팅게임 등의 하위 범주가 있음
스포츠 레이싱 게임	스포츠나 레이싱을 제재로 한 액션 게임
퍼즐 게임	주어진 명제를 풀어가는 게임
보드 게임	장기나 마작 등과 같이 평평한 보드위에서 즐기는 게임

앞으로 다룰 내용들은 이와 같은 분류기준에 의해 장르적인 구분을 설명할 것이다. 단지 각각의 상위개념들 아래로 몇몇 하위개념의 장르가 세부적으로 나뉠 수 있다. 이는 게임의 장르적 구분이 점점 모호해지고 장르의 파괴라는 새로운 흐름을 설명하기 위함이다.

가. 시뮬레이션 게임

시뮬레이션(Simulation)은 사전적인 의미로 '가장', '흉내', '모의실험' 등의 뜻이다. 일반적으로 시뮬레이션이라함은 현실에서 다양한 이유로 인해 일정한 행위에 대한 반복적인 실험이 불가능할 때, 현실과 동일한 조건과 환경을 인위적으로 조성하고 이를 통해 현실에서의 과정이나 결과를 가상으로 도출해보는 일종의 간접체험방법을 말한다. 다시 말해 현실에서는 위험성이 많거나 당장 사용법을 익혀 사용하기가 불가능하거나 비용의 문제가 걸림돌이 되는 경우 현실과 동일한 여건이나 유사한 모의실험으로 만들어 경험을 쌓게 하는 것을 시뮬레이션 장르 게임이라 한다.

시뮬레이션 장르는 게임산업의 성장에 있어서 매우 중요한 역할을 한다. 게임을 위한 게임으로 개발된 게임들도 많지만 게임 산업의 초기에는 다른 목적으로 만들어진 게임들이 많이 존재했다. 특히 군사적인 목적으로 게임이 만들어져서 차후에 게임성을 보강해 상업적인 목적의 게임 컨텐츠로 변모하는 사례가 많았다. 군대에서 값이 비싸거나 위험성이 큰 장비를 다룰 줄 아는 병사를 양성하기 위해 동일한 조건으로 그 장비를 경험해볼 수 있는 조종시뮬레이터가 필요했고 이를 충족시켜주는 것이 시뮬레이션 장르의 게임이었던 것이다.

장르적인 분류에서 시뮬레이션 장르는 타 장르에 비해 하위 개념의 장르로 세분화 경향이 매우 뚜렷하다. 일반적으로 조종시뮬레이션, 전략시뮬레이션, 육성시뮬레이션, 연애시뮬레이션, 경영시뮬레이션 등으로 나뉘며 근래에 들어 리빙시뮬레이션, 연주시뮬레이션 등 새로운

장르의 개척도 활발하게 이루어지고 있다.

〈그림 3.1〉 시뮬레이션 장로의 세부 분류

　시뮬레이션 장르는 전략시뮬레이션과 같은 특정 게임들을 제외하고는 비인기 장르에 속하여 시장에서 차지하는 비중도 크지 않다. 이제는 전략시뮬레이션의 대명사가 되어 버린 〈스타크래프트〉는 전 세계 판매량의 40%를 국내에서 소비한 것만을 봐도 그 인기가 어느 정도 인지 가늠이 된다. 〈스타크래프트〉를 중심으로 하는 전략시뮬레이션 장르는 RPG장르와 함께 국내 게임시장의 주류를 이루고 있다. 이는 국내에서 온라인 게임이 성장하게 된 계기와 상당히 밀접한 관계가 있다. 지난 1997년을 전후로 IMF라는 경제적 위기상황에서 발생한 PC방 문화

를 통해 국내 게임 산업발전의 새로운 도화선이 되었고 그 역할을 수행한 것이 바로 〈스타크래프트〉라는 걸출한 게임이었다. 배틀넷(Battle-net)[21]을 통한 전 세계인과의 경쟁에서 당당하게 랭킹 1위를 차지했던 국내의 한 게이머는 '프로게이머'라는 신종직업을 낳은 산파역할을 했으며 이를 통해 국내에서 스타크래프트의 열풍과 게임 산업의 중흥기가 도래하게 되었다. 현재에도 전략시뮬레이션 장르는 국내 게임 산업에 있어 국민적인 장르로 자리를 잡으며 매우 중요한 위치를 점하고 있다.

1) 시뮬레이션 장르의 특징

시뮬레이션 장르는 일반적으로 다음과 같은 두 가지 특징을 가진다. [22]

① 현실에서는 실현 불가능한 부분을 모의실험을 통해 경험할 수 있다.

전쟁이나 핵실험 그리고 우주 탐사, 비행기 조종, 고속 자동차 경주 등 위험요소가 너무 커서 일반인 들이 경험하기 힘들거나 불가능한 일들을 시뮬레이션 장르를 통해 간접적인 체험을 할 수 있다. 예를 들어 걸프전 당시 미국은 모의 전투 시뮬레이션 훈련을 통해 열악한 지형 조건과 무더운 기후 조건을 이기고 전쟁에서 압도적인 승리를 거두었다. 현실에서는 전쟁에 대한 과정이나 결과에 대한 체험을 할 수 없으나, 전쟁을 시뮬레이트한 전문적인 훈련을 통해 현실에서 일어날 수 있는 상황을 미리 간접적으로 체험하고 적절히 대응할 수 있는 방안을 마련했기 때문에 승리할 수 있었던 것이다. 이와 마찬가지로 현실에서의 특정상황을 가공의 시뮬레이터를 통해 모의할 수 있다는 것이 시뮬레이션 장르의 전형적인 특징이다.

② 여러 상황으로 인해 체험할 수 없는 간접적인 체험을 현실감 있게 경험할 수 있다.

---

21. Blizzard Ent.가 제공하고 있는 일종의 게임을 위한 서버를 지칭한다. 인터넷 상에서 10명이상 대규모 인원이 접속하여 게임을 즐기기 위해 제공하는 것으로 워크래프트 이후 블라자드사에서 출시된 게임들의 네트웍 플레이를 위해 서비스되고 있다. 스타크래프트의 성공요인 중 하나로 쉽게 다른 사용자와 대전을 즐길 수 있다는 장점이 있다.
22. 김종혁, 게임시나리오개론, (주)사이버출판사, 2002. 2.

많은 사람이 현실에 적응하여 살아가기 위해 많은 부분을 포기하며 살고 있으며 이런 것들을 간접적으로 체험할 수 있는 것이 시뮬레이션 게임이다. 연애, 각종 스포츠, 애완동물 기르기, 레저 등 여러 방면에서 개개인의 다양한 사정으로 인해 경험할 수 없었던 일들을 가상으로 체험할 수 있는 기회를 부여한다. 현실에서 위험하지는 않지만 시간, 도덕성, 금전적인 문제 등 다양한 원인으로 인해 해볼 수 없는 것들을 시뮬레이션 장르를 통해 실제의 만족감과 흡사한 체험을 할 수 있는 것이다.

〈그림 3.2〉 MS의 『플라이트 시뮬레이터』

2) 시뮬레이션 장르의 세분화

시뮬레이션 장르에는 그 특징에 따라 몇 가지 장르로 세분화된다. 각각 장르에 대한 특징과 대표적인 게임을 예를 들어 설명하기로 하자.

① 조종시뮬레이션(Control Simulation Genre)

조종 시뮬레이션은 자동차, 비행기, 무기 등 조종 기술이 필요한 장비를 가상으로 조종해볼 수 있도록 실제 장비와 동일한 환경을 제공하여 사용자가 실제와 흡사한 경험을 할 수 있도록 해주는 장르이다. 본래 이 장르의 개척 원인이 군사적인 장비를 다루기 위함이었으며 지금까지도 고가의 신형 장비나 위험이 수반되는 부분에서 조종시뮬레이션이 사용되고 있다. 일반 민간항공기를 조종하는 파일럿들도 이러한 시뮬레이션 장치를 통해 평소에 기량을 유지할 정도로 일반화 되었으며 게임에서는 일부 매니아 층을 중심으로 그 명맥을 유지하고 있다.

〈그림 3.3〉 삼국지7, KOEI

〈데이토나 USA〉, 〈니드 포 스피드(Need for Speed)〉, 〈윙 커맨더(Wing Commander)〉, MS의 〈플라이트 시뮬레이터(Flight Simulator)〉 등이 대표적인 게임이다.

② 전략 시뮬레이션 장르(Strategy Simulation Genre)

전략 시뮬레이션 장르 게임이란 전략을 준비하고 이를 기반으로 적과의 전투를 진행하는 방식의 게임을 일컫는다. 장기나 체스 등이 이 장르의 시초라고 보는 것이 일반적이며 여러 가지 특징을 가지고 있는 유닛을 조합하고 배치하여 적들과의 싸움을 벌여 영토나 영역을 확장하는 방식의 게임들이 이에 속한다. 초기의 시뮬레이션 장르의 게임은 장기나 바둑과 같이 서로가 한 번씩 공격기회를 갖는 턴 방식(Turn)의 게임진행방법을 기초로 하고 있다. 이와 같은 게임을 다시 턴 방식 전략 시뮬레이션이라고 구분하며 〈삼국지 시리즈〉, 〈슈퍼로봇 대전〉, 〈택틱컬 커멘더(Tactical Commander)〉 등이 대표적인 게임이다.

이후 좀 더 현실적인 전투방식을 표현하기 위해 전략과 함께 사용자의 빠른 컨트롤이 요구되는 실시간 전략 시뮬레이션 장르의 게임들이 주류를 이루게 된다. 이는 턴 방식의 전략시뮬레이션과는 달리 상대방과의 전투가 실시간으로 이루어진다. 즉 상대방과 내가 번갈아가면서 공격과 방어를 하는 것이 아니라 사용자의 판단에 따라 즉시로 공격과 방어가 이루어지는 것을 의미한다. 〈스타크래프트(StarCraft)〉, 〈워크래프트(WarCraft)〉, 〈커맨드 앤 컨커(Command & Conquer)〉등이 대표적인 게임이다.

실시간 전략시뮬레이션 장르는 국내에서 가장 인기 있는 게임 장르이기도 하며 세계에서 유일하게 프로게임 리그를 가지고 있는 국내의 프로게임 시장에서 그 주류를 이루고 있는 것 또한 실시간 전략시뮬레이션 장르의 게임이다. 사용자의 치밀한 전략과 전술 그리고 환상적인 유닛 컨트롤 등이 게임의 승패를 좌우하는 매우 박진감 넘치고 긴장감 있는 특징을 가지고 있기 때문이다.

③ 육성시뮬레이션 장르(Nurture Simulation Genre)

육성시뮬레이션 장르는 사용자가 선택한 대상을 게임의 목적을 달성하기 위해 성장시키거나 발전시키며 진행하는 게임 방식의 장르이다. 애완동물을 기른다거나 아이를 키운다거나 혹은 상상속의 대상을 육성하는 게임이다. 사용자의 게임진행 방식에 따라서 매우 다양한 결과

〈그림 3.4〉 Tamagotchi, Bandai.

를 볼 수 있는 멀티시나리오의 전형이라고 볼 수 있다. 캐릭터의 성격과 외모, 특징 등을 게임을 즐기는 사람이 어떤 관심을 보여주고 어떻게 게임 속에서 키우느냐에 따라서 결정된다. 때로는 게임 속에서 키우는 아이가 공주가 될 수도 있지만 범죄자가 될 수도 있는 것이다. 육성

시뮬레이션 장르의 가능성은 〈다마고치〉23에서 이미 입증된 바 있다. 무너져 가던 반다이를 회생시킨 밀리언셀러가 되었으며 육성시뮬레이션 장르의 게임의 시장 잠재력이 매우 크다는 것을 보여주었다. 물론 표면적으로 드러나 보이는 육성시뮬레이션 장르의 특징은 좁은 시장을 형성하고 있고 매니아 층이 주요 고객이라고 인식되고 있으나 맥시스(Maxis)사의 〈심즈〉가 2003-4년도 북미 게임판매차트를 석권하고 있는 것을 볼 때 그러한 인식이 정확하다고 볼 수는 없다. 국내 게이머들의 육성시뮬레이션 장르에 대한 선호도가 높지 않은 것은 사실이지만 유럽 및 북미의 게이머들의 선호도는 상당히 높은 것으로 알려져 있다.

국내에서는 시드나인 엔터테인먼트사가 화분에 심어진 여신의 머리를 키우는 엽기적인 육성시뮬레이션을 출시해서 주목을 받았다. 〈토막〉이라는 이름의 이 게임은 대화와 관심을 가져주면 대상이 노래를 하기도 하는 등 흥미로운 반응을 보인다.

④ **연애 시뮬레이션 장르**(Love Simulation Genre)

현실에서 마음대로 이뤄지지 않고 많은 이들의 가슴을 태우는 것이 애정에 관한 문제이다. 게임에서는 현실에서처럼 괴롭지도 않고 힘들지도 않지만 실제 연애를 해보는 것과 동일한 간접경험을 할 수 있는데 이러한 소재로 제작된 장르의 게임을 연애 시뮬레이션이라고 한다. 이 장르는 남녀 간의 만남의 시작에서 연애의 성공에 이르기까지 대화나 이벤트 게임이 진행된다. 이 장르는 육성 시뮬레이션 장르에서 파생된

〈그림 3.5〉 동급생2, elf

---

23. 일본의 완구 제조회사인 반다이(Bandai.Co.Ltd)가 개발한 휴대용 전자 애완동물 사육기. 1996년 11월 판매를 개시한 이후로 전세적으로 폭발적인 판매량을 보인 히트게임. 알에서 부화한 동물을 성장시키는 게임으로 실제로 애완동물을 키우기 어려운 현대의 어린아이들을 대상으로 사이버 애완동물을 길러보는 경험을 할 수 있도록 고안된 게임. 이후 아이들의 교육에 심각한 문제를 초래한다는 이유로 사회적 이슈가 되기도 했다.

장르로 일본의 게임 개발사들이 만들기 시작하여 지금은 하나의 고유한 장르가 되었으며 국내 및 일본 그리고 동남아 시장에만 한정된 게임시장을 형성하고 있는 독특한 성격의 장르이다.

미연시(미소녀 연애 시뮬레이션)이라고도 불리는 이 게임에는 국내와 일본 그리고 대만에서 매우 인기가 높은 장으로 정교한 그래픽 퀄리티의 예쁜 캐릭터를 선보이기 때문에 청소년을 비롯한 남성들에게 인기 있는 장르이다. 여자친구 사귀기에 자신이 없거나 상상 속에서나 볼 수 있을 법한 아름다운 여성과의 사랑 만들기가 가능하기 때문에 남성들의 본능과 호기심을 자극하기에 충분한 것 같다. 요즘에는 여성을 위한 연애시뮬레이션 게임도 등장하고 있어서 관심을 모으고 있다.

하지만 연애시뮬레이션 장르는 성적인 부분이 강조되는 성향이 있어서 성인물로 분류해야할 내용들이 많다. 특히 일루전 소프트의 〈미행〉이나 〈감금〉과 같은 게임들은 공중파 방송에서도 유해매체로 보도될 만큼 완전성인용으로 개발된 게임들이다. 엘프사의 〈동급생〉 및 〈하급생〉으로 대표되는 연애시뮬레이션 장르는 이 처럼 청소년들에게 꿈과 사랑에 환상을 대리만족시켜 줄 수 있는 내용으로 엄격한 등급관리가 이루어져야 하는 장르이기도 하다.

⑤ 기타 시뮬레이션

시뮬레이션 장르는 위에서 언급한 조종, 전략, 육성, 연애 시뮬레이션 외에도 상당히 다양한 장르들이 존재한다. 갈수록 새로운 장르의 특징 있는 게임들이 등장하고 있으며 이에 새로운

〈그림 3.6〉 Simcity4, Maxis

장르 명칭이 부여되기도 하며 기존의 시뮬레이션 장르가 변형되어 다른 새로운 시뮬레이션 장르를 만들어 내기도 한다.

'경영 시뮬레이션', '건설 시뮬레이션', '음악 시뮬레이션' 등이 바로 그것이다. 경영 시뮬레이션은 특정 사업이나 공간에 대한 경영을 모의해보는 것이다. 타이쿤 시리즈가 대표적인 예로 〈롤러코스터 타이쿤〉, 〈벤처 타이쿤〉등 놀이공원의 경영을 맡아서 놀이공원을 활성화 시키는 것이 목적인 게임이다. 또한 맥시스(Maxis)사의 심시티 시리즈는 건설 시뮬레이션이라는 장르를 개척한 게임으로 알려져있다. 〈심시티(SimCity)〉, 〈심팜(SimFarm)〉, 〈심아일(SimIsland)〉 등 시리즈는 건물을 건설하고 도시의 중요시설을 관리하는 등의 행위를 게임으로 옮긴 것으로 다양한 사용자층을 확보하고 있다.

또한 근래에 음악에 관련된 게임들이 많이 선보이고 있으며 〈DDR(Dance Dance Revolution)〉과 같은 체감형 음악게임 혹은 〈기타프릭스(Guitar Freaks)〉와 같은 연주 게임들이 그런 예라고 할 수 있다. DDR은 국내에도 많은 인기를 끌었던 게임으로 음악에 대한 게임 장르를 개척한 게임으로 알려져 있으며 이를 개량하여 만들었던 안다미로사의 〈Pump It Up〉은 공전의 히트를 기록하여 일본과 특허 분쟁을 치르고 승리했다.

나. 롤 플레잉(Role-Playing) 게임

롤 플레잉 게임(이하 RPG로 사용)의 시초는 컴퓨터가 없이 이야기와 함께 대화를 통해 게임을 진행하는 테이블토크 롤플레잉게임(Table Talk RPG)에서 유래했다. 1974년에 등장한 〈던전 앤 드래곤스(Dungeons & Dragons)〉가 최초의 게임으로 알려져 있으며 이 게임은 현존하는 거의 모든 RPG장르의 게임에 영향을 주었다. 이후 RPG는 컴퓨터로 매체를 옮겨 더욱 번성하게 되었으며 1981년 개인용 컴퓨터가 보급되면서 등장한 〈위자드리(Wizardry)〉는 대중적으로 흥행한 첫 번째 RPG로 기록된다. 오리진 시스템의 〈울티마(Ultima)〉시리즈로 그 인기를 더했으며 최근에는 〈디아블로(Diablo)〉로와 같은 액션성이 부각된 RPG로 그 명성을 이어왔다.

RPG는 사전적인 의미로 역할을 수행하는 놀이를 통해 캐릭터의 성격을 형성하고 문제를 해결해 나가는 형태의 게임을 의미한다. 즉 '역할분담' 혹은 '역할 수행'게임이라고 할 수 있으며 하나의 선택한 캐릭터에 맡겨진 역할을 게임으로 수행 또는 풀어나가는 과정에서 캐릭터가 경험과 능력을 쌓아가게 하며 여러 괴물이나 적과의 전투와 등장 인물들과 대화를 통해 여러 목적을 달성하고 여러 아이템들을 취득해 가는 게임 장르이다. 현재 RPG 장르의 게임은 PC용 패키지 게임은 물론 비디오용 및 온라인 네트워크 게임으로 주로 개발되고 있으며 국내에서는 〈바람의 나라〉, 〈리니지〉가 크게 성공한 후 MMORPG(Massively Multi Online RPG)이라는 새로운 영역의 게임들이 주류를 이루고 있다.

▶ 경험치를 통해 플레이어의 캐릭터의 능력을 성장시킬 수 있다.(Level up 개념)
▶ 탄탄한 스토리라인을 가지고 있다.
▶ 게임을 진행하는데 도움이 되는 조력자(NPC)로 구성된 파티(party) 개념이 있다.

〈그림 3.7〉 롤플레잉 게임의 특징

롤플레잉 게임이 갖고 있는 특징은 크게 두 가지로 정의될 수 있다. 롤플레잉 게임에서 등장하는 캐릭터들은 다양한 특성과 능력을 가지고 있으며 이를 게임의 진행을 통해서 성장시키는 시스템이 존재한다. 레벨을 상승시킴에 따라 캐릭터가 발휘할 수 있는 능력과 사용할 수 있는 무기 및 아이템이 구분된다는 것이다. 또한 캐릭터의 종족과 클래스, 직업 개념이 뚜렷하기 때문에 캐릭터의 기본 능력치를 어떻게 성장시키느냐에 따라 캐릭터의 성장 방향이 결정되고 이에 따라 사용할 수 있는 전투 및 방어 능력이 달라지는 것이다. 국내에서 인기를 끌고 있는 대부분의 RPG가 이러한 캐릭터의 성장에 너무 비중을 둔 나머지 '레벨노가다'라는 신종어를 등장시키기도 했으며 '아이템 현물거래'라는 현상을 만들어 내기도 했다.

롤플레잉 장르는 어드벤처 장르와 함께 게임의 시나리오가 게임의 구성요소 중 매우 큰 비중을 차지하는 장르이다. 롤플레잉 장르의 시작이 시나리오를 말로 이어 나가는 TRPG에서 유래했기 때문에 게임의 스토리에 집중하는 경향이 짙다. RPG게임을 선호하는 사용자들이 RPG를 구성하는 요소 중에서 가장 많은 관심을 갖는 부분이 바로 줄거리이다. 스토리가 어떻게 진행되고 결말이 어떻게 나는가에 대해 가장 많은 재미를 느끼고 이 때문에 게임을 플레이하는 사용자를 의미한다. 그들에게 있어서 게임이란 스토리를 실어 나르는 운송 수단이며 모든 행위와 상호작용은 줄거리를 진행시키기 위해서 존재한다고 생각한다. 플레이어는 게임 안으로 들어와서 게임의 일부가 되며 플레이어가 중심캐릭터가 되고 모든 스토리는 플레이어를 위주로 진행되는 것이다. 완벽한 게임캐릭터와 사용자간의 감정이입현상이 나타나는 것이다.

파티(party)개념은 게임을 진행함에 따라 주인공 캐릭터를 도와주는 보조캐릭터(NPC)가 등장하고 한명 혹은 여러 명이 하나의 집단을 이루어서 게임을 진행하는 것을 의미한다. 패키지 게임으로 개발되는 RPG에서는 주인공캐릭터 이외에 NPC를 등장시켜서 파티를 구성하도록 하고 있으며 온라인 게임일 경우에는 게임에 접속해서 게임을 즐기는 사용자들이 각각의 직업이나 종족별로 특성 있는 집단을 형성하도록 하고 있다. 특히 근래의 MMORPG에서는 이러한 파티를 구성하지 않으면 게임을 진행하는데 있어서 진행이 더디고 캐릭터의 성장에도 불리한

점이 많기 때문에 대부분의 플레이어들은 몇몇 마음이 맞는 사용자들과 함께 하나의 파티를 구성해서 게임을 진행하는 것이 일반화 되었다.

롤플레잉 게임 장르에도 각각의 특성에 따라 세분화 되는 것을 볼 수 있다.

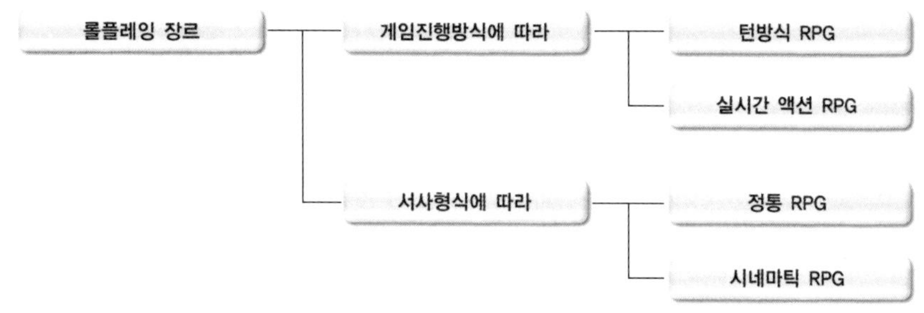

〈그림 3.8〉 롤플레잉 장르의 세분화

롤플레잉 게임 장르는 위 그림처럼 게임의 진행방식에 따라서 턴방식 RPG와 실시간 액션 RPG로 나눌 수 있으며 게임의 서술적 기술형식에 따라 정통RPG와 시네마틱RPG로 나눌 수 있다. 정통 RPG는 보통 유럽이나 북미 쪽에서 인기가 많기 때문에 유럽형RPG라고 불리기도 하며 시네마틱RPG는 주로 일본에서 개발되기 때문에 일본식RPG라고도 한다.

1) 턴 방식 RPG

일반적으로 고전적인 RPG에서 사용하던 턴 방식의 RPG는 시뮬레이션 장르에서 이미 언급한 턴 방식 전략시뮬레이션 장르에서의 의미와 동일하다고 할 수 있다. 즉, 게임을 진행하는 동안

〈그림 3.9〉 Farland Tactics, TGL

발생하는 전투 혹은 이동 등의 행동에서 적과 사용자의 턴(turn)이 존재하며 각각 자신의 턴에만 명령을 실행 할 수 있다.턴 방식의 RPG는 대부분 D&D룰을 그대로 사용하는 정통 RPG에서 많이 찾아볼 수 있으며 현재의 주류가 되고 있는 액션RPG보다는 선호도가 떨어지고 있다. 때문에 이전에 출시되었던 작품들이 이러한 턴 방식을 채택하고 있는 경우가 많으며 요즘엔 대부분 사용되지 않고 있는 추세이다. 현대의 게임 사용자들이 좀 더 빠르고 박진감 있는 게임을 요구하는 경향이 있기 때문인 것 같다.

세계 시장에서 차지하고 있는 턴 방식 RPG의 비중은 매우 작으며 주로 매니아 층을 중심으로 그 사용자가 한정되어 있는 형편이다. 따라서 개발되고 있는 작품의 수도 매우 적은 편이다. 〈파랜드 택틱스〉와 〈이스 이터널〉시리즈 그리고 〈드로이얀〉등이 대표적인 작품이라고 할 수 있으며 RPG의 고전인 〈위자드리(Wizardry)〉와 〈마이트 앤 매직(Might & Magic)〉시리즈 그리고 〈울티마(Ultima)〉시리즈의 일부가 이러한 턴 방식을 채택하고 있다.

2) 실시간 액션 RPG

실시간(real-time)이라는 의미는 전략시뮬레이션 게임장르에서 이미 언급되었던 바와 마찬가지로 게임의 진행에서 전투나 이동 등 캐릭터의 행동이 사용자가 의도한 대로 즉시로 이루어지는 것을 의미한다. 다시 말해 바둑이나 체스와 같이 상대방의 공격이나 이동 등 전략적인

행위를 하는 동안에는 사용자가 어떤 행위도
할 수 없고 다만 자신의 다음 행위에 대한 전
략적인 예측만이 가능한 것을 말한다. 상대방
의 행위가 기본 룰에 의해 정해진 범위내에서
마치게 되면 사용자는 자신이 준비한 전략을
정해진 기본 룰의 범위 내에서 펼치게 되는 것
이다.

〈그림 3.10〉 Diablo2, Blizzard

　물론 RPG는 전투가 차지하는 비중이 전략
시뮬레이션과 비교해서 많지 않지만 게임을
진행하는 주요 수단이다. 퀘스트(quest)를 수행하거나 캐릭터의 레벨과 스킬을 올리기 위해서
몬스터나 적 캐릭터와의 전투는 필수적이고 재미를 더하는 구성요소인 것이다. 전투이외의 다
른 영역에서는 대부분 실시간으로 게임진행이 이뤄지지만 전투부분에서 전투 진행 방식이 턴
방식을 채택하고 있다면 턴 방식의 RPG로 분류가 되는 것이다.

　실시간 액션 RPG는 전투방식에서 턴방식이 아닌 실시간적으로 공격과 방어를 동시에 펼치
는 진행방식을 말하여 이러한 전투방식을 채택하고 있는 RPG는 실시간 액션 RPG라고 구분
한다. 액션(action)이라는 의미는 전통적인 RPG에 비해 게임의 룰에 비중을 두기 보다는 전투
자체에 비중을 높여서 사용자로 하여금 좀 더 역동적이고 스피드한 RPG를 플레이 할 수 있도
록 한다는 것을 말한다. 근래에 개발되는 대부분의 RPG는 이러한 액션RPG의 형식을 따르고
있으며 이는 RPG를 즐기는 사용자들이 턴방식RPG 보다는 실시간RPG를 선호한다는 것을 말

해주고 있다.

액션RPG는 블리자드사의 〈디아블로(Diablo)〉가 그 형식을 만들어 낸 것으로 평가되고 있으며 이후에 개발 된 대부분의 게임들이 이 형식을 따르고 있다. 〈발더스 게이트(Baldur's Gate)〉와 〈리니지〉, 〈뮤(Mu)〉, 〈World of Warcraft〉등 거의 모든 RPG가 액션RPG의 형식을 취하고 있다. 고전적인 RPG는 게임을 진행하는 룰이 매우 복잡하고 게임의 흐름을 익히기에 시간이 필요하다는 단점을 가지고 있다. 따라서 게임을 처음 접하는 플레이어는 학습하는 과정을 거쳐야 하지만 현대인들은 이런 학습과정 자체를 기피하는 경향이 있기 때문에 RPG게임도 좀 더 조작이 단순하고 게임진행에 어려움이 없으며 쉽게 플레이할 수 있는방향으로 바뀌어가고 있다.

〈그림 3.11〉 창세기전3, 소프트맥스

3) 정통 RPG

정통 RPG는 시초가 되고 있는 D&D(Dungeons & Dragons)의 룰을 충실히 따르며 게임의 진행에 있어서 사용자의 행위에 대한 제한이 많지 않고 준비되어 있는 서사적 서술보다는 게이머의 행위에 따라 서사적 구조가 변하게 되는 자유도가 보장되는 게임을 일컫는 말이다. 주로 북미지역이나 유럽에서 인기를 끌고 있는 RPG의 한 형식이기 때문에 미국식 RPG라고도 불리 운다.

디아블로로 대변되는 액션RPG와는 달리 울티마로 대변되는 정통RPG는 방대한 세계관과 다양한 직업, 마법, 몬스터 등으로 표현된다. 아주 치밀하게 구성된 세계관과 그에 적절한 모든 환경을 마치 현실세계를 그대로 구현한 듯한 느낌을 주며 게임을 즐기는 플레이어는 그 속에서 또 하나의 삶을 사는 것과 같다. 정해진 서사적 구조의 흐름보다는 플레이어의 나름대로의 스토리를 구축해나가는 부분에 좀 더 중점을 두고 설계된 게임으로 플레이어의 행동에 대한 제약이 거의 없다고 볼 수 있다. 따라서 게임에서 전달하고자 하는 스토리에 대한 몰입감은 떨어지지만 게임자체에 대한 몰입도는 그 어느 장르의 게임보다도 강력하다고 할 수 있다. 말 그대로 또 하나의 다른 세상에 대한 경험인 것이다.

국내 게이머들에게는 '자유도'라는 요소로 인해 주목을 받지 못하고 있지만 아주 강력한 매니아 층을 형성하고 있다. 바이오웨어에서 제작한 〈발더스게이트1,2(Baldur's Gate1,2)〉는 D&D룰을 게임으로 아주 잘 옮긴 게임으로 유명하며 정통 RPG의 진수를 보여준다. 울티마 온라인과 같은 게임에서도 이러한 정통RPG의 특징이 잘 표현되어 있다. 하루 종일 바다에 낚시 배를 띄워놓고 낚시만 하는 플레이어도 있고 집 짓는 일에 모든 시간을 투자하

〈그림 3.12〉 Baldur' s Gate2, Bioware

는 플레이어도 있다. 일반적인 게임에서는 찾아볼 수 있는 부분이지만 미국식RPG에서는 자주 볼 수 있는 부분이다. 문화적인 차이에서 그 원인을 설명할 수도 있다. 즉 진행이 빠르고 그 결과가 명확한 게임을 즐기는 국내 플레이어들과는 달리 관조적인 입장에서 게임을 즐기는 북

미 쪽의 플레이어들의 성향차이라고 설명할 수도 있다. 국내에서는 그리 큰 인기를 끌지 못했던 〈심즈〉가 북미 판매차트에서는 2년 연속 탑을 유지하는 것도 같은 이유 때문이다.

온라인 게임이 계속해서 강세를 보이며 앞으로의 전망도 밝기 때문에 현재의 디아블로 스타일의 획일화된 RPG만을 고집하고 있는 국내 게임개발사들의 새로운 시도가 요구되는 시점에서 현실세계를 그대로 모방하여 새로운 또 하나의 세계를 만들어 가는 정통 RPG에 대한 다른 시각과 분석이 요구된다.

4) 시네마틱 RPG(Cinematic Role Playing Game)

정통RPG를 미국식 RPG라고 부른다면 시네마틱 RPG는 일본식 RPG라고 불린다. 용어를 직역한 것과 같은 의미로 RPG에 영화의 형식을 많이 사용한 것을 말한다. 게임을 하는 것이 마치 영화를 보는 듯한 느낌을 준다는 말에서 유래하였으며 주로 일본의 게임개발사를 중심으로 개발되고 있는 RPG의 형식이다. 게임의 자유도 보다는 서사형식에 좀 더 중심을 두고 있는 RPG로 플레이어의 행동을 제한하고 강제진행 및 게임진행 중 동영상을 사용하는 영화적 기법이 많이 사용하고 있다.

〈그림 3.13〉 Dragon Quest, ENIX

미국과 유럽에서 시작된 RPG는 일본의 비디오 게임 시장에도 영향을 미쳤고 천재적인 몇몇 게임 개발자들의 손에 의해 독특한 RPG로 발전하게 되었다. 일본의 에닉스(Enix)사에서 만든 〈드래곤 퀘스트(Dragon Quest)〉와 스퀘어(Square)사의 〈파이널 판타지(Final Fantasy)〉가 그 대표적인 예이며 빠른 게임진행과 탄탄한 스토리라인, 그리고 이를 게이머에게 전달하는 영화적 기법이 많이 사용된 서사적구조 등으로 인해 일본 및 아시아 지역에 대단한 인기를 얻었다.

게임의 특성상 인터렉티브 즉 상호작용이라는 특징으로 인해 게임에서의 서사구조는 기존의 매체들과는 차이점을 보인다. 일정한 스토리가 있고 이를 전달하기 위해 텍스트, 영상, 음악 등과 같은 요소를 동원해 사용자에게 전달하는 기존의 매체와는 달리 사용자의 피드백(feedback)을 고려한 여러 가지 배려가 필요하다. 정보전달의 방향성이 단방향이 아닌 쌍방향이라는 점은 플레이어의 몰

〈그림 3.14〉 Final Fantasy. Square

입을 유도하기에 매우 적합하지만 개발자의 의도나 내러티브의 전달에 대한 부분은 단방향 미디어에 비해 단점을 더 많이 보인다. 특정한 부분에서 플레이어의 감정을 유도해야할 필요가 있음에도 불구하고 사용자의 의지가 개발자의 의도한 대로 흘러가지 않는다면 실패할 확률이 높기 때문이다.

정통RPG의 이러한 단점을 보완하기 위해 고안된 것이 바로 시네마틱 RPG라고 할 수 있다. 영화와 같은 시나리오와 이를 사용자에게 일방적으로 전달하기 위한 방법으로 강제진행 및 동영상 등을 적절히 사용해서 사용자로 하여금 지루하지 않고 긴장감을 유지시킬 수 있는 영화 기법을 흉내 내고 있는 것이다. 주로 동아시아 쪽의 게이머들에게 인기를 얻고 있는 이 장르의

게임은 기술적 한계를 벗어남과 동시에 표현의 한계를 계속해서 무너뜨리며 발전하고 있다.

다. 어드벤처(Adventure) 게임

어드벤처 게임에는 어떤 경쟁적인 요소나 시뮬레이션적인 요소가 없다. 어드벤처 게임은 무엇을 계속적으로 관리하거나 전략, 전술로써 상대방을 무찔러야 하는 요소도 없다. 대신 어드벤처 게임에는 플레이어의 캐릭터와 상호반응하는 이야기 구조가 있다. 잘 짜여진 네러티브 안에서 "어떻게 머리를 쓰는가"에 관한 게임이 바로 어드벤처 게임이다. 어드벤처 게임은 그 용어의 의미에서도 볼 수 있듯이 탐험, 수집, 여러 요소들을 조종하는 것, 퍼즐을 푸는 것 등으로 구성된 게임이다. 전투라는 부분이 축소되었기는 하지만 전투도 존재하며 무엇보다도 재미있는 스토리를 플레이어의 머리를 써서 풀어나가는 게임이다.

어드벤처 게임의 시초는 텍스트 기반의 게임이었다. 게임 플레이 자체는 매우 단순하였지만 당시의 기준으로 볼 때 완전한 소설 구조를 가지고 있는 게임으로 주인공은 미지의 세계를 탐험하는 탐험가로 보물과 모험으로 가득 찬 가상세계를 탐험하는 경험을 가능하게 해주는 즐거운 행위였다. 70년대 초, 인터넷의 전신인 아르파넷(ARPANET)이 만들어지고 있을 무렵에 아르파넷 개발에 참여하고 있던 개발자 중 한 사람이 동굴을 언어로 묘사하는 컴퓨터 프로그램을 만들었고 가상의 동굴시뮬레이션에 가까웠던 이 프로그램을 스탠포드의 돈 우즈라는 사람이 톨킨(J.R.R.Tolkien)[24]의 반지의 제왕과 흡사한 세계관을 부여하였다. 이것이 바로 〈어드벤처(Adventure)〉라는 게임의 시작이 되었고 이 게임은 그 이름 자체가 하나의 장르를 형성하게 되는 계기가 된 것이다.

---

24. Tolkien, Jhon Ronald Reuel, 1982.1.3~1973.9.2, 영국의 영문학자이며 소설가이고 일러스트이며서 동시에 언어학자였다. 남아프리카 공화국 블룸폰테인에서 출생하여 옥스퍼드대학에서 영문학을 전공하였고 같은 대학 교수로 재직하였다. 북유럽 신화연대기인 〈잃어버린 이야기들 The Book of Lost Tales〉 〈베어울프 Beowolf〉을 집필하였으며 중세판타지의 바이블로 평가받는 〈반지의 제왕 The Load of the Ring〉을 집필하였다.

텍스트 기반의 어드벤처 게임은 '동사+명사' 형태로 명령을 내려서 게임을 진행하게 된다. 일단 화면상에 현재 캐릭터가 있는 곳의 상황을 잘 설명해주고 해결해야할 문제를 던져준다. 플레이어는 전달받은 정보를 토대로 문제의 해결을 위해 캐릭터를 움직이거나 아이템을 사용한다. 이런 일련의 과정이 텍스트 명령으로 이루어지는 것이다. 예를 들면 밖으로 나가기 위해서는 'Out', 문을 열기 위해서는 'Open door', 주변을 살피기 위해서는 'Look', 현재 소지품을 확인하기 위해서는 'Inventory', 앞으로 가기 위해서는 'Forward'와 같이 입력을 하는 것이다.

〈그림 3.15〉 Zork, infocom

이 후 MIT의 인공지능 연구팀은 MIT의 메인 프레임에서 돌아가는 광대한 어드벤처 게임인 〈조크(Zork)〉를 작성하였고 개인용 컴퓨터로 컨버팅한 후 인포콤(Infocom) 이라는 회사를 설립하게 된다. 이것이 어드벤처 게임의 고전이 된 〈조크〉의 개발 배경이다. 〈조크〉이후 인포콤에서는 많은 어드벤처 게임을 만들어내게 되었으며 어드벤처라는 게임 장르가 크게 번성하게 되는 기반을 마련하게 된다.

1990년대 중반까지는 등장 인물들과 대화를 통해 게임을 풀어나가는 대화형 어드벤처가 주류를 이루었으나 최근에는 액션 아케이드 장르와 복합된 액션 어드벤처 장르가 주류를 이루고 있다. 〈매니악 맨션(Manic Mansion, Lucas Film)〉, 〈룸(Loom, Lucas Film)〉, 〈인디아나 존

〈그림 3.16〉 Manic Mansion

〈그림 3.17〉 Full Throttle, LucasArt

〈그림 3.18〉 Loom, Lucas Film

〈그림 3.19〉 The Secret of Monkey Island

스1~4(Indiana Jones, Lucas Film)〉, 〈풀스로틀(Full Throttle, LucasArt)〉과 〈원숭이섬의 비밀(The Secret of Monkey Island, LucasArt)〉시리즈 등 대화형 어드벤처 장르를 앞세운 유명한 게임 개발사인 루카스 아츠사에 의해 어드벤처 장르의 독주가 이어져 왔다. 이 후 〈릴렌트리스(Relentless, EA)〉등의 복합 어드벤처 장르의 게임이 등장하고 〈플래시 백〉의 후속작인 〈

페이드 투 블랙(Fade to Black, EA)〉이라는 3인칭 액션 어드벤처 장르의 게임이 등장하면서 대화형 어드벤처 장르는 서서히 플레이어들에게서 멀어져 갔다.

대화형 어드벤처 장르의 인기가 시들해지고 액션 어드벤처 장르가 그 모습을 드러내고 있을 무렵 에이도스의 〈툼레이더(Tomb Raider)〉라는 걸출한 명작이 탄생하게 된다. 전 세계 게임 시장에 약 7,000만장 이상의 판매를 기록하며 어드벤처 장르의 부활을 알려주었다. 〈툼레이더〉 이후 어드벤처 장르는 대부분 〈툼레이더〉 스타일의 액션 어드벤처 형식을 사용하고 있으며 어드벤처 장르의 장점인 훌륭한 시나리오와 함께 사용자의 빠른 조작과 움직임을 필요로 하는 액션성이 더해져서 많은 플레이어들의 인기를 끌고 있다.

어드벤처 장르의 게임들이 갖고 있는 특징에 대해 알아보도록 하자.

타 장르에서도 마찬가지이지만 특히 어드벤처 장르의 게임에서는 캐릭터와 게이머 자신이

> ▶ 다양한 캐릭터 중심이 아닌 1인 캐릭터 중심의 게임이 대부분이다.
> ▶ 장르의 특성상 네트워크 플레이가 어려우며 효과적이지 못하다.
> ▶ 영화적 연출기법의 사용이 가능하다.
> ▶ 게임 시나리오 작가의 능력이 매우 중요하다.
> ▶ 반복적인 플레이가 어렵다.

<그림 3.7> 어드벤처 게임의 특징

동일시되는 감정이입 현상이 매우 뚜렷하게 나타난다. 잘 구성된 시나리오 안에서 게이머는 플레이하는 캐릭터가 마치 자신임을 느끼게 되고 해결해야 할 문제들을 다양한 방법으로 풀어 나가게 된다. 따라서 RPG처럼 다양한 파티인원을 구성해서 게임을 진행하는 등의 방식을 적

글누림 문화콘텐츠 총서 7

용하기가 쉽지 않다. 마치 한편의 소설을 읽는 듯한 느낌을 받는 장르이기 때문에 일반적인 소설이 주인공의 시각에서 이야기를 풀어나가는 것처럼 어드벤처 장르의 게임들도 주인공1인 체제를 기본적으로 사용하고 있다.

어드벤처 장르를 정의할 때 필수적인 요소로 퍼즐을 들어 설명하였다. 어드벤처 게임에서는 사건의 진행을 퍼즐로써 풀어나간다. 단순히 액션을 통하여 문제를 해결한다거나 대화와 아이템의 조합 그리고 다양한 수수께끼 등을 통하여 게임을 진행하므로 시나리오가 철저히 캐릭터 위주로 구성되어 있다. 다양한 캐릭터의 특성을 개성 있게 부여하므로 여러 사람이 즐기는 네트워크 플레이가 매우 어렵다고 할 수 있다. 설령 가능하다 하더라도 개개인이 동일한 캐릭터를 다른 개성있는 객체로 만들어가는 등의 여러 가지 문제에 봉착하게 된다.

아이러니하게도 인터렉션과 서사적 네러티브가 적절하게 잘 조합된 장르가 어드벤처 장르이다. 즉, 이야기의 전달이 게임 플레이어와의 상호작용을 통해서 이루는 것이다. 플레이어와의 인터렉션과 서사적 네러티브는 좋은 게임을 이루는데 필수적인 요소이지만 개념적인 특성 때문에 한 쪽으로 치우치는 경향이 많다. 다시말해 서사적 네거티브와 사용자와 매체간의 상호작용은 상반된 개념으로 적용되는 경우가 많다는 것이다. 게임 시나리오를 명확하게 전달하기 위해서는 서사적 네러티브가 강조되어야 하지만 그렇게 되면 플레이어의 의지가 많이 반영되지 못하여 상호작용이 줄어들게 된다. 이는 플레이어의 의지가 게임세계에 반영되는 정도가 낮아서 플레이어의 몰입을 이끌어내기가 어렵게 된다는 단점이 있다. 반면 플레이어와의 상호작용에 너무 치우치게 되면 이야기의 전달이 어렵게 된다. 따라서 이 두 가지 측면을 어떻게 적절하게 배합하느냐가 매우 중요한 문제이다. 특히 어드벤처 장르처럼 게임 시나리오가 중요하게 작용하는 장르에서의 이 문제는 더욱 해결이 어려운 부분이라고 할 수 있다.

영화나 애니메이션에서 사용하는 연출기법을 게임에 적용하는 것은 바로 이런 문제에 대한 일종의 대안이었다. 좀 더 자세히 말한다면 플레이어의 상호작용에 방해되지 않는 범위에서 게임 시나리오 작가의 이야기를 명확하게 전달하기 위해 동영상을 삽입하거나 게임의 시점과 배경 등을 영화적인 연출방식을 이용해 플레이어에게 과장되게 전달하는 식의 방법을 사용하게 된 것이다. 〈풀 스로틀〉에서 부분적으로 애니메이션의 연출을 루카스 아츠사에서 시도하였으며 〈파이널 판타지〉와 같은 일본식 RPG에도 많은 영향을 미쳤다.

어드벤처 장르는 인기장르는 아니지만 그 잠재적 수요가 매우 큰 장르이기도 하다. 〈툼레이더〉나 〈페르시아왕자〉와 같은 게임이 좋은 예라고 할수 있다. 이런 성공한 게임들을 볼때 세계시장에 진출이 용이하고 성공가능성도 크다고 할 수 있다. 다만 게임시나리오가 성공여부를 좌우하는 역할을 하므로 시나리오 분야와 기획 분야의 연구 및 투자가 제대로 이루어져야 한다. 게임 시나리오 작가의 능력이 어느 게임 장르보다 절대적으로 필요하다. 게임시나리오와 퍼즐로 대변되는 어드벤처 장르에서는 시나리오가 차지하는 비중이 크기 때문이다. 따라서 어드벤처 장르는 게임의 재사용성이나 반복성등에 대해 사용자들의 호감을 이끌어 내기 어렵다. 즉, 게임을 처음부터 끝까지 완료하게 되면 그걸로 끝인 경우가 많다. 다시 한 번 게임을 플레이할 가치가 떨어지게 되는 것이다. 타 장르의 게임처럼 게임을 반복적으로 플레이하고 게임을 할 때마다 새로운 재미를 느낄 수 없다. 선형적인 시나리오 구조 때문인 것이다. 물론 비선형적 시나리오 구조의 어드벤처도 존재하긴 하지만 그 것도 아주 부분적인 특징일 뿐 어드벤처의 기본은 선형적 시나리오와 복잡한 퍼즐이기 때문에 한번 플레이를 해서 모든 퍼즐을 풀어헤치고 엔딩을 본 플레이어들은 다시는 게임을 안하게 되는 것이다.

어드벤처 장르는 그 형식에 따라 대화형 어드벤처와 액션 어드벤처 장르로 구분된다.

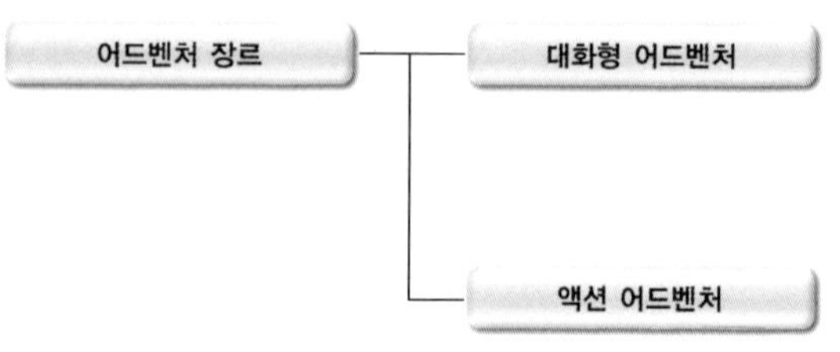

〈그림 3.21〉 어드벤처 장르의 세분화

1) 대화형 어드벤처 장르(Conversation Adventure Genre)

어드벤처 장르의 초기 작품들에서 찾아볼 수 있는 형식으로 게임의 진행을 주인공과 캐릭터 간의 대화로 풀어나가는 게임을 말한다. 게임을 진행하면서 여러 NPC(Non Player Character)와 만나게 되는 데 이때 플레이어는 게임시나리오 상에 배치된 특정 NPC들과 대화를 통해 문제해결이나 게임진행에 대한 정보를 얻기도 하며 아이템을 획득하기도 한다. 초기에는 어드벤처 게임들이 기술적인 문제로 인해 이러한 방식을 사용했으나 하나의 장르적인 특징으로 자리 잡아서 대화를 통한 게임진행 자체를 즐기는 플레이어들이 많이 생겨나게 되었다.

현재 대화형 어드벤처 게임의 대표작품으로는 루카스 아츠사의 〈원숭이 섬의 비밀〉시리즈를 꼽을 수 있으며 〈킹스 퀘스트(King's Quest, Sierra)〉시리즈와 〈폴리스 퀘스트(Police Quest, Sierra)〉등 이른바 퀘스트 시리즈로 주로 시에라사에서 제작한 어드벤처 게임들이 많이 있다. 국내에서는 비인기 장르로 구분되고 있는 이런 대화형 어드벤처 장르는 원숭이 섬의 비밀 시리즈가 세계 시장에서 꾸준하게 성공하고 있는 것을 볼 때 잠재력이 충분한 것으로 평가되고 있다. 특히 유럽 쪽의 플레이어에게 어드벤처 장르의 인기는 국내에서의 전략시뮬레이션이나 RPG와 버금간다고 할 수 있다. 물론 현재에는 어드벤처장르의 주류자리를 액션어드벤처에 넘겨주었지만 아직도 대화형 어드벤처 장르는 꾸준히 사랑받고 있는 장르이다.

2) 액션 어드벤처 장르(Action Adventure Genre)

〈그림 3.22〉 King's Quest7, Sierra

액션 어드벤처 장르란 게임이 한편의 영화나 애니메이션의 화면처럼 연출이 되고 대화형 어드벤처에 비해 캐릭터의 동작이나 게임진행이 빠르고 역동적인 움직임이 중요시 되는 어드벤처 게임의 한 종류를 말한다. 〈어둠속의 나홀로(Alone in the Dark, Infogram)〉을 시작으로 3D 어드벤처의 시작을 열었고 이후 〈페이드 투 블랙〉이 3인칭 액션 어드벤처 장르의 시작으로 알려져 있다. 어드벤처 장르가 한창 인기를 끌 무렵의 어드벤처 게임들이 점점 액션 어드벤처 게임의 형식을 사용하기 시작했고, 에이도스의 〈툼레이더(Tomb Raider, Eidos)〉가 출시되면서 액션 어드벤처 게임의 전성기를 맞게 된다.

액션 어드벤처는 대화형 어드벤처보다 좀 더 빠른 템포를 유지하였고, 퍼즐을 풀고 스토리를 추론하는 사고(思考)대신에 사용자의 손놀림과 버튼, 마우스 등 물리적인 행동을 요구하였다. 〈인디아나 존스 인퍼널 머신(Indiana Jones and the Infernal Machine)〉이 그 좋은 예라고 볼 수 있다. 〈젤다의 전설(The Legend of Zelda, Nintendo)〉에는 레벨이 존재하고 보스가 존재하지만 다르게 생각하면 액션에 가깝다고 할 수도 있다. 정확히는 게임이 어드벤처로 남느냐 아니면 액션 게임에 다가서느냐는 것은 정의하기 어려운 모호한 부분이다. 〈툼레이더〉를 액션 어드벤처로 구분하느냐 액션 게임으로 분류하느냐의 문제인 것이다. 퍼즐의 요소가 강하면 어드벤처로 구분하고 액션 요소가 강하면 액션장르로 구분하는 것이 일반적이지만 그 기준이라는 것 자체가 개발자가 설명하기 나름인 것이다.

액션 어드벤처 장르가 인기를 누리고 있기는 하지만 국내의 게임개발사들은 기피하고 있는 실정이다. 국내에서는 장르적 특징으로 시장에서 외면 받고 있는 것도 큰 이유이지만 어드벤처 장르는 다른 어떤 장르의 게임보다도 훌륭한 시나리오와 기획력이 뒷받침이 되어야하는데 국내의 게임콘텐츠 기획자들의 능력이 아직은 세계적인 수준에 못 미치기 때문이다. 기술적인 한계는 차츰 무너지고 있다. 표현의 한계 또한 없어지고 있다. 앞으로의 게임은 분명히 게임컨텐츠의 기획력에서 그 성공여부가 판가름 날 것으로 예상되어진다. 이런 시점에서 훌륭한 국산 어드벤처 게임에 대한 기다림이 절실해진다. 〈화이트데이(White Day)〉라는 호러 어드벤처 게임으로 잠깐 관심을 모았던 국내 어드벤처 게임시장은 여전히 시들하고 조용하다. 국내 게임산업의 발전을 위해서라도 어드벤처 장르에 대한 도전은 반드시 이루어져야 한다고 생각된다.

어드벤처 게임은 굉장한 AI(Artificial Intelligent)를 설계하거나 모든 대화를 인식하는 시스템을 만들려고 시도하는 것이 아니라면 드물게도 기술적인 어려움이 거의 없는 게임장르이다.

〈그림 3.23〉 Tomb Raider, Eidos

〈그림 3.24〉 The Legend of Zelda

게임을 작동시키는 시스템의 한계에 영향을 받지도 않는다. 하지만 기술적인 능력이 요구되지는 않지만 창조적인 능력이 대신 요구된다. 어드벤처 게임의 디자이너는 단순히 재미있는 이야기를 풀어내는 것이 아니라, 스토리가 존재하는 또하나의 새로운 세계를 창조하는 것이다. 다른 게임 장르보다 장소를 설정하는 능력, 캐릭터를 만드는 능력, 인과관계를 설정하는 능력, 대화를 만드는 능력, 퍼즐을 만드는 능력 등이 많은 부분 요구된다. 비행이나 슈팅, 전투에서 부대에 명령을 내리는 것도 필요 없다. 특정한 상호작용이 필요한 것도 아니다. 정신없이 빠져들수 있는 흥미진진한 이야기를 만들어 내고 그 이야기에 리얼리티를 부여 할수있는 짜임새 있는 세계를 꾸며주면 된다. 이런 결과로 어떤 장르보다도 창조적인 작업이 가능한 특징을 가

117

지고 있다.

라. 액션(Action) 게임

액션 게임의 장르에는 2D와 3D에 걸쳐 다양한 스타일의 게임이 포함된다. 액션게임 장르는 과거 아케이드 게임에서부터 시작해서 현재에 이르기까지 가장 폭넓게 개발되고 있는 게임 장르이며 그 만큼 매우 다양한 특징을 가지고 있다. 액션 게임장르를 정의하는데 있어 중요한 공통점은 게임을 즐기는 플레이어의 빠른 움직임을 요구한다는 것이다. 반응 시간과 손과 눈의 조정력이 게임플레이의 핵심이며 보통 사람의 두뇌가 짧은 시간에 처리할 수 있을 정도의 정보만을 제공하며 게임 진행의 대부분을 플레이어의 신속한 대응능력에 의존하는 것이 일반적이다. 이로 인해 보통 타 장르의 게임보다는 게임이 복잡하지 않고 비교적 단순한 형태를 갖는다.

초기의 아케이드 게임의 대부분이 액션 게임이었으므로 가장 오래된 장르중의 하나라고 할 수 있다. 초기의 아케이드 게임에 액션 게임이 많았던 이유는 게임을 구성하는 기술적인 기반이 빈약했으며 이를 뒷받침해줄 하드웨어의 성능도 매우 낮았으므로 게임플레이와 게임 메커니즘이 매우 단순했고 이를 표현하는 방식 역시 상대적으로 단순했기 때문이다. 따라서 국내에서도 주로 오락실에서 자주 볼 수 있었던 게임으로 액션, 슈팅, 퍼즐 등이 이에 속한다.

액션게임에서는 그 특성이 뚜렷하게 나타나는데 장르적인 특성상 게임메커니즘이 타 장르의 게임에 비해 분석이 용이하다. 액션 게임의 규칙은 쉽고 간단하면서도 플레이어의 관심을 잡아둘 수 있다는 특징이 있다. 이는 게임플레이 자체가 매우 자극적인 성격을 가지고 있기 때문이다. 즉, 게임 스토리나 게임의 진행에 필요한 다양한 조건을 충족시키기 보다는 단순하게 적의 공격을 피해 무기를 사용하여 적을 무너뜨리는 슈팅이나 사실적인 움직임으로 무장한 현장감 있는 격투 등은 플레이어들의 스트레스를 해소하는 데 충분하며 복잡한 규칙을 암기하기보다는 특정한 기술을 갖추는 데에 초점이 맞춰지므로 플레이어들이 쉽게 재미를 느낄 수 있는 것이다. 게임플레이 자체가 하드코어와는 거리가 있어 오히려 라이트유저들이 쉽게 접근할 수 있다.

이는 아케이드 게임이라는 장르로 구분되기도 하는 업소용 게임들에 적합한 성격이기도 하다. 본서에서는 아케이드 장르를 하나의 게임 장르로 나누지 않았다. 그 이유는 본 장의 서두에 이미 언급하였다. 아케이드 장르라는 것이 너무 포괄적이고 그 정의를 내리기 힘들기 때문에 게임의 장르적 특징으로 구분하기 보다는 플랫폼적인 특징으로 구분하는 것이 바람직할 것 같다는 판단에서이다.

액션게임은 또한 일반적으로 연속적인 레벨로 이루어지며 플레이어가 특정한 임무를 달성해야 하나의 레벨이 종료된다. 각 레벨은 종료할 때까지 플레이되며 플레이어의 캐릭터가 임무를 완수하면 다음 레벨로 이동해 플레이가 계속되는 형태를 취하고 있다. 일반적으로 레벨이 올라가면 난이도도 상승하게 된다. 액션게임에서 게임의 시나리오가 차지하는 비중이 크지는 않지만 하나의 레벨을 완수할 때마다 시나리오의 일정부분이 흘러가게 되고 게임에서는 다음 레벨로 이동할 때 게임시나리오의 진행 상태를 동영상이나 이미지, 텍스트 등을 사용해서 플레이어에게 전달한다.

액션 게임은 크게 세 가지로 세분된다. 적과의 전투에서 무기를 사용하는 것을 일반적으로 슈팅(shooting)이라고 하고 적과의 전투가 일대일 대전 형식으로 화려한 발차기 등의 육체적

기술로 이루어지는 게임을 대전격투라고 한다. 그 이외의 퍼즐 및 비폭력적인 액션을 추구하는 기타장르로 구분한다. 슈팅은 또 다시 스크롤 슈팅(scroll shooting)과 일인칭 슈팅(first person perspective shooting)으로 세분화 된다.

〈그림 3.25〉 액션 장르의 세분화

1) 슈팅(Shooting)

액션 게임의 대부분은 슈팅이다. 슈팅이라는 명칭에서 알 수 있듯이 적과의 전투에서 무기를 사용해서 적을 물리치는 게임의 형식을 말한다. 일반적으로 원거리 공격이 가능한 무기를 사용하는 플레이어의 움직임이 게임플레이의 핵심이 되는 게임을 의미한다. 〈라이덴(Raiden, Seibu Kaihatsu)〉, 〈메탈슬러그(metal Slug, SNK)〉와 같은 게임이 바로 슈팅게임이다.

슈팅게임은 일반적으로 다시 두 가지의 종류로 세분화 된다. 먼저 화면이 상하 혹은 좌우로 스크롤 되는 스크롤 슈팅게임과 일인칭 시점의 슈팅게임으로 나뉜다. 일인칭 슈팅게임은 3D 그래픽 기술의 발전과 함께 등장하여 스크롤 슈팅을 3차원 공간으로 옮긴 것이지만 그 특징이 뚜렷하여 새로운 하나의 장르로 구분하였다. 일인칭 시점 기법이 현대의 게임에 다양하게 사용되고 있지만 전통적인 슈팅장르에서는 FPS(First Person Shooting)이라 구분지어 하나의 장르로 인정되고 있다. 스크롤 슈팅의 경우 기술적인 부분에서는 큰 특징이나 장점을 찾아볼 수 없으나 단순하면서도 중독성 있는 게임플레이를 제공하며 타장르의 게임보다 역동적인 자극을 플레이어에게 전달하기 때문에 플레이어들의 꾸준한 사랑을 받고 있다.

▶ 스크롤 슈팅(Scroll Shooting)

스크롤 슈팅은 게임의 배경이 되는 맵이 상하 혹은 좌우로 움직이는 것을 의미하는데 〈마리오 시리즈〉나 〈동키콩 시리즈〉와 같은 비폭력적 액션게임과는 다르게 플레이어의 의지와는 상관없이 배경이 상하 혹은 좌우로 흐르듯이 움직인다는 것이다. 스크롤 되는 방향에 따라서 종스크롤 슈팅과 횡스크롤 슈팅으로 다시 나뉜다.

스크롤 슈팅은 도저히 빠져 나갈 수 없을 것 같은 적의 포화 속에서 사용자의 기술에 의해 적을 섬멸하는 기쁨을 안겨준다. 다양한 패턴으로 공격해 오는 적을 아슬아슬하게 피해가면서 적절한 무기로 적을 쓰러뜨려야 하는 정형화된 형식을 가지고 있다. 슈팅게임의 시초에는 화려한 그래픽을 보여줄 수 없었지만 기술이 발전함에 따라 주인공 캐릭터의 현란한 무기와 특수효과 등이 또 다른 눈요기 거리로 제공되었다.

대부분의 슈팅게임에는 라이프(life)의 개념이 존재한다. 보통 플레이어는 처음 게임을 시작할 때 3개-5개 사이의 라이프를 가지고 시작하며 게임을 진행하면서 적이나 적의 총알에 충돌하면 라이프가 감소하는 시스템을 채택하고 있다. 또한 라이프는 특정한 파워업(powerup)이나 특정 스코어에 도달하면 만회할 수도 있다. 종종 라이프는 에너지와 결합되어서 한정된 양의 에너지를 부여하고 이 에너지가 모두 소멸되면 게임이 끝나게 되는 시스템을 사용하기도 한다. 여기에 게임의 재미를 더하기 위해 캐릭터에게 필살기 혹은 보조 무기를 사용할 수 있도록 아이템이나 이벤트를 제공하기도 한다. 즉, 특정한 아이템을 획득할 경우 캐릭터의 화력이 증강한다거나 속도가 증가한다. 보조 무기로 사용되기도 하며 에너지를 회복시키는 역할을 하기도 한다.

〈라이덴〉 시리즈, 〈이카리(Ikari, SNK)〉, 〈트윈코브라(Twin Cobra)〉 등과 같은 종스크롤 슈팅이 스크롤 슈팅의 대부분을 차지하며 〈그라디우스(Gradius, KONAMI)〉, 〈R-Type(Nintendo)〉과 같은 횡스크롤 게임도 독자적인 영역으로 개발되어 왔다.

스크롤 슈팅게임의 또 하나의 명확한 특징은 스코어의 표시가 분명하다는 것이다. 게임을 즐기는 플레이어의 목적이 시나리오에 따라 적을 물리치는 것이지만 시나리오가 게임의 진행

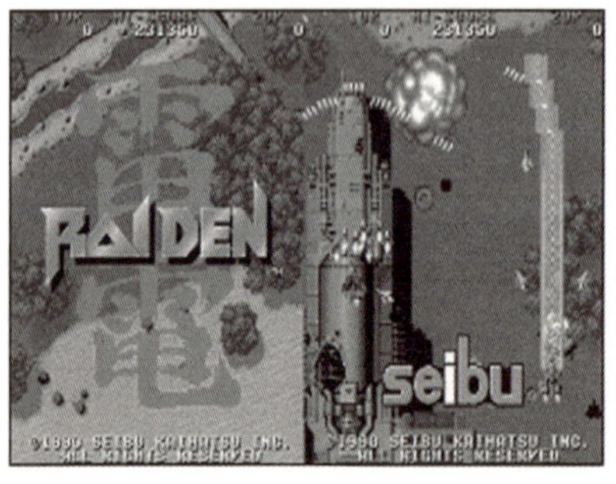

〈그림 3.26〉 Raiden, Seibu Kaihatsu

〈그림 3.27〉 Twin Cobra, Taito

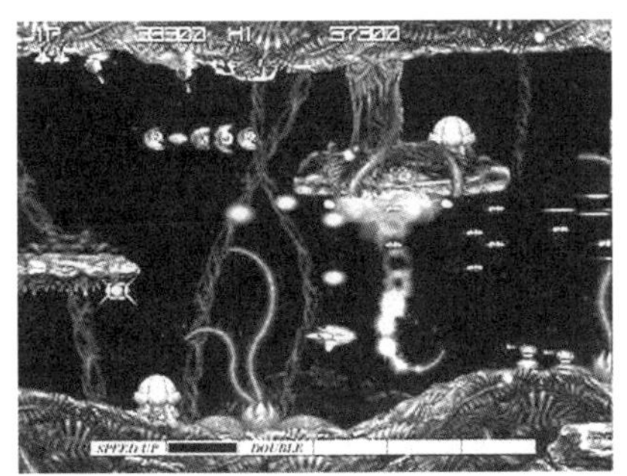

〈그림 3.28〉 Gradius, Konami

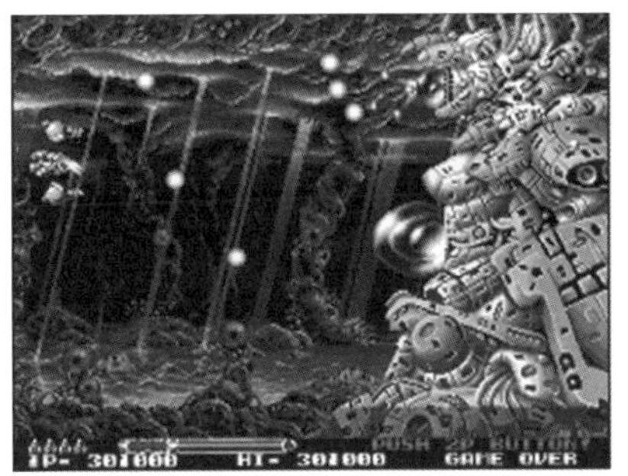

〈그림 3.29〉 R-Type, Nintendo

에 미치는 영향이 크지 않기 때문에 플레이어에게 달성해야하는 명확한 목적을 제공해야 한다. 이 부분을 스코어가 게임 시나리오 상의 목적을 대신한다. 즉 게임을 즐기는 플레이어는 게임의 시나리오에서 제공하는 목적을 하나하나 달성해나가는 것 보다는 더 높은 점수를 달성하기 위해서 게임에서 제공하는 규칙에 의거 점수를 획득하는 것에 관심을 두는 것이다. 이것은 레코드라는 개념과 맞물려서 스크롤 슈팅게임을 즐기는 플레이어에게 새로운 재미를 선사하게 되는 것이며 동시에 게임으로 플레이어들을 이끄는 숨겨진 장치인 것이다.

현재에는 슈팅이라는 무시할 수 없는 게임 장르에 대한 새로운 도전들이 보이고 있다. 즉 과거에는 기술적인 한계로 인해 표현할 수 없었던 것을 현대의 기술력을 동원해 과거의 향수와 함께 슈팅이라는 원초적인 기쁨을 제공해주는 게임들을 리메이크 하는 작업이 등장하고 있다. 잠재력이 있는 장르인 만큼 어떤 게임을 개발하느냐가 관건이 될 것이며 국내에서는 이러한 슈팅 장르에 온라인 게임을 접목시켜서 여러 명이 동시에 슈팅게임을 즐기는 멀티플레이에 초

123

점을 맞추고 있다. 이런 시도 또한 매우 바람직한 현상으로 보이며 도전할 만한 분야로 평가되고 있다.

▶ 일인칭 슈팅(First Person Perspective Shooting)

일인칭 슈팅게임은 3D 그래픽기술의 발전과 함께 발전했다고 해도 과언이 아니다. 일인칭 시점을 구현하기 위해서는 3D 그래픽 기술의 사용이 필수적이기 때문이다. 물론 일인칭 슈팅게임의 시초라고 평가되는 〈울펜스타인 3D(Wolfenstein, ID soft)〉의 경우 2D그래픽 이미지를 마치 3D 그래픽과 동일한 효과를 주는 눈속임으로 일인칭 시점을 표현하였다. 하지만 폴리곤을 사용한 3D 그래픽 기술이 발전함에 따라 Full 3D로 제작된 슈팅게임들이 등장하면서 시점의 한계를 넘어섰다.

〈둠(Doom, IDsoft)〉, 〈퀘이크(Quake, IDsoft)〉, 〈언리얼(Unreal, EPIC games)〉등으로 대변되는 FPS게임은 가상현실을 지향하며 좀 더 사실적인 그래픽, 좀 더 화려한 효과, 좀 더 다이

〈그림 3.30〉 Wolfenstein 3D, ID soft

〈그림 3.31〉 Doom, ID soft

나믹한 게임플레이를 지향하며 게임개발 기술의 최전선을 달리고 있다.

FPS게임은 게임 그래픽 기술의 발전을 주도했다고 해도 과언이 아니다. 새로운 FPS게임이 출시될 때마다 게임 그래픽 기술은 한 단계씩 발전을 거듭해왔다. 현실적인 게임환경을 제공함으로써 플레이어에게 사실적인 게임월드를 제공한다. 때문에 시점도 자연스럽게 사람의 눈을 통해서 보는 것과 같은 일인칭 시점으로 고정되었고 그로 인해 시야의 제한을 두게되고 긴장감을 고조시키는 역할도 동시에 하게 되었다.

1990년 탐 홀(Tom Holl), 존 로메로(John Romero), 존 카맥(John Carmack), 아드리안 카맥(Adrian Carmack)이라는 젊은 대학생들이 의기투합하여 '이드소프트(ID soft)'라는 회사를 설립하게 되고 1년 후 울펜슈타인 3D라는 게임을 출시하며 두각을 나타내기 시작했다. 1993년에는 둠(Doom)을 발표하여 FPS게임의 선두주자로 자리매김하였다. 이후 에픽게임즈(Epic Games)의 언리얼(Unreal)엔진이 등장하기 전까지 이드소프트(Id-soft)에서 만든 퀘이

〈그림 3.32〉 Unreal. EPIC games

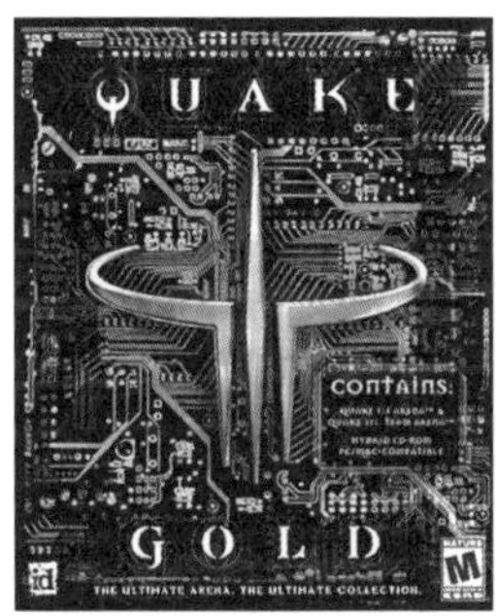

〈그림 3.33〉 Quake, ID soft

〈그림 3.34〉 Half-life, Valve

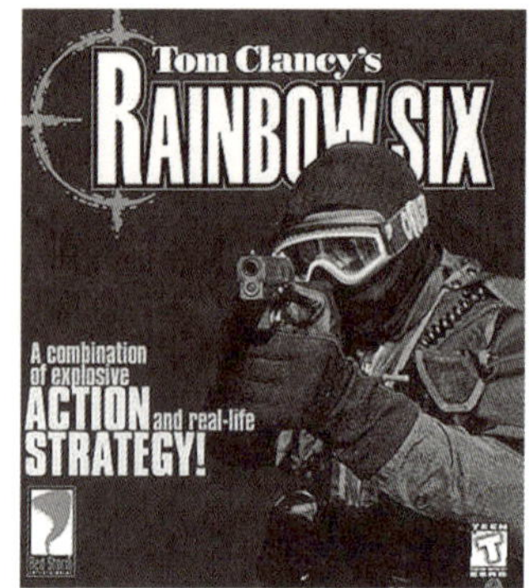

〈그림 3.35〉 Rainbow-Six, Redstorm

〈그림 3.36〉 Medal of Honor, EA

〈그림 3.37〉 HALO, Bungie soft

크 엔진은 3D게임 엔진의 대명사로 군림하였다. 90년대 중반에는 퀘이크엔진과 언리얼엔진이라는 양대 산맥으로 3D엔진 및 FPS 게임시장이 양분되었다.

이 두 가지 엔진을 기반으로 지속적인 3D엔진기술개발이 이루어졌고 훌륭한 FPS게임들이 쏟아져 나왔다. 〈퀘이크〉 시리즈는 물론이고 〈언리얼〉 시리즈, 〈하프라이프(Half-life, Valve)〉, 〈레인보우 식스(Rainbow-6, Red storm)〉, 〈메달 오브 아너(Medal of Honor, EA)〉, 〈헤일로(HALO, Bungie)〉 와 같은 명작들이 그 계보를 잇고 있다. 앞으로의 FPS장르의 개발 기술은 보다 현실적인 게임환경으로의 도약을 목적으로 지속적인 연구개발이 이루어질 것으로 예상된다. 특히, 현실과 동일한 물리엔진(physics engine)과 광원효과(lighting) 및 매핑(mapping)에 대한 기술적인 발전이 거듭되어 실사와 구분이 어려운 말 그대로 가상현실을 게임 플레이어들의 눈앞에 가져오리라 생각된다.

2) 대전격투 게임(Fighting Game)

신체나 무기를 이용하여 격투를 모방한 게임장르를 말한다. 일반적으로 대전액션 게임은 2명의 캐릭터가 등장해서 각 캐릭터가 지닌 격투능력을 발휘하여 상대방을 쓰러뜨리는 형식으로 진행이 된다. 각 캐릭터는 시나리오상에서 정해진대로 독특한 외모와 개성을 지니고 있으며 특히, 자신만의 고유한 격투능력을 가지고 있으며 필살기를 지니고 있다. 플레이어는 각 캐릭터의 격투능력을 적절한 시기에 사용해서 적을 물리치면 되는 게임장르이다. 규칙이나 목적이 매우 간단하여 다른 게임에 비해 아케이드 게임기에서 많이 개발되었고 가정용 비디오 게임기에서도 많이 개발되었다.

일반적으로 대전 격투 게임은 유사한 인터페이스를 가지고 있으며 한 화면에 전투를 벌이는 두 캐릭터를 동시에 보여준다. 메인 화면의 좌측과 우측에 전투를 벌이는 두 캐릭터를 보여주고 화면의 상단에는 캐릭터의 체력 내지는 특수능력에 관한 상태가 게이지 형태로 보여진다. 대전격투 게임은 게임 시장에서 매우 광범위한 시장을 형성하고 있는 장르로서 단순하면서도 박진감 넘치는 게임플레이 스타일로 인해 플레이어들의 꾸준한 지지를 받고 있다.

1980년대 후반 '아타리 쇼크' 이후 아케이드 게임시장이 암흑기를 걷고 있던 시절에 캡콤(CAPCOM)에서 출시한 〈스트리트 파이터2(Street fighter2, Capcom)〉는 1990년대의 새로운 아케이드 게임시장의 전성기를 알린 작품이었고 일본의 작은 게임개발사이던 캡콤은 일약 세계적인 게임 개발사로 발돋움 하였다. 전작인 스트리스 파이터는 당시 새로운 장르에 대한 플레이어들의 기대로 신선한 반향을 불러일으켰으나 기술적인 면에서 완벽하지 못한 대전 시스템의 구현과 평범한 캐릭터의 설정으로 흥행에는 실패를 했었다. 이후 스트리트 파이터2에서

〈그림 3.38〉 Street Fighter2. Capcom

〈그림 3.39〉 King of Fighter, SNK

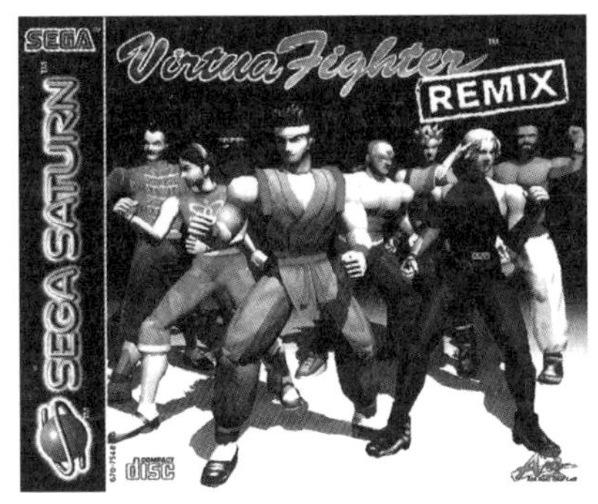

〈그림 3.40〉 Virtua Fighter. SEGA

〈그림 3.41〉 Takken. Namco

는 전작의 오류를 대폭 수정하여 개성적이고 독특한 시스템과 캐릭터로 세계 게임시장의 한 획을 긋게 된다. 대전격투게임이라는 장르를 개척한 이 게임은 이후 영화, 애니메이션등 타 매체의 소재가 되어 엄청난 흥행수익을 올리게 되었다.

〈킹 오브 파이터(King of Fighter, SNK)〉, 〈길티 기어(Guilty Gear, Sammy)〉와 같은 2D 대전액션 게임들이 그 뒤를 이어 2D액션 대전게임의 계보를 이어 갔다.

1990년대 중반에는 3D 그래픽 기술의 발전과 함께 이를 3차원공간에 옮긴 3D 대전액션 게임들이 등장했다. 세가의 〈버추어 파이터(Virtu-Fighter, SEGA)〉가 그것이며 출시되면서 업소용 및 비디오용 게임 산업에서 스트리트 파이터의 아성을 깨고 대전액션게임의 새로운 시대를 열었다. 버추어 파이터는 모든 게임 장르의 본격적인 3D게임 시대를 열었으며 세계 게임시장에 엄청난 파급효과를 가져왔다. 〈철권(Tekken, Namco)〉, 〈소울 칼리버(Soul Caliver)〉, 〈데드

오어 얼라이브(Dead or Alive)〉 등 많은 히트작이 버추어 파이터의 영향을 받아서 full-3D 게임으로 제작되었다.

3D의 도입으로 인해 대전격투 게임이 더 현실적인 느낌을 줄 수 있게 되었지만 실제로 대전격투 게임의 혁신을 주도하는 것은 3D 기술이 아니었다. 대전격투 게임의 혁신은 대부분 캐릭터 묘사의 사실성(각 캐릭터간의 인터랙션이나 캐릭터가 부상당한 경우 나타나는 반작용과 같은)과 특수 동작이나 콤보의 제어와 같은 캐릭터의 컨트롤과 관련이 있다고 할 수 있다. 사실적인 동작을 얼마나 잘 표현하느냐와 그 동작들을 어떻게 연결시키느냐 그리고 사용자인터페이스(UI)를 어떻게 설계할 것이냐가 대전격투 게임 발전의 해결과제인 것이다.

3) 기타 액션게임

액션게임은 주로 폭력과 관련이 많다. 대부분의 액션게임들은 폭력을 주요 내용으로 게임을 진행하는 것이 보통이다. 그러나 상업적 압력에 시달리지 않았던 게임산업 초창기의 게임들은 비폭력적인 게임들도 많았다. 특이한 테마를 가진 비폭력적인 게임들의 확산은 영화 산업의 초창기 모습과 비슷하다. 상업적인 목적에 의해서가 아니라 창조적인 게임을 만들어 보겠다는 게임개발자들의 열정과 아이디어가 게임 산업을 주도적으로 이끌었던 것이다. 이러한 점으로 미루어 볼 때 어쩌면 게임으로서의 가치가 있는 게임을 만들던 시기는 바로 그 시절이었던 것 같다.

대부분의 폭력적인 게임들의 사용자층은 남성들이 많으며 개발초기부터 남성들을 겨냥해서 게임의 모든 부분들이 디자인된다. 그러나 비폭력적인 게임들은 이와는 반대로 여성들에게 어필하는 경향이 있다. 액션장르에서 폭력이 배제된 게임이라면 게임플레이에 좀 더 매력적인 요소들을 배치해야 하며 창조적인 게임디자인을 위해서 더 많은 노력을 기울여야 한다. 캐릭

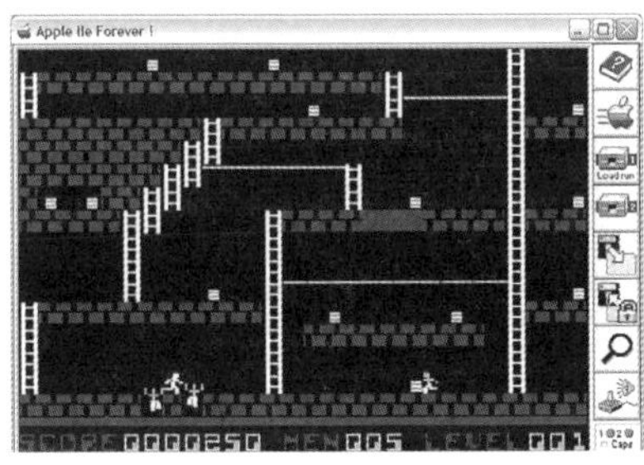

〈그림 3.42〉 Lode Runner, Sierra

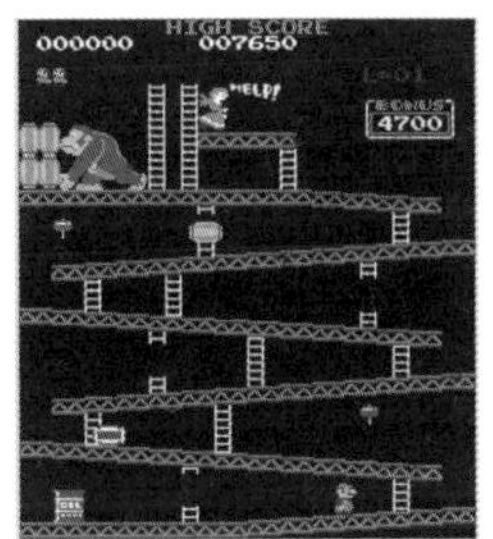

〈그림 3.43〉 Donkey Kong, Nintendo

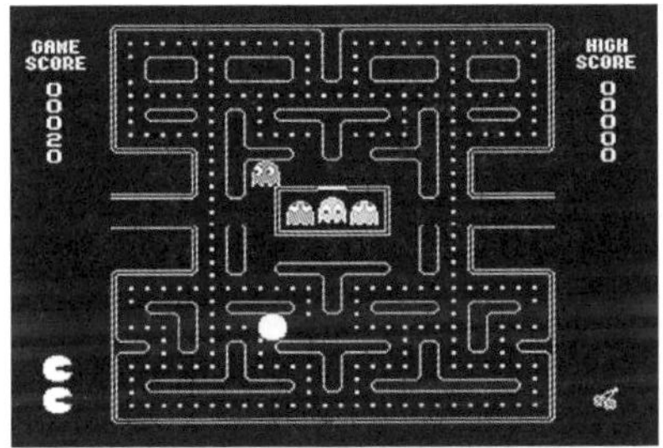

〈그림 3.44〉 Pac Man, Midway

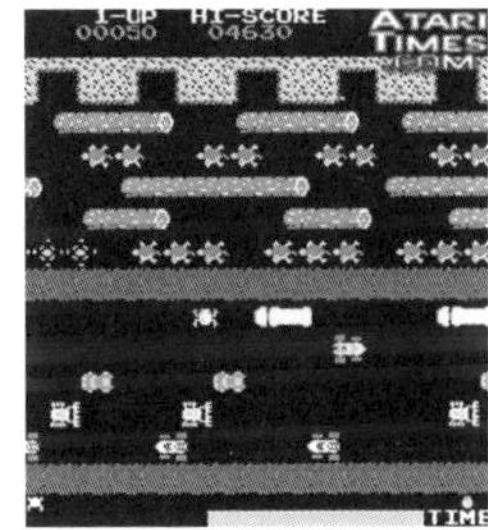

〈그림 3.45〉 Frogger. Sega

터를 부각시켜서 게임보다는 캐릭터 자체에 비중을 많이 두거나 게임플레이를 독창적인 재미
를 줄 수 있도록 게임플레이를 고안한다거나 쉽게 접근할 수 있도록 UI를 직관적으로 설계하
는 등의 여러 부분에 좀 더 신경을 써야 한다.

본 서에서는 액션장르에 속하면서 비폭적력인 게임들을 다른 하나의 분류로 세분화 했다.
이는 여성 사용자들을 중심으로 이루어져 있는 캐주얼한 액션게임 장르를 설명하기 위한 것이며 그 시장이 적지 않음을 의미한다. 대표적인 작품으로는 〈로드 런너(Lode Runner)〉, 〈팩맨(Pack-man)〉, 〈동키 콩(Donkey Kong)〉, 〈마리오(Mario)〉시리즈, 그리고 〈프로거(Floger)〉 등이 있다.

마. 스포츠(Sport) 레이싱(Racing) 게임

스포츠 게임은 스포츠를 게임으로 옮긴 것을 말한다. 스포츠란 어찌보면 게임과 가장 많이 닮아 있는 것으로 스포츠를 게임으로 만드는 것은 매우 자연스러운 일이었으리라 생각된다. 게임산업의 초창기에서부터 스포츠는 게임의 좋은 소재로 사용되어 왔으며 현재에 이르기까지 스포츠 게임은 매우 인기 있는 장르로 그 입지를 굳건히 지키고 있다. 지구상의 모든 스포츠는 게임으로 제작되었다고 할 만큼 거의 모든 스포츠는 게임으로 개발되어 많은 플레이어들에게 사랑을 받고 있다. 특히 대중적으로 인기 있는 스포츠의 경우 실제 플레이어까지도 그대로 게임에서 묘사해서 사용하고 있으며 스포츠 게임의 흥미를 높이는 매우 중요한 요소가 되고 있다.

스포츠 게임은 일반적인 다른 게임과는 달리 플레이어가 아주 잘 알고 있는 현실의 세계를 모방하고 있다. 어느 누구도 엘프(elf)의 세상이 어떻게 생겼는지 모르며 F-16전투기를 조종하면서 하늘을 날 때의 느낌을 아는 이는 드물다. 하지만 스포츠 게임은 다르다. 대부분의 사람들이 프로축구의 룰을 알고 있고 축구선수의 플레이에 열광하며 그들의 소소한 부분까지 온갖 관심을 쏟는다. 스포츠 게임은 실제 세계와 직접적인 비교가 가능한 몇 안되는 게임의 장르인 것이다.

물론 몇몇 게임들은 스포츠 게임 장르이면서도 게임의 기획의도에 맞추어 판타지 게임의 요소를 부각시키거나 극적인 효과를 높이기 위해 선수들의 능력이나 기술 등을 과장시켜서 액션적인 요소를 부각시키는 게임들도 상당수 있다. 오래전 제네시스(genesis)[25]용으로 발매된 EA의 〈뮤턴트 리그 풋볼(Mutant League Football)〉이나 미드웨이의 〈NFL 블릿츠(NFL Blitz)〉와 같은 게임들이 바로 그 예이다. 그러나 대부분의 스포츠 게임은 철저히 실제 스포츠

〈그림 3.46〉 Mutant League Football.EA

〈그림 3.47〉 NFL Blitz, Midway

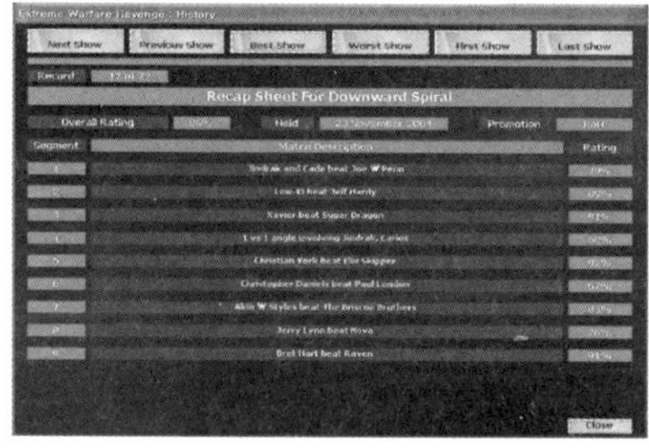

〈그림 3.48〉 Extreme Warfare, Adam Ryland

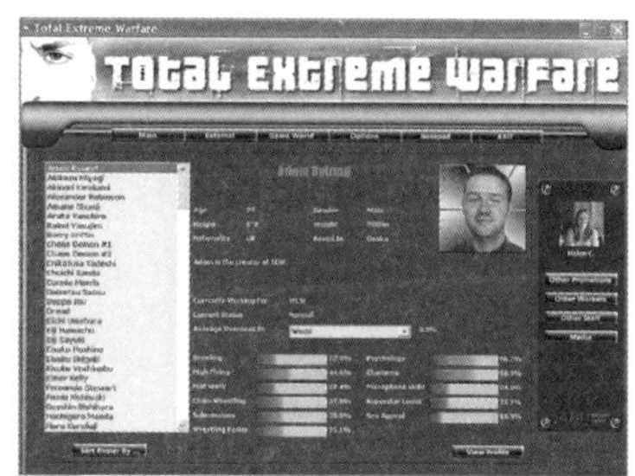

〈그림 3.49〉 Total Extreme Warfare, Adam Ryland

25. 1989년 세가(SEGA)에서 발표한 차세대 게임기. 일본에서는 제네시스(Genesis)란 이름으로 판매되었고 미국에는 메가 드라이브(Mega Drive)라는 이름으로 출시되었다. 훌륭한 성능에도 불구하고 소프트웨어의 부족과 높은 가격으로 인해 성공하지 못한 가정용 비디오 게임기

의 모든 것을 재현한다. 다만 게임의 흥미로운 진행을 위해 특정 모드를 제공하거나 때에 따라서는 특정부분의 규칙을 다소 느슨하게 적용하기도 한다.

전형적으로 스포츠 게임의 구조는 매우 단순하다. 주된 플레이는 스포츠 경기 자체를 재현하는 매치 플레이이다. 플레이어의 역할은 대개 선수와 같은 것이 일반적이지만 어느 특정한 하나의 선수에 국한된 플레이를 하지는 않는다. 팀 스포츠에서 플레이어의 컨트롤 주체는 보통 하나와 개인에 고정되어 있는 것이 아니라 경기의 진행에 있어서 중심이 되고 있는 캐릭터에게로 빠르게 이동된다. 선수이외에도 코치나 감독의 역할을 수행하게 되는데 게임을 진행하는 선수들을 선발하고 배치하며 공격 및 수비전략을 수립하며 경기 중 선수의 교체를 결정한다. 매니저게임이라고 불리는 독특한 게임을 제외하고는 일반적으로 플레이어는 타임아웃이나 그 외의 중지시간 혹은 게임이 시작되기 전에 코치나 감독의 역할을 하는 것이 보통이다.

매니저 게임은 팀의 경영주가 되어 팀을 운영하거나 감독의 역할만을 수행하는 일종의 경영 시뮬레이션게임과 스포츠 게임과의 중간적인 성격을 갖게 된다. 즉, 스포츠의 플레이가 게임의 중심이 아니라 선수를 영입하거나 키우거나 하는 등의 팀 운영에 초점을 맞춘 게임이다. 게임 내 대부분의 모드는 선수들의 평가와 성적 연구, 선수의 고용 및 트레이드, 심층 차트 작성, 경기 일정 체크 등 스포츠의 다른 측면들과 관련이 되어 있다. 화면 배치는 선수들의 활동이 기록되어 있는 흔히 표나 그래프를 연상시키는 서류철처럼 보이는 사용자 인터페이스를 사용한다.

스포츠 게임의 또 하나의 특징은 실제 선수들의 정확한 데이터를 근거로 만들어진다는 것이다. 게임 내에 등장하는 모든 선수들의 기술과 운동능력을 위한 데이터가 충분하게 준비되어야 한다. 게임을 플레이하다 보면 실제 선수의 움직임까지도 흡사하게 묘사하여 실제와 별 차이가 없음을 알 수 있다. 축구게임의 양대 산맥으로 불리는 〈피파(FIFA)〉 시리즈와 〈위닝일레븐(Winning11)〉 시리즈에서 특정 선수의 움직임이나 버릇, 골 세레머니까지도 유사하게 흉내 내고 있다. 각 선수의 능력치를 평가하여 그 것을 토대로 게임에 등장하는 캐릭터의 능력을 결정하는 것이다. 선수의 초상권이나 저작권에 대한 여러 가지 문제가 발생하기도 하지만 실제 스포츠의 유명 선수를 이름과 함께 얼굴까지도 함께 사용하게 해준다는 것은 게임에 사용되는 선수의 각종 데이터까지 포함하고 있음을 의미한다.

스포츠 게임은 경기에서 발생할 수 있는 여러 가지 신체적인 움직임을 결정하기 위해 물리엔진을 사용한다. 경기에 사용되는 보조적인 물품들 축구공, 배구공, 골프공 등의 움직임을 표현하고 게임에 참여하는 캐릭터의 움직임을 현실적으로 표현하기 위해 물리엔진을 사용한다. 또한 선수들의 인공지능이 뛰어나야 한다. 신중하고 지능적인 선수들의 행동이 예상되어야 하며 특히 팀 플레이에서는 각 선수들이 팀의 다름 선수들과 함께 목표를 완수해야 한다. 선수들은 계속해서 발생하는 다양한 상황의 이벤트에 적절하게 반응해야 하며 동료 팀원들과의 공동 목표에 대한 협동이 이루어져야 한다. 따라서 매우 복잡한 AI 패턴이 요구되며 게임의 성패와 관련 있는 중요한 부분이라고 할 수 있다.

스포츠 게임이 발전함에 따라 자연스럽게 라이센스나 초상권 등에 대한 부분이 스포츠 게임을 제작하는 개발사가 해결해야할 최우선적인 부분으로 부각하게 되었다. 과거에 스포츠 게임이 차지하는 업계의 비중이 매우 낮았기 때문에 소규모의 개발자들이 특정 스포츠에 대한 이름이나 클럽, 혹은 선수들에 대한 정보를 사용하는 것이 묵과될 수 있었으나 현재의 그것은 매

〈그림 3.50〉 FIFA2002, EA Sports

〈그림 3.51〉 NBA live 2002. EA Sports

우 상황이 다르다. 게임 시장은 거대한 시장이 되었고 트레이드 마크나 개인적인 초상권에 대한 사용을 함부로 할 수 없게 되었다. 근래의 스포츠 게임들은 대부분 유명 스포츠 선수를 게임의 모델로 등장시키고 있고 이를 마케팅 기법으로 적극 활용하고 있기 때문에 이러한 법률상의 문제를 필수적으로 사전에 해결해야 한다.

스포츠 게임 내 권리에 대한 모든 이슈는 법적인 문제가 산재한 지뢰밭이나 마찬가지이다.

〈그림 3.52〉 Triple Play Baseball. EA

〈그림 3.53〉 WWF Smack-Down. THQ

요즘에는 경기장들조차 특별한 권리를 주장하고 있기 때문에 유명한 경기장의 소유주들은 경기장의 이름을 높은 값으로 경매에 팔고 있다. 스포츠 장르가 사실적인 표현이 요구되는 장르이니 만큼 이러한 현상도 그러한 이유에서 기인한다고 볼 수 있다.

　바. 퍼즐게임

　퍼즐게임이란 일반적으로 게임 플레이가 플레이어의 힘이나 조작이 아니라 머리를 이용해 풀어야 할 도전적인 장애물들로 구성된 게임을 일컫는다. 퍼즐게임은 수수께끼와도 같은 느낌의 게임으로 블록의 조합이나 그림의 조합 또는 숫자의 조합과 같은 문제풀이 형식의 게임이다. 〈테트리스(Tetris)〉, 〈뿌요뿌요〉, 〈헥사(Hexa)〉 등과 같은 블록게임이 일반적이며 숨은 그림 찾기, 그림조각 맞추기, 틀린 그림 찾기, 지뢰 찾기와 같은 퍼즐형식의 게임이 있다.

　퍼즐게임은 플레이어의 게임플레이를 방해하는 특정한 캐릭터는 없다. 다만 도형 그 자체가 하나의 방해물이자 플레이어가 다루어야할 도구로 사용된다. 이러한 게임은 주로 플레이어의

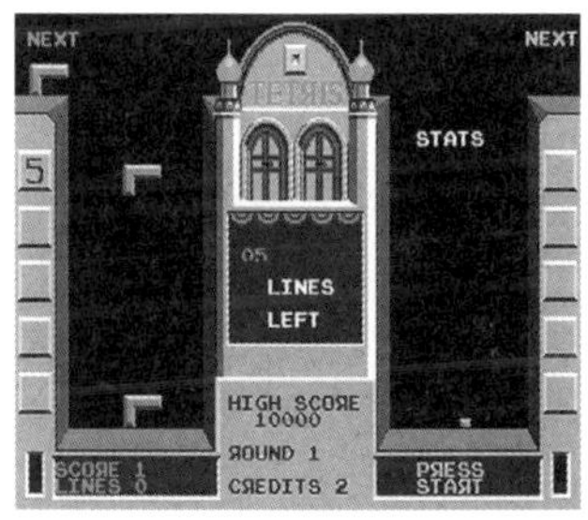

〈그림 3.54〉 Tetris, Atari Games

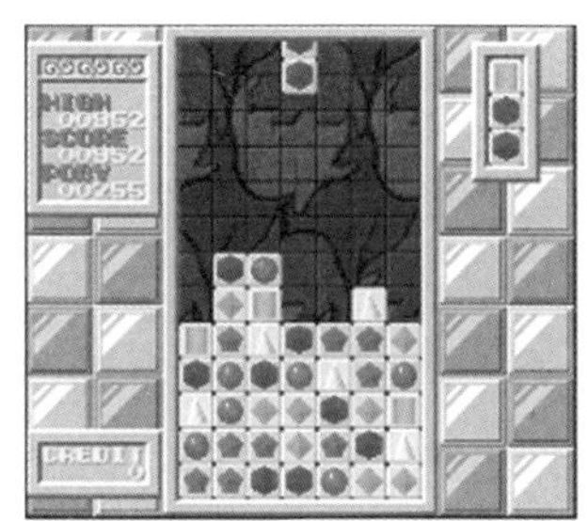

〈그림 3.55〉 Hexa

137

〈그림 3.56〉 뿌요뿌요2

〈그림 3.57〉 온라인 틀린그림 찾기

침착한 사고와 지적인 문제 해결 능력을 요구한다.

퍼즐은 대부분의 게임에 게임진행을 방해하는 장애요소로 포함되어 있다. 액션 게임에서는 적 보스의 약점을 알아내는 것이 하나의 퍼즐이며 어드벤처 게임에서는 쉽게 찾을 수 없는 물체를 구해야 하거나 다른 사람으로부터 정보를 얻어내야 하는 등 온통 퍼즐로 가득 차 있다. 심지어는 FPS게임에서 조차 잠긴 문이나 다른 장애물을 어떻게 통과할 것인가와 같은 퍼즐이 자주 등장한다. 퍼즐은 게임에서 빠질 수 없는 하나의 구성 요소이며 거의 모든 게임에 적용되고 있다. 하지만 퍼즐을 위한 퍼즐을 하나의 장르로 구분지어 언급하는 것은 분명 스토리 라인이나 더 큰 목표를 해결하는 과정에 섞여 있는 것이 아닌, 게임 그 자체가 퍼즐인 형태가 존재하기 때문이다.

이런 퍼즐을 위한 퍼즐 장르는 대부분 인간의 본성 중에서 정렬과 비정렬이라는 욕구를 자극하는 형태를 갖는다. 다시 말해 일정한 혼란상태를 플레이어에게 던져주고 이를 규칙이 있는 정렬된 상태로 만들어 나가는 과정을 게임으로 옮긴 것이나 혹은 반대로 정렬된 상태를 파괴해서 혼란스러운 상태로 만들어 나가는 과정을 게임으로 옮긴 것이 바로 그것이다. 앞서 예로 들었던 〈테트리스〉나 〈뿌요뿌요〉 혹은 〈그림 조각 맞추기〉 등이 모두 이에 속한다고 할 수 있다.

사. 보드 게임

대부분의 사람들이 보드게임과 퀴즈게임을 같은 의미로 사용하는 경우가 많다. 그러나 이는 분명히 다른 장르의 게임으로 보드게임이라는 장르는 컴퓨터 게임이 등장하기 이전부터 이미 대중화된 하나의 비전자적 게임의 종류였다. 대부분의 고전 게임들이 이 보드게임에 속하며 바둑, 장기, 체스 등의 전략보드게임과 카드놀이, 화투 등의 카드게임 그리고 주사위를 던져서 그 결과에 의해 말판을 움직이는 주사위 게임 등 몇 가지의 고유한 형태를 가진다.

보드게임의 정의는 일정 크기의 판 위에서 말이나 카드를 놓고 정해진 규칙에 따라 진행하는 게임을 말하여 〈부루마블〉과 같이 일정한 게임판(보드)을 두고 그 위에 몇 개의 말을 올려 정해진 규칙에 따라 진행하거나, 포커나 화투처럼 정해진 숫자의 카드를 통해 일정한 규칙에 따라 게임을 진행하는 종류의 게임을 모두 포괄한다. 세부적으로는 카드로 게임을 진행하는 카드게임과 주사위 및 병마를 특징으로 하는 전략보드게임으로 나누기도 하지만 통상적으로 이 모든 게임을 가리켜 보드게임이라고 부른다.

전통적인 보드게임은 플레이어들끼리 직접 대면하여 즐기기 때문에 주로 혼자 즐기게 되는 컴퓨터 게임과 다른 색다른 맛을 지니게 된다. 즉 패턴화되어 금방 식상해 질 수 있는 컴퓨터와는 달리 2인 이상의 사람이 모여서 즐기는 게임이므로 그 변화나 결과가 무궁무진하며 경쟁의 구도를 유발해 플레이어의 흥미를 이끌어 낸다. 하지만 이러한 점도 네트웍 게임개발 기술의 발전으로 인해 대부분의 전통적인 보드게임들이 컴퓨터 게임화 되었으며 특히 게임포털을 중심으로 하는 캐주얼 온라인 보드게임으로 다시 태어나서 많은 인기를 끌고 있다. 최근의 보드게임은 그 종류가 다양해져 오프라인 보드게임까지 포함하면 1만여 종에 이르고 있으며, 영토확장과 재산증식에서 환경보호, 남녀평등과 같은 친사회적 소재까지 그 포괄 범위가 매우 넓다.

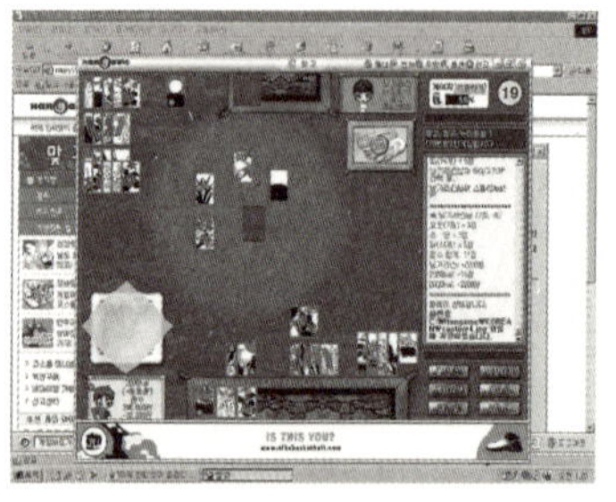

〈그림 3.58〉 온라인 고스톱, 한게임

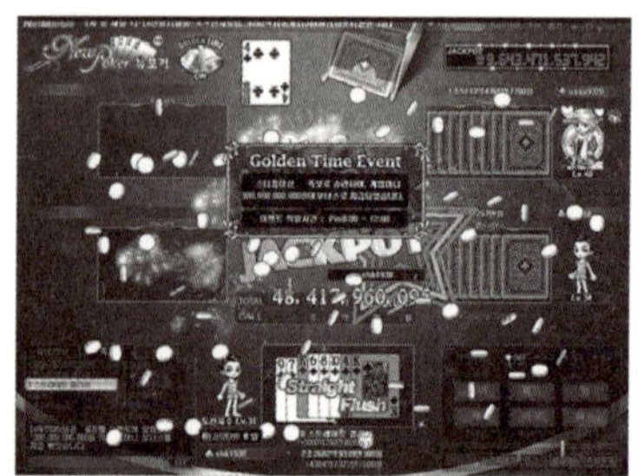

〈그림 3.59〉 온라인 포커, 넷마블

국내에서는 게임포털서비스 업체를 중심으로 라이트 유저를 위한 캐주얼 게임으로 그 인기를 높이고 있다. 〈온라인 고스톱〉, 〈온라인 포커〉, 〈온라인 바둑〉, 〈온라인 장기〉, 〈온라인 체스〉 등 전통적인 보드 게임들이 대부분 컴퓨터 게임화 되어 서비스 되고 있다.

❷ 게임의 플랫폼적인 분류

게임을 분류하는 방법 중에서 대표적인 것으로 위에서 언급한 장르적인 구분과 플랫폼적인 분류로 크게 나눌 수 있다. 장르적인 구분이 소프트웨어적인 분류인데 반해 플랫폼적인 분류는 하드웨어적인 분류라고 할 수 있다. 일반적으로 플랫폼적인 분류는 게임소프트웨어가 작동되는 기기에 따라서 종류를 구분 짓는 방법으로 크게 아래와 같이 6개 종류로 나눌 수 있다.

▶ **아케이드 게임**(Arcade Game) : 게임장에서 사용되는 게임기기를 말하며 ROM을 사용한 기판형태와 스크린으로 구성된다.

▶ **PC용 게임** : 개인용 컴퓨터를 기반으로 작동되는 게임을 말한다.

▶ **콘솔**(Console Game) : 가정용 비디오(video)게임이라고도 하며 가정용 TV수신기와 연결해서 작동되는 게임전용 기기를 기반으로 작동되는 게임을 말한다.

▶ **모바일 게임**(Mobile Game) : 개인용 통신단말기 상에서 작동되는 게임을 말하여 흔히 핸드폰 게임이라고 일컫는다.

▶ **휴대용 게임**(Handheld Game) : 휴대가 가능한 포터블기기에서 작동되는 게임을 말한다.

▶ **온라인 게임**(On-Line Game) : PC용 게임의 한 종류이나 인터넷을 통해 다수간의 네트웍 플레이가 가능하다는 점이 다르다.

가. 아케이드 게임

아케이드 게임은 말 용어가 뜻하는 바와 같이 게임장에서 접할 수 있는 게임을 말한다. 즉 게임장에 비치되어 있는 게임기에 탑재된 게임을 뜻하며 일반적으로 특정 게임을 위한 ROM에 저장되어 기판형태로 구현되는 게임이다. 여기에 CRT혹은 빔 프로젝터와 같은 스크린과 결합되어 하나의 게임장비를 이룬다. 일반적으로 동전을 넣고 게임을 즐기는 형태를 취하며 특성상 고도의 집중을 요구하는 게임보다 간단한 시간보내기 혹은 여흥거리가 될 만한 게임으로 주로 구성된다. 현재는 아케이드 게임이 침체기를 걷고 있지만 과거에는 게임플랫폼 중 가장 큰 영역을 이루며 사랑을 받아왔다.

〈그림 3.60〉 Sega Rally twin

〈그림 3.61〉 Pump it up, Andamiro

최근에는 가상현실을 이용한 게임들이 주를 이루고 있으며 사실적인 체감효과에 중심을 두어 타 플랫폼의 게임들과 차별화를 두고 있다. 순간적인 판단력과 순발력에 의존하여 게임을 풀어나가는 게임플레이 형태가 대부분이며 따라서 게임 플레이 타임이 짧고 매우 역동적이며 다이나믹한 것이 특징이다. 배우는 데 시간이 걸리지 않고 진행이 단순하여 초보자도 쉽게 도전할 수 있으며 PC용게임이나 가정용 비디오 게임이 발전하면서 아케이드 게임은 점점 더 그

〈그림 3.62〉 Virtucop3 DX, Capcom

〈그림 3.63〉 Brave FireFighters, Sega

영역이 좁아지고 있다. 하지만 현실적인 체감, 가상현실과 같은 고성능의 게임을 지향하면서 아케이드 게임의 네트웍화 등으로 활로를 찾고 있다.

근래에는 성인용 게임장을 중심으로 경마게임이 인기를 끌고 있으며 이는 아케이드 게임 분야의 새로운 흐름으로 받아들여지고 있다. 사행성 조장과 같은 여러 가지 문제점이 산재해 있음에도 불구하고 게임산업에 미치는 영향력은 아직도 중요하다고 볼 수 있다.

대표적인 게임으로는 〈철권〉 시리즈, 〈소울 칼리버〉와 같은 대전액션게임이 주를 이루고 있으며, 〈세가 렐리〉, 〈데이토나〉와 같은 레이싱게임과 〈DDR〉, 〈Pump it up〉과 같은 리듬액션 게임등이 있다.

나. PC용 게임

PC(personal computer)에서 작동하는 게임, 즉 개인용 컴퓨터에서 플레이되는 게임을 말한다. 우리나라에서 인기가 많은 게임이며 특히 온라인게임을 즐기는 일반적인 플랫폼이기도 하다. 개인용 컴퓨터에서 게임이 작동되어야 하기 때문에 주로 윈도우기반의 OS에 맞는 저작도구를 사용하며 근래에는 DirectX라는 PC게임 전용 게임저작도구를 대부분 사용한다. 싱글플레이 혹은 스탠드얼론 게임과 멀티플레이 게임으로 구분되는데 PC라는 플랫폼의 특성상 네트웍 게임을 개발하는데 많은 장점을 가지고 있으며 현재까지는 타 플랫폼의 게임에 비해 온라인, 네트웍 부분에서 앞서고 있다.

〈그림 3.64〉 FIFA2005, EA soprts

〈그림 3.65〉 Driver3, Atari

근래에 와서 PC용 게임은 불법복제와 유통구조의 문제점으로 인해 매우 어려운 상황에 직면해 있으며 대작 게임의 부재로 인해 게이머들은 정품을 사지 않고 P2P서비스를 통하거나 와레즈사이트 등을 통해서 공짜로 즐기는 게임으로 인식되고 있다. 이로 인해 국내에서는 더 이상 PC용 패키지 게임을 제작하는 회사는 찾아보기 힘들어졌으며 몇몇 중소업체와 아동용 에듀테인먼트 제작 회사들만이 그 명맥을 유지하고 있는 형편이다. 여러 가지 방향으로 문제점을 타개하고 활로를 개척하고 있으나 현재로서는 전망이 그리 밝지 않은 것이 사실이다.

대표적인 게임으로는 국내에서도 큰 인기를 끌었던 〈스타크래프트〉, 〈워크래크프〉, 〈Command&Conquer〉와 같은 전략시뮬레이션 게임과 〈FIFA〉시리즈, 〈NHL〉시리즈와 같은 스포츠게임 그리고 〈디아블로〉, 〈발더스게이트〉와 같은 RPG게임들이 있다.

다. 콘솔(Console Game)

보통 가정용 비디오(video)게임이라고 부르기도 하며 가정에서 TV수상기에 연결해서 게임을 즐길 수 있는 게임전용기기인 Play-Station이나 X-Box, Gamecube와 같은 플랫폼에서 작동되는 게임을 말한다. 랄프 베어가 발명한 〈마그나복스 오딧세이〉가 그 시초라고 할 수 있으며 수많은 가정용 비디오 게임기가 출시되었고 그 성능을 기반으로 한 많은 게임들이 개발되었다. 과거에는 단순 가정용 게임기의 역할을 만족시키기 위해 그래픽 처리 능력을 최대한으로 끌어올린 단순 기능의 기기로 개발되었으나 근래의 가정용 비디오 게임기들은 게임기능뿐 아니라 종합 멀티미디어 기기로서의 역할을 수행하기 위해 다양한 연결포트 장착, 인터넷 서비스 제공, 가전기기 네트워크 구축, DVD 및 영화감상, 음악 감상 등 다양한 기능으로 무장하여 홈 네트워킹 기술과 결합된 정보가전 단말기 형태로 발전하고 있다.

〈그림 3.66〉 Play-Station3, Sony

〈그림 3.67〉 X-Box360, Microsoft

〈그림 3.68〉 Playstation Classic, Sony

〈그림 3.69〉 GameCube, Nintendo

특히 온라인 게임 기능을 강화시킨 새로운 콘솔 게임기기 들이 계속해서 개발되고 있으며 PC, 온라인 게임이 강세를 보이고 있는 국내에도 2003년 정식 수입되어 해가 갈수록 그 입지

146

를 넓혀가고 있다. 또한 휴대형 게임기와의 연동을 통해 두 플랫폼간의 정보교환이 가능해지고 점차로 하나의 통합 단말기를 통해 작업을 처리하려는 경향이 짙어지고 있다.

이러한 가정용 비디오 게임기를 기반으로 작동되는 게임들을 일컬어서 가정용 비디오 게임이라고 한다. 가정용 비디오 게임은 일반적으로 두터운 매니아 층을 형성하고 있으며 매우 다양하고 독특한 게임소프트웨어를 보유하고 있다.

대표적인 게임으로는 〈파이널판타지〉 시리즈, 〈이스〉 시리즈와 같은 일본식 RPG와 〈위닝일레븐〉 시리즈, 〈NFL〉 시리즈〉 같은 스포츠게임, 〈철권〉 시리즈, 〈DOA〉 시리즈와 같은 대전액션 게임 등이 있다.

라. 모바일 게임(Mobile Game)

모바일 게임은 일명 핸드폰 게임이라고 불리운다. 모바일 기기, 즉 개인용 통신 단말기 상에서 작동하는 게임을 모바일 게임이라고 한다. 핸드폰이나 PDA등과 같은 통신기기에 내장되어 있거나 혹은 VM(Virtual Machine)을 이용해 단말기 서버에 접속하여 다운로드 받거나 혹은 WML(Wireless Markup Language)을 이용한 네트웍 게임 등이 있다.

모바일 게임은 국내의 경우 핸드폰 단말기 보급대 수가 기하급수적으로 늘어나면서 더불어그 시장규모가 폭발적인 성장을 하고 있다. 현재 2천만이 넘는 핸드폰 보급수는 국민 2.5인당한명 꼴로 핸드폰을 소유하고 있다는 것을 보여주며 그 핸드폰에 게임콘텐츠가 담긴다는 것을의미하기 때문에 결코 작은 시장이 아니라고 할 수 있다. 더불어 핸드폰 기기의 성능이 점점더 발전하고 있으며 게임폰이라는 명칭으로 질 높은 게임을 플레이할 수 있는 게임 전용 핸드

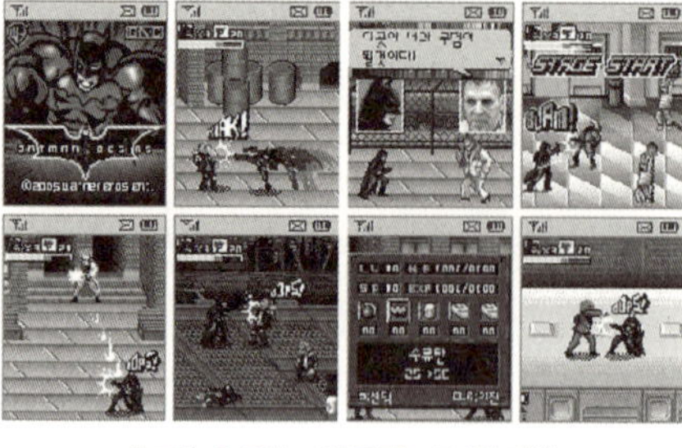

〈그림 3.70〉 배트맨, CJ인터넷

〈그림 3.71〉 야채부락리, KTF

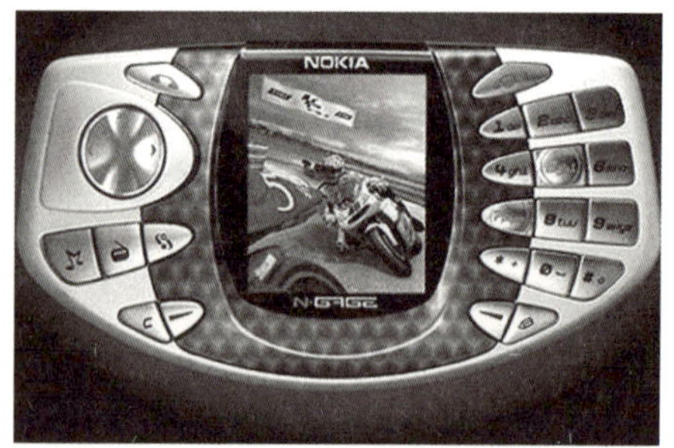

〈그림 3.72〉 N-Gage, Nokia

〈그림 3.73〉 Game Phone GXG, SKT

폰이 속속 출시되고 있기 때문에 인기가 더욱 높아질 전망이다.

과거의 모바일 게임은 작은 화면크기, 적은 파일용량, 낮은 시스템 성능 등으로 인해 매우 간단한 게임 혹은 과거의 올드게임을 리메이크 하는 형태였으나 근래의 모바일 게임은 모바일 3D엔진을 사용한 풀3D 게임까지도 구현하고 있다. 게임의 질적인 부분에서도 타 플랫폼에 비해 결코 뒤지지 않는 수준에 도달했으며 이는 모바일 폰 기기의 성능이 개선됨과 함께 더불어 향상할 것으로 예상된다.

마. 휴대용 게임(Handheld Game)

휴대용 게임은 휴대가 가능한 콘솔게임이리고 할 수 있다. 크기가 작으며 자체에 디스플레이가 내장되어 있는 것을 제외하고는 가정용 비디오 게임기와 크게 다를 바가 없다. 물론 게임기의 성능은 콘솔게임에 미치지는 못하지만 컴퓨터 테크놀러지의 발전으로 인해 상당한 퀄리티의 게임을 선보이고 있다. 일반적으로 배터리로 작동하며 휴대가 가능하고 휴대하기 편리하도록 비교적 소형으로 제작된 게임기기 내부에 디스플레이 장치, 콘트롤러가 일체형으로 제공된다. 게임소프트웨어는 보통 팩(반도체 칩에 게임을 저장하고 플라스틱 포장을 한 형태)으로 제공되며 닌텐도의 〈게임보이〉, 〈게임보이 어드벤스〉 등이 대표적인 휴대용 게임기라 하겠다. 예전에 아이들이 열쇠고리에 달고 다니던 조그만 〈다마고치〉게임도 이와 같은 휴대용 게임기라 하겠다.

근래에 소니사가 이 휴대용 게임기 시장에 뛰어들어 닌텐도가 독식하고 있던 시장에 도전장을 던졌다. 판매이후 급속도로 보급되고 있는 소니의 〈PSP(play station potable)〉는 기존의 휴대용 게임기라는 개념을 혁신적으로 뛰어넘는 뛰어난 성능을 보여주고 있다. 저장매체도 기존의 팩이 아닌 UMD(universal multimedia disk)라는 새로운 저장매체를 사용하며 MP3는 물론 디지털사진, 동영상 재생도 가능하며 무선통신도 가능하다. 추가 확장기를 통해 디지털 카메라나 네비게이션 등도 지원되기 때문에 휴대용 통합 멀티미디어 기기로서의 입지를 확보

할 것으로 예상하고 있다. 국내 기술진이 개발한 GP32라는 휴대용 게임기도 출시되어 있으나 콘텐츠 부족으로 사용자들의 외면을 당하여 사장되고 말았다.

〈그림 3.74〉 Gameboy,

cube-europe.com

〈그림 3.75〉 Gameboy Advance SP, Nintendo

〈그림 3.76〉 PSP, Sony

〈그림 3.77〉 GP32, 게임파크

대표적인 게임 소프트웨어로는 게임보이 어드벤스용 〈슈퍼로봇 대전 시리즈〉, 〈포켓몬스터〉 등이 있으며, PSP용 게임으로는 〈릿지레이서〉, 〈모두의 골프〉 등이 있다.

바. On-Line Game

온라인 게임은 실상 기본적인 플랫폼 기반은 PC라고 할 수 있다. 물론 근래의 콘솔게임기가 온라인 네트웍 기능을 대폭 향상시켜서 네트웍 게임의 비중을 높이고 있기는 하지만 온라인 네트웍 게임은 역시 PC기반이라고 할 수 있다. 온라인 게임을 PC게임에 포함하지 않고 또 다른 하나의 플랫폼으로 분류한 이유는 게임의 작동방식이 상이하며 온라인 게임이라는 분야가 워낙 큰 규모로 형성되고 있기 때문이다. 온라인 게임은 먼저 일반적인 PC게임과는 달리 사용자의 PC가 게임을 작동시키는 것이 아니라 사용자의 PC는 하나의 단말기가 되고 실제 게임 작동에 대한 모든 프로세스와 데이터처리는 인터넷으로 연결되어 있는 게임서버에서 처리가 된다. 이러한 게임작동 방식상의 차이점에 의해 온라인 게임과 PC게임은 구분되며 인터넷 브라우저에 플러그인 형식으로 내장되어 웹상에서 직접 플레이되는 웹게임(Web-game)과도 구분이 된다.

최근의 온라인 게임은 과거에 개발된 텍스트 위주의 게임에서 벗어나 화려한 그래픽 위주의 MUG(Multi User Graphic)게임의 형식이 대부분이다. 특히 RPG 장르의 게임이 많기 때문에 MMORPG(Massively Multiuser Online RPG)이라고도 말한다. 온라인 게임은 고부가 가치 산업으로 설비투자, 원자재 보다 기획력과 아이디어가 중요하며 만화, 소설, 영화, 캐릭터 등 다양한 분야와의 연관성이 매우 높다.

온라인 게임을 개발하는 데 필요한 기술은 일반 PC게임의 개발과정에 필요했던 기술에 더하여 서버관리, 트래픽 관리 등 네트워크 관련 기술이 포함되어 있기 때문에 기술적인 요구사항이 더욱 다양해졌다. 특히 3D온라인 게임을 개발하는 데에는 클라이언트 엔진 기술과 서버 기술이 매우 중요하며 컨텐츠 자체가 아닌 상용엔진과 저작도구 자체로도 상품화되어 사용된다.

온라인 게임은 인터넷상에 존재하는 또 하나의 세상이라고 할 수 있으며 게임을 즐기는 게이머는 가상세계를 만끽할 수 있다. 자신의 분신인 아바타를 통해 채팅, 친구사귀기, 결혼, 전투 등 일상과 거의 비슷한 체험을 할 수 있으며 때문에 매우 중독성이 강한 성격을 가진다. 가끔 언론매체에서 이슈화 되고 있는 게임중독에 대한 내용들도 바로 이런 점에서 기인한다고 할 수 있다. 가상의 사이버세상과 현실을 혼동함으로써 현실감각을 잃고 현실세계에 적응하지 못해 문제를 일으키는 사건을 종종 접할 수 있게 되는 것이다.

그러나 이러한 문제점에도 불구하고 국내에서는 초고속 통신망 보급률 세계1위라는 막강한 인프라를 바탕으로 온라인게임이 활성화 되었으며 온라인게임 분야에서 만큼은 국제적으로 경쟁력을 갖는 온라인게임 강국으로 성장하였다. 또한 최근에는 RPG 일변도의 편식 성향이 강한 국내 온라인게임 개발 분야에서 폭넓은 사용자층을 확보할 수 있는 온라인 캐주얼게임이 급격히 성장하고 있으며 온라인 FPS게임도 점차 인기를 끌고 있기 때문에 온라인게임 관리측면 뿐 아니라 양질의 콘텐츠를 개발하는 데에도 국제적으로 인정을 받기 시작하고 있다.

1996년 넥슨의 〈바람의 나라〉를 시작으로 세계 최초의 MUD게임이 서비스되기 시작했고 NC소프트의 〈리니지〉로 대성공을 거두게 된 후 현재까지 많은 온라인 게임 대작이 개발되었고 현재에도 지속적으로 개발되고 있다. 대표적인 온라인 게임으로는 앞서 말한 〈바람의 나라〉, 〈리니지

〈그림 3.78〉 World of Warcraft, Blizzard

〈그림 3.79〉 War Rock, Nexon

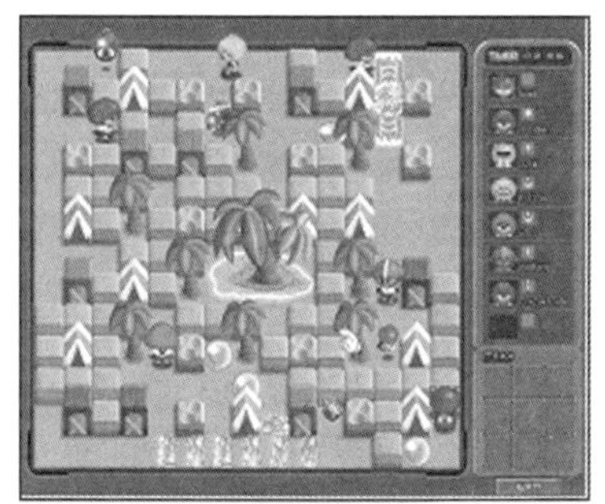

〈그림 3.80〉 크레이지 아케이드, Nexon

〈그림 3.81〉 팡야, 엔트리브 소프트

1,2〉, 〈뮤〉, 〈World of Warcraft〉와 같은 RPG장르의 게임과 〈카트라이더〉, 〈크레이지 아케이드〉와 같은 캐주얼 게임 그리고 〈스페셜 포스〉, 〈워 락〉과 같은 FPS게임 등이 있다.

참 고 문 헌

[1] 브리태니카 백과사전

[2] 김창배, 「21C 게임 패러다임」, 지원미디어, 1999.

[3] 김유찬, 「컴퓨터 게임의 이해」, 문화과학사, 2002.

[4] 한국문화정책개발원 보고서, 1996년, 문화체육부의 의뢰로 편찬됨

[5] 한국 PC게임 개발사 연합회,「게임백서」, 1997

[6] 아카오 고우이치 외.「게임대학」, 에이케이 편집부 옮김, AK, 1996

[7] 김종혁, 「게임시나리오 개론」, 사이버출판사, 2002.2

[8] Andrew Rollings and Ernest Adams, 「Game Design」, Jeu Media.co.ltd, 2004

[9] 김창배, 「게임개론, 진한도서」, 2004.

[10] 최삼하, 「게임제작개론」, 2003.

[11] 박상우, 「게임, 세계를 혁명하는 힘」, CNC출판사, 2002.

[12] 유형오, 「게임 비즈니스 엔진」, (주)테크북, 2001

[13] Richard Rouse, 「게임디자인 이론과 실제」, 정보문화사, 2001

[14] Marc Saltzman, 「Game Design, Secrets of the Sages」, 민커뮤니케이션, 2001

[15] 서민철, 「게임시나리오 작법」, 컴피플, 2000

2. 게임 제작 기술

일반적으로 게임은 만화, 영화, 소설, 애니메이션이 가지는 단방향성 의사전달방식이 아닌 게이머가 게임을 직접 플레이하고 감동을 전달받는 쌍방향적 특성을 가지고 있다. 따라서 게임의 제작은 이러한 게임의 기본적인 성격을 잘 이해하고 개발을 해야 성공 가능성이 높은 게임개발을 기대할 수 있다. 게임은 하나의 콘텐츠로서 구성되는 것이 아닌 각 분야의 전문가들이 모여서 팀 단위로 공동작업 통해 이루어지는 작업이니만큼 각 분야별마다의 전문성과 다른 분야와의 긴밀한 협조관계가 매우중요하다. 즉 게임 기획자의 감독역할 아래 시나리오작가의 게임 줄거리 창조, 게임디자이너의 게임의 구조와 진행방식의 설계, 그래픽 디자이너의 게임의 캐릭터와 배경의 제작, 게임음악가의 배경음악과 효과음, 그리고 프로그래머의 상호작용 요소 창조등의 여러 요소가 결합되어서 하나의 게임이 완성된다.

게임은 개발 작업 공정에서 그 방법과 순서, 투자 정도에 따라 게임의 질적인 완성도 및 상품가치가 달라진다. 즉 제작과정이 얼마나 효율적이고 능률적이냐에 따라 개발기간 단축과 개발비용 절감 효과를 얻을 수 있으며, 종국에는 게임개발사의 이익창출에 큰 영향을 미친다. 반면에 제작과정의 시행착오로 인해 예상치 못한 잘못된 결과물이 창출되고 개발기간 증대와 개발비용이 늘어나는 결과를 초래하며 심한 경우에는 개발이 중단되기도 한다. 따라서 게임개발을 위해서는 게임 아이디어의 발상과 분석 및 설계등의 인력의 확보도 중요하지만 합리적인 개발과정의 수립과 작업 공정수립이 필요하며 효과적인 스케줄 관리와 작업환경 조성, 개발자 간의 원활한 의사전달과 효율적인 작업을 위한 커뮤니티방법에도 신경을 써야 한다. 게임개발은 개발하고자 하는 게임의 성격을 정확하게 파악하고 그에 맞는 개발과정을 선택하는 현명함이 요구되는 매우 복잡하고 창조적인 작업이다. 따라서 게임 제작자는 게임 개발사의 개발경

험 및 시행착오를 바탕으로 개발하려는 게임의 장르, 플랫폼, 목표로 하는 타겟 유저층, 개발사의 자금 상태, 개발자의 인력구성, 개발환경등 여러 가지 조건을 고려하여 개발 공정을 수립해야 한다.

(1) 게임 제작 영역 업무

❶ 게임 기획

게임기획은 게임 개발을 위한 시작단계에서부터 개발단계를 거쳐 사후관리까지의 과정을 포함하는 모든 작업을 계획, 분석, 설계하는 과정을 말한다.

따라서 게임 기획업무는 개발 초기에서부터 완료 그리고 사후관리까지 게임의 개발의 전 영역에 걸쳐 세세하고 체계적이며 조직적인 업무 수행 능력을 필요로 한다.

게임개발의 시기별 분류는 다음과 같다.

① 게임소재와 아이디어 발상단계 : 게임 요소의 창작과 게임 시나리오의 섭외, 게임의 장르와 플랫폼 결정

② 게임의 잔반적인 개발 방향 설정 단계 : 컨셉 디자인, 개발방법 결정

③ 게임 개발 계획 설정 단계 : 개발문서의 작성과 게임 개발의 전체적인 스케줄링 및 변수 상황의 설정

④ 게임 개발 단계 : 개발 진행상황 파악과 조율

⑤ 게임판매 계획 설정 단계 : 마케팅 및 홍보 전략 수립, 사후 관리 계획의 설정

위와 같이 게임 기획자는 업무영역과 범위가 방대하기 때문에 게임제작 영역의 업무전반에 대한 과정을 이해하고 있어야 하며 게임 아이디어를 게임 창작물로 만들기 위해 개발자 마인드와 경영자의 마인드를 동시에 가지고 있어야 한다.

❷ 게임 시나리오

시나리오란 작가가 하고자하는 이야기의 사상과 의도를 일관성 있게 표현하는 것을 의미한다. 그러나 게임 시나리오는 일반적인 영화, 애니메이션의 시나리오와는 비슷하지만 큰 차이를 가지고 있다.

게임 시나리오의 경우 게임 제작의 바탕이 되는 스토리를 포함하여 캐릭터 설정, 배경설정 등을 포함하고 있으며 게임 제작 업무의 특성에 맞게 작성해야 하고 시나리오 창작시 게임에 적용할 수 있도록 제작과정에 대한 이해가 필요하다.

게임시나리오가 일반적인 영화와 애니메이션 시나리오와 결정적으로 차이를 보이는 점은 단방향의 스토리 전달이 아니라 유저들에 의해 만들어져가는 스토리를 가지고 있으며 이러한 스토리는 유저와 상호작용을 통해 각기 다른 결과를 갖는 특징이 있다. 따라서 이로 인해 동일한 게임이라도 플레이어나 플레이 방법에 따라서 다른 시나리오를 가지게 되는 특징이 있다.

게임 시나리오 작가는 개발자와 일반인들을 함께 수용할 수 있는 체계적인 작법 체계를 가지고 있어야 하며 일반 영상 매체의 시나리오와는 달리 게임만의 상호작용적인 요소를 게임 시나리오 전반에 걸쳐 설정해야 하는 테크닉을 요구한다.

❸ 게임 그래픽

게임 그래픽은 게임화면을 구성하는 시각적 요소인 캐릭터, 맵, 배경, 오브젝트, 아이템, 인터페이스, 동영상 등을 제작하는 분야이다.

게임에 등장하는 그래픽의 주요 업무는 사실적인 표현도 있지만 효과적인 액션의 과장과 극대화, 과감한 생략작업을 통해 게임을 즐기는 사람들의 착시현상을 유도하는 작업도 상당량에 이른다. 따라서 게임 그래픽은 현실 세계에서 보여지는 것보다 더 실감나면서도 현실과 무관하지 않은 애니메이션으로 게임 플레이어들의 시선을 집중시켜야 한다.

게임의 그래픽 작업을 위해서는 일반적으로 2D툴과 3D툴이 사용되어 지는데 최근에는 현실감 있고 자연스러운 게임 캐릭터의 움직임을 표현하기 위해 모션캡쳐 등의 기술을 동원하는 게임이 늘어가고 있는 추세이다.

게임 그래픽 디자이너는 단순하게 컴퓨터를 이용한 툴의 사용에 그칠 것이 아니라 게임 디자인에 대한 미적감각을 가지고 게임그래픽에 필요한 기본적인 테크닉들인 원화 드로잉이나 색채표현, 영상 편집, 모델링, 텍스처 맵핑, 애니메이션 작업, 렌더링 기법 등을 익혀야 하며 이를 바탕으로 게임 캐릭터 창작 및 동작표현, 게임의 배경 제작, 게임의 인터페이스 제작, 게임 애니메이션 제작, 게임 동영상 제작등의 작업을 담당한다.

❹ 게임 프로그래밍

게임프로그래밍은 게임을 제작하는데 필요한 여러 가지 프로그램을 만드는 작업으로 게임의 특징인 상호작용 요소를 설계 구현하여 컴퓨터가 인식하고 컴퓨터상에서 구동될 수 있도록 컴퓨터 명령코드로 제작하는 작업을 의미한다. 즉 실제게임을 프로그램 적으로 구현하고 실행할 수 있게 작업하는 분야가 바로 게임 프로그래밍이다.

게임 제작과정이 각 분야의 전문가들이 모여서 각자의 역할을 분담하여 별도로 작업을 할지라도 하나의 게임이 완성되기 위해서는 최종적으로 프로그래머의 손을 거쳐야 완성되는 만큼 프로그래머의 위치는 상당히 중요하다.

게임프로그래머는 게임프로그램에 대한 지식과 함께 자료구조, 알고리즘, 객체지향 기술, 운영체제, 컴퓨터네트워크, 데이터베이스 등에 대한 지식이 필요하며, 기본 프로그래밍 능력 향상을 위해 C언어와 C++언어, Win32, API, MFC등에 대한 지식을 필요로 한다. 또한 게임 전용 라이브러리인 DirectX, OpenGL을 이용하여 기본 게임 모듈설계 및 코딩, 라이브러리 구축, 네트워크 프로그래밍, 맵 에디터, 스프라이트 에디터 등 게임 툴 제작, 게임 엔진 제작, 게임 인공지능 구현 등을 담당하며 게임 개발 막바지에는 분산되어 작업하던 그래픽, 사운드 등 게임 구성요소를 통합하고 테스트하고 디버깅하는 등의 최종적인 게임의 완성을 담당한다.

❺ 게임 사운드

게임사운드는 게임에 사용되는 음악을 총칭하며 게임에 사용되는 대사 및 나레이션, 음악, 배경음악, 효과음향 등을 말한다.

게임산업 초기에는 단순한 배경음악과 효과음만으로 게임을 제작하였으나 게임의 규모가 커지고 게임산업이 발전함에 따라서 영화나 애니메이션 수준 이상으로 게임음악 자체의 규모가 커지고 있는 현실이다.

게임 사운드 담당자는 기본적인 컴퓨터 사운드에 대한 지식을 필요로 하며 게임의 장르별, 플랫폼별 게임음악의 동향과 특징을 파악하고 있어야 한다. 또한 개발하려는 게임에서의 각 장면, 이벤트 상황마다 삽입되어야 할 게임음악의 항목과 분위기를 체크해야 한다.

게임사운드는 크게 음악 작곡자와 효과음향 제작자로 나뉠 수 있는데 효과음향 제작자는 게임에 사용되는 각종 특수 음악, 음성, 자연음, 환경음 등을 수집, 분류, 분석하여 효과음을 생성하고 가공하여 게임의 상황에 맞는 음을 만들어 내는 작업을 하며, 음악 작곡가는 사운드 소프트웨어, 하드웨어를 이용하여 게임 배경음악 작곡 및 3D사운드 창작, 녹음 및 편집을 담당한다.

(2) 게임 제작 과정

게임의 제작과정을 〈그림 2.1〉에 도시한다.

❶ Pre-Production 과정

가. 게임의 아이디어발상을 위한 브레인스토밍 과정 및 게임 아이디어 발상

게임의 아이디어를 발상하기 위해 게임제작 팀원들이 모여서 각기 게임에 대한 아이디어를 자유롭게 발상하는 브레인스토밍 과정을 통해서 게임의 소재 및 주제 등을 위한 아이디어를 구상한다.

나. 시장조사, 고객 심리 조사, 게임 대상층 조사

다. 기획의도 및 게임 제작의 당위성 설정

라. 기획회의 및 게임기획 초안 작성

마. 게임 장르 및 플랫폼, 하드웨어 사양 결정

바. 게임 제작방법 결정 및 개발팀 구성, 역할분담, 개발일정과 예산 수립

사. 게임 연출기법 확립

아. 게임 콘텐츠 요소 결정

자. 게임디자인 요소 결정

　　-시각 콘텐츠 : 캐릭터 배경 등 게임 그래픽과 동영상

　　-청각 콘텐츠 : 게임 배경음악과 효과음

　　-문자 콘텐츠 : 게임스토리, 대화, 정보

　　-인터페이스 콘텐츠 : 메뉴, 오프닝 화면, 아이템 설정 및 배치

차. 게임 제안서 작성 및 평가

카. 게임 디자인 문서 작성

❷ Production 과정

가. 프로토타입 개발 및 평가

나. 시나리오 작성

다. 게임 그래픽 디자인 작업

　-원화작성

　-맵 디자인, 게임내의 현상 및 자연 현상 디자인

　-캐릭터 디자인

　-배경 디자인, 아이템 디자인, 오브젝트 디자인

　-인터페이스 디자인

　-게임 애니메이션 제작

　-게임 동영상 제작

라. 게임 사운드 작업 : 배경음악, 효과음, 특수음악 등의 작곡 및 녹음, 편집

마. 게임 프로그래밍 작업

　-메인 프로그래밍

　-서브 프로그래밍

　-게임인공지능, 가상현실 구현

　-네트워크 프로그래밍

　-게임 에디터, 게임엔진 등 게임 툴 제작

바. 게임 개발 문서 관리 및 적업 조율

사. 통합작업

　-개발 지침서에 따른 게임 통합

　-알파 테스트 및 디버깅

❸ Post-Production 과정

　가. 테스팅 작업 : 베타 테스트 및 피드백

　나. 디버깅 작업

　다. 상품화 작업

　　-마스터 CD제작

　　-게임 매뉴얼 제작

　　-게임 홈페이지 개발

　　-홍보용 일러스트 제작

　라. 홍보 및 마케팅

　마. 게임콘텐츠 서비스

　바. 게임 유통 및 판매

　사. 고객지원 서비스

　아. 게임 패치 및 업그레이드 지원

　자. One Source Multi Use 모색

　　-게임의 다양한 플랫폼화

　　-게임 캐릭터 상품화

❹ 게임 제작 흐름도

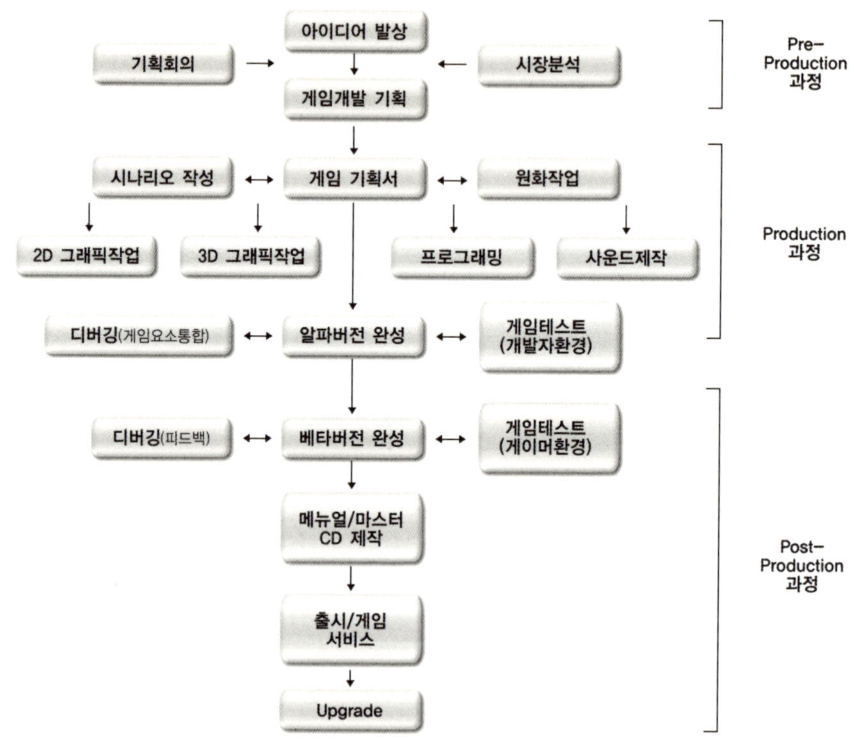

〈그림 2.1〉 게임 제작 과정

(3) 게임 제작 공정

게임기획은 게임의 제작단계에서 가장 초기 단계로서 전체적인 게임의 방향을 설정하고 구상하는 단계이다. 따라서 게임기획에는 게임의 시나리오에서부터 게임의 세계관, 등장 캐릭터, 캐릭터간의 관계 설정, 게임의 시스템, 하드웨어 사양, 게임 캐릭터 및 화면의 이동 방식, 게임의 장르 등 게임이 만들어지기 전의 거의 모든 것들을 수립하는 과정을 말한다. 또한 제작하고자 하는 게임이 앞으로 어떠한 과정을 거치게 되며 그 과정마다 어떠한 것을 테스트해야 하고 문제점의 수정방법에 관해 정리한다. 또한 이렇게 정리된 내용을 문서로 작성할 때는 무슨 용도인지, 어떠한 의도에서 만들고자 하는지를 설명해야 한다.

이렇게 기획과정을 통해서 만들어질 게임이 어떤 게임이 될지 결정되는 것이며 게임에 따라서는 기획에만도 많은 시간을 보내는 게임이 있는가 하면 하나의 게임에 기획자가 여러명 투입되어서 개발되는 게임이 있을 정도로 기획이라는 부분은 게임의 제작 과정에 있어서 중요하게 취급된다.

이러한 기획서는 용도에 따라 조금씩 다르게 구성되어 있는데 주로 자금조달을 위한 투자자 설득과 게임의 출판을 담당한 퍼블리셔 등에서 게임의 내용을 설명하고 지원을 받기 위한 제안서의 형태를 가지게 되는 외부용과 사내의 의사결정을 위한 용도와 실제 제작팀에게 제작지침서의 역할을 하게 되는 게임디자인 문서로 활용되는 내부 기획서의 두가지 형태로 나눌 수 있다.

　게임 기획시 필요한 요소와 창의적인 게임기획을 위한 개략적인 분야별 요소는 다음과 같으며 게임기획서 작성시 일반적인 요소는 제작팀 조직, 게임명칭, 상세 기획서, 기존의 게임과의 비교 기획서 등이 우선적으로 고려되어야 하고 게임디자인의 개략적인 기획서 작성에 관한 고려사항은 다음과 같다.

- 스테이지 및 레벨, 장면 등의 명칭
- 게임 스테이지 및 미션, 이벤트별 전반적인 분야의 상세한 부분 설명
- 화면상의 물리적 상황 및 사운드 특성 기술
- 게임공간의 배경 묘사
- 전경의 오브젝트(객체) 및 캐릭터의 상세한 묘사
- 애니메이션의 각 동작
- 배경음악 및 효과음악, 특수 사운드 효과
- 캐릭터의 성격 및 대사 등
- 장면 및 배경의 흐름
- 기타 게임 관련 사항

　또한 위의 사항처럼 게임디자인의 분야뿐만 아니라 작업에 참여할 팀원, 팀원의 작업범위, 작업 계획표, 소요비용의 견적서, 현재의 게임의 추세표, 제작완료시 시장성 등과 함께 시나리오, 프로그램 기획서, 그래픽 기획서, 사운드 기획서 등이 포함되어야 하고, 이러한 기획서는 보통 여러번 수정되는 것이 일반적인데 초기에 설정한 계획은 실제로 게임 제작에 들어가게 되면 변경될 부분이 많기 때문이다.

〈그림 3.1〉 개략적 기획서 작성시 고려사항

　기획서란 단지 게임의 아이디어와 게임의 제작과정에 따른 간략한 내용만을 담을 것이 아니라 이 게임이 출시되었을 때 시장에서 어떤 위치를 가지고 어떤 대상층을 상대로 판매될 것인지, 출시될 시기에 어느정도의 매출을 기록할 수 있을지 등에 관한 문제를 상세한 예시를 들어서 설명하는 것이 좋다. 예를 들어 외국의 기획서들을 보면 게임제작에 관한 아이디어 정리뿐만 아니라 각 제작파트단위별로의 스케줄에 이르기까지 세밀하게 짜여져 있는 것이 대부분이다.

따라서 기획서는 게임의 제작에 관한 정교한 매뉴얼의 의미를 가질 정도로 제작되는 것이 좋다.

게임의 기획 작업은 크게 1차와 2차에 걸쳐서 이루어지게 되는데 1차의 경우는 제작할 게임의 아이디어나 아이디어를 바탕으로 제작된 간단한 게임디자인을 보고 제안된 게임의 상품화 여부를 판단 결정하는 작업이고 2차의 경우는 상품화 여부를 판단하여 제작결정이 나면 1차 기획작업에서의 게임 아이디어를 바탕으로 세부적인 게임 기획안을 만들어내는 작업이다.

❶ 1차 기획(예비기획)

1차 기획에서는 어떤 게임을 제작할 것인지를 결정하는 작업으로서 많은 자료와 게임 아이디어가 필요하다. 또한 게임소재 및 아이디어, 전체적인 스토리, 캐릭터 설정, 시대적 배경, 게임의 세계관 등이 설정되며, 이러한 설정을 바탕으로 게임설계를 착수하는 매우 중요한 단계이며, 개발하고자 하는 게임플랫폼(PC, 온라인, 콘솔, 모바일 등)에 맞춰서 게임개발 기간과 예산범위등을 판단 설정한다. 그리고 개발한 게임의 판매에 관한 비즈니스를 포함한 게임 디자인을 연구하고 게임내에 포함될 시나리오, 게임캐릭터, 게임그래픽의 표현대상, 사운드 및 음악, 프로그래밍, 게임동작 인터페이스등에 관한 체계적인 설계가 필요하며 게임설계기술과 인터페이스 설계 등을 연구하여 게임개발의 핵심이 되는 게임디자인의 구현방법을 정립하는 것이 무엇보다 중요하다.

가. 아이디어 정리

일상생활에서 떠오르는 많은 아이디어들을 메모를 통해서 의미있는 아이디어로 만드는것

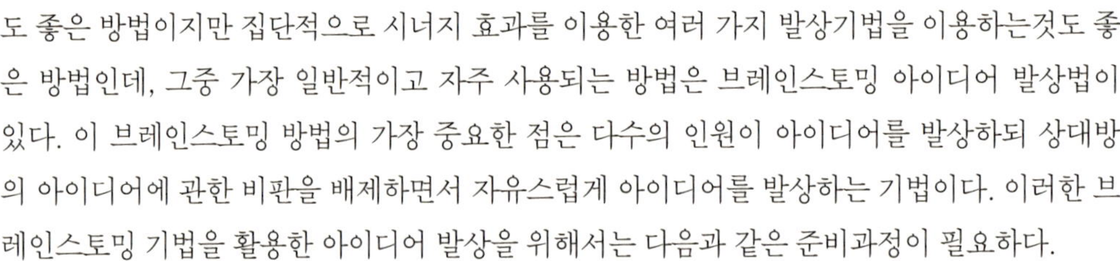

도 좋은 방법이지만 집단적으로 시너지 효과를 이용한 여러 가지 발상기법을 이용하는것도 좋은 방법인데, 그중 가장 일반적이고 자주 사용되는 방법은 브레인스토밍 아이디어 발상법이 있다. 이 브레인스토밍 방법의 가장 중요한 점은 다수의 인원이 아이디어를 발상하되 상대방의 아이디어에 관한 비판을 배제하면서 자유스럽게 아이디어를 발상하는 기법이다. 이러한 브레인스토밍 기법을 활용한 아이디어 발상을 위해서는 다음과 같은 준비과정이 필요하다.

- 토의에 참가하기 전에 참가원 각자 미리 주제에 대한 준비를 해온다.
- 자유스러운 분위기에서 진행하되 남의 아이디어는 비판하지 않는다.
- 긴장된 발상을 집중적으로 한다.
- 가능한 많은 아이디어를 제출한다.
- 다양한 아이디어를 복합시켜 보다 실현 가능성 있고 향상된 아이디어를 만들어 낸다.

나. 자료수집과 아이디어 평가

좋은 아이디어가 여러 가지 나온 후 그것의 구현 타당성을 검토해야 하는데 이를 위해서는 자료의 조사와 수집이 필요하다. 자료조사에는 기관의 조사 보고서 등 2차 자료와 자신의 목적에 따라 자료원을 수집하여 분석하는 1차 조사가 있는데 2차 자료를 잘 활용하는 것이 노력에 비해 효율적이다.

❷ 2차기획

구체화 되지 않는 아이디어를 게임의 요소로 사용하기 위해서는 반드시 문서화를 해야 하는

데, 문서화를 하지 않은 경우에는 각 작업팀과의 의사소통과 이해과정에서 상반된 결과를 도 래한다. 따라서 1차 기획과정에서 얻은 게임 아이디어를 문서화 과정을 통해서 각 팀에게 전 달하게 되는데 정확한 의사 전달을 위해서 단계별로 체계적이고 효과적으로 다듬어 문서화할 필요가 있다.

또한 이렇게 작성된 기획문서는 만들고자 하는 게임이 앞으로 어떤 과정을 거치고 각 과정 마다 어떤 내용을 테스트하고 수정할 것인가에 관해 설명하고 각 문서마다의 용도와 의도에 관해서 설명해야 한다. 그리고 문서의 내용이 변경되었을 경우에는 날짜별로 문서의 버전관리 를 철저하게 해서 상호 혼동에 의한 혼동을 방지해야 한다.

■ 버전 1.0

버전 1.0은 초기 게임 기획 후에 수정된 내용들에 관해서 작성한다. 게임이 어떤 시스템상에서 작동될 것인지, 기획 의 모든 부분에 걸쳐 각 파트에서 제시된 반응 등에 관해서 설명한다.

■ 버전 2.0

버전 2.0은 첫번째 기획버전으로서 게임에 관해서 더 많은 것을 알게 되었을 때 수정을 가한 항목에 대해서 작성한 다. 게임기획을 하는 과정에서 많은 시간이 흐른 후에 결정하게 된 대부분의 중요한 결정들을 각 파트별로 영역을 나누 어 각 요소에 따라 세부적인 항목에 걸쳐서 설명한다.

■ 버전 2.xx

버전 2.xx에서는 버전 2.0에서 커다란 범위를 벗어나지 않는 한도 내에서 여러개의 작은 변화에 관해 설명하고 추가 적으로 부록 형태의 개발 지침서를 작성할 예정이 있다면 여기에서 그에 관해 설명한다.

〈그림 3.2〉 게임 기획서 버전의 관리

게임기획에 담아야 할 내용은 다음과 같다.

가. 게임의 방향성

제시하는 게임에서 추구하는 기본적인 방향성을 제시한다.

나. 게임기획의 목표

게임을 통해 게임기획자가 말하고자 하는 게임의 목표와 기대, 게임의 세계, 컨트롤의 목적 등을 설명할 수 있다. 또한 캐릭터와 게임의 주된 초점은 기존 게임과의 차별성을 설명할 수 있다.

다. 부각시킬 특징

게임의 일반적인 특징 그리고 싱글플레이, 멀티플레이, 게임플레이의 각 특징에 관해 설명하고, 이 게임만의 특징적인 사항에 대해서 설명한다.

라. 게임 세계관

게임 세계관 작성은 게임의 직접적인 배경이 되는 세계관과 주요장소, 시간의 흐름 등 플레이의 배경이 되는 것들의 특성을 설명한다.

마. 게임 플랫폼 환경

이 게임이 어떤 환경에서 작동하고, 어떠한 플랫폼을 목표로 게임을 개발하게 될 것인가에 관해 개발파트의 특성에 맞춰 자세히 설명한다.

바. 파트별 작업 지시서

기획이 정리되고 나면 프로그램 파트, 그래픽 파트, 사운드 파트등에 전달할 작업 지침서가 작성되어야 한다.

1) 프로그램 파트 지침서

프로그램 파트 지침서는 프로그램 팀에 지급되는 문서로서 프로그래머들의 업무사항을 정리한 문서이다. 이 문서를 작성하기 위해서는 미리 작성완료된 플레이 문서를 기반으로 하여 게임에 등장하는 모든 항목들의 기능 및 규칙들을 세부적으로 정리한다.

- **게임진행** : 게임이 진행되는 프로세스를 일목요연하게 정리한다.
- **캐릭터** : 게임에 등장하는 모든 캐릭터들의 내역과 속성, 패턴등을 정리한다.
- **맵** : 게임을 구성하는 맵의 형태 및 종류를 정리한다.
- **규칙** : 게임의 룰에 대해 정리한다.
- **인터페이스** : 게임의 화면구성에 관한 내용을 정리한다.

2) 그래픽 파트 지침서

그래픽 파트 지침서는 그래픽 팀에 지급되는 문서로써 그래픽 디자이너들의 업무사항을 정리한 문서이다. 이 문서에서는 그래픽 디자이너들이 작업해야 할 업무내역과 일정 등에 대한 사항을 정리한다.

- **게임진행** : 게임에 삽입되는 그래픽 요소들을 일목요연하게 정리한다.
- **캐릭터** : 게임에 등장하는 모든 캐릭터들의 내역, 형태, 프레임등을 정리한다.

- **아이템** : 게임에 등장하는 아이템의 종류 및 형태를 정리한다.
- **맵** : 게임에 등장하는 맵의 형태 및 종류를 정리한다.
- **인터페이스** : 게임의 화면구성에 대한 내용을 정리한다.

3) 사운드 파트 지침서

사운드 파트 지침서에는 게임에 대한 전반적인 느낌을 알 수 있도록 게임 시나리오를 소개하고 배경 사운드와 효과음에 대해 설정한다.

- **배경사운드** : 게임에 사용되는 배경 사운드의 종류 및 느낌등을 설명한다.
- **효과음** : 게임에 사용되는 효과음의 종류 및 느낌등을 설명한다.

사. 진행방식

게임의 목적, 규칙, 조작법, 인터페이스, 배경 및 진행화면 등의 요소들을 통해 게임의 진행방식을 설명한다.

아. 마케팅 전략

기존에 개발되어 상용화된 게임들의 분석과 시장환경의 분석을 통해서 자사의 장단점 및 위험요소들을 분석한다. 이때 이러한 분석을 통하여 위험요소를 미리 예측하여 앞으로의 시장진입 및 개발에 따른 위험요소를 최소화하고 자사가 가진 장점과 기호를 최대화하여 단계적인 마케팅 전략과 시장 진입시 효과를 극대화 할 수 있다. 또한 여러 통계자료와 실제 시장조사를 바탕으로 게임의 상용화 이전부터 체계적으로 기간별 마케팅 전략을 수립하여 최소한의 투자로 최대한의 효과를 창출할 수 있다.

자. 외부용 게임 제안서 작성

게임기획의 얼굴이라고할 수 있는 게임 제안서는 마케팅을 목적으로 제작하며 사업개요, 개발전략, 시장분석, 발전방향 등의 프로젝트의 총괄적인 소개를 통해 외부투자의 유치를 목적으로 제작한다.

❸ 효과적인 게임기획의 방법

(1) 제작기간 내내 기획내용을 문서로 잘 정리해서 팀원들 및 외부의 의견을 수렴하여 적용한다. 개발팀의 외부사람들은 개발진이 미처 보지 못한 측면을 지적해 줄 수 있다. 따라서 여러 사람이 참여하는 것은 미처 보지 못한 측면에서 생각해 볼 수 있도록 해주고 결과적으로 완성도 높은 게임을 개발하게 된다.

(2) 재미요소 간의 밸런싱을 잘 맞추도록 기획요소의 선택에서 방향성을 유지하면서 비중을 잡는다. 간단한 룰일수록 새로운 기획요소들은 기존의 시스템에 큰 위험을 끼칠 수 있다. 단순하면서도 하면 갈수록 오묘한 게임의 재미를 줄 수 있는 게임은 모든 게임기획자의 꿈이다. 그리거 위해서는 게임성의 일관성을 유지하는 기획자의 역량이 요구된다.

(3) 진행될 게임을 예측해 볼 수 있도록 플레이어 시나리오를 작성한다.

기획서에서 플레이어의 입장에서 시나리오를 쓰면 새로 배우는 입장이 되므로 게임의 학습곡선을 잘 만드는 데 유용한다.

(4) 머리로만 생각하기 어려운 동적인 게임요소를 프로토타입으로 테스트하거나 밸런스 도구 등을 이용한다.

게임을 제작하는데 있어서 가장 중요한 것 중 하나는 전체 게임이 다 만들어지기 전에 어떻게든 실제로 플레이할 수 있는 부분들을 만들어서 플레이 해보는 것이다. 이를 통해서 게임에서 어느 부분이 좋은 점이고 어느 부분이 약점인지를 테스트해볼 수 있게 되므로 프로토타입 게임의 좋은 부분들은 발전시키고 좋지 않는 부분들을 제거한 후에 또 플레이 해보고 고치는 과정을 통해서 게임을 다듬어 낼 수 있다. 또한 게임의 구현 이전에 기획요소들을 검증할 수 있다면 구현의 부담을 줄일 수 있는데, 이는 프로토타입이나 설계도구 등을 통해서 테스트해 볼 수 있다.

(5) 게임의 진행 상태와 보여질 화면 상태를 이해하기 쉽도록 스토리보드 등으로 표현한다.

스토리보드는 게임디자인에 있어서 설계도 및 지침서의 역할을 수행한다. 즉 제작하려고 하는 프로젝트의 최종 결과물을 뽑아내기 위한 화면설계도이며 문서화된 이행규칙이라고 말 할 수 있다.

보통의 경우 스토리 보드를 작성하지 않고 게임을 제작하는 경우가 많은데 여러 제작사례를 보면 기획에서 만들어진 스토리보드에 근거해서 프로그래밍과 디자인이 함께 작업을 하는 경우가 게임의 개발 후기의 오류를 방지하는데 도움이 된다.

(4) 게임 시나리오

게임시나리오를 창작하기 위해서는 기본적으로 애니메이션 시나리오 창작과정을 이해해야 한다. 왜냐하면 게임은 그래픽에 의한 동영상 기법이라는 특수한 제작과정을 거쳐서 게임요소를 삽입하는 과정이기 때문이다.

　게임이 인터렉티브한 특성을 지닌 만큼 게임 시나리오의 기본요소는 애니메이션 요소와 인터렉티브 요소로 구분되어 나타난다. 애니메이션 요소는 애니메이션 시나리오를 비롯한 기타 영상 시나리오에 일반적으로 적용되는 요소들이며, 인터렉티브 요소는 영상 시나리오를 게임 시나리오로 적용시켜 나갈 때 필요한 게임요소들을 말한다.

애니메이션 요소 : 테마(주제), 소재, 제재(세계관=인물+사건), 스토리(줄거리)
인터렉티브 요소 : 아이템, 퍼즐, 이벤트, 음향 등
　　　　　　　　　(게임의 장르 및 기획설정에 따라 다르게 적용)

〈그림 4.1〉 애니메이션 시나리오 요소와 게임의 인터렉티브 요소

❶ 게임시나리오의 기초적인 작법순서

　시나리오가 쓰여지는 과정만으로 본다면 게임시나리오나 애니메이션 시나리오의 창작과정이 비슷하다고 할 수 있다. 즉 기획단계에서 결정되는 순수창작이냐 기존 문예물 및 영상물을 각색한 작품이냐의 차이일 뿐, 게임시나리오의 기초적인 창작과정은 애니메이션 창작단계과 흡사하게 이루어 진다.

　일반적인 애니메이션 시나리오의 창작과정은 다음과 같다.

기획회의 ⇒ 주제(테마) 설정 ⇒ 소재(모티브) ⇒ 제재선택 ⇒ 스토리(시놉시스) ⇒ 구성(플롯) ⇒
장면구성(스테이지) ⇒ 시나리오 집필 ⇒ 시나리오 양식도 작성 ⇒ 콘티 구성 및 제작

따라서 위와 같은 창작과정에서 게임적인 컨셉을 가지고 제작하면 게임 창작과정이 되는 것이고, 애니메이션적인 컨셉을 가지고 창작한다면 애니메이션 창작과정이 되는 것이다. 즉 다음과 같은 애니메이션 시나리오 창작과정에 인터렉티브적 요소가 곁들여지게 되면 게임 시나리오의 창작이 이루어지게 된다.

스토리(시놉시스) ⇒ 구성(플롯) ⇒ 장면구성(시나리오) ⇒ 시나리오 ⇒ 시나리오 양식도

따라서 게임시나리오는 애니메이션 시나리오 작법형식에 인터렉티브적 요소를 합한 것이라는 이야기가 된다.

게임시나리오 양식도의 형식은 배경 신(장소), 인물(캐릭터), 대사(대화 및 나레이션), 지문 및 이벤트(배경묘사 및 등장인물의 행동), 아이템 및 퍼즐과 효과음(인터렉티브적 요소)으로 구성된다.

시퀀스 이름				시퀀스 번호		일 련 번 호	
신번호	배경	인물	대사	지문 및 이벤트	게임(인터렉티브)적 요소	음 향	
	장소	캐릭터의 이름	캐릭터들의 대화	캐릭터의 움직임 및 분위기 묘사	스토리에 어울리는 아이템 및 퍼즐 등을 개발하여 적재적소에 배치하는 문제를 기획자에게 제안 (게임의 통일성 문제에 신경쓴다)	분위기에 따른 음악 및 음향 요소제안	

가. 테마

테마(주제)는 게임을 끝낸 직후에 느끼는 감정이다. 즉 제작자의 의도를 다른사람에게 전달하는 메시지이며 호소력이다. 이러한 테마가 주는 메시지로 인해 플레이어는 게임에서 감동을 느끼게 되고 해방감 또는 성취감을 맛볼 수 있다.

게임시나리오 작가는 사전에 플레이어에게 어떤 메시지를 줄 것인가를 깊이 생각한 후에 테마를 결정해야 하며 테마는 스토리 전반에 걸쳐서 테마가 통일을 이루어야 한다. 이러한 테마의 통일성으로 인해 플레이어들은 게임에서 깊은 인상을 부여받을 수 있다.

나. 소재

게임 시나리오의 소재는 시나리오를 쓰기 위한 핵심적인 재료이며 스토리 발상의 시작점이다. 소재는 글을 쓰기 위한 모티브(동기)이며 소재를 얻게 되면 주제를 설정하고 제재를 확보하여 스토리를 구성하게 된다. 또한 기획회의에서 이미 확정된 주제가 있을 경우 주제를 뒷받침하는 스토리를 찾게 되는데 이때 발생하는 글감을 소재라고 한다.

다. 제재

제재는 주제를 지탱해 주는 재료이다. 하나의 테마(주제)를 완성시키기 위해 다양한 생각을 하는 단계가 곧 발상의 단계이다. 이러한 제재를 얻기 위해서는 방대한 자료를 확보해야 하는데 게임이 세계관을 구축할 수 있는 인물, 사건, 배경의 문제가 제재로 설정되어야 하기 때문이다.

개연성이 결여되고 리얼리티가 부족한 제재를 무리하게 선택하게 된다면 게임은 박진감을 잃게 된다. 따라서 제재선택은 테마의 통일성을 판가름하는 중요한 역할을 한다.

훌륭한 제재를 확보한다는 것은 보편타당한 자료를 완벽하게 수집하는 것이 관건인데 제재에 의해 얻어져야 할 세계관(캐릭터, 배경, 사건)은 다음과 같다.

1) 캐릭터

캐릭터는 게임의 얼굴이며 캐릭터의 외형적인 세계(외모)와 내면적인 세계(성격)가 적절하게 어우러진 게임을 캐릭터의 완성도가 높은 게임이라고 한다.

캐릭터의 성격 및 심리묘사는 캐릭터의 개성과 직결되는 중요한 문제이다. 캐릭터들의 심리묘사는 복장, 언어, 행동 또는 네레이션을 통해서 전달될 수 있고, 캐릭터의 외모와 언어만으로도 성격창출이 가능하기 때문이다.

캐릭터의 행동과 사고방식을 규정하는 성격의 요인으로는 유전적(선천적)인 요인, 환경적(후천적)인 요인이 있다.

성격의 요소로는 용모, 스타일, 행위, 표정, 말투, 취미, 직업, 지위 등에서 나타나는 외면적인 요소가 있으며 기질, 사상, 교양 등으로 나타나는 내면적인 요소가 있다. 또한 성격을 유형별로 보면 조울증형, 분석형, 집착형, 히스테리형, 민감형, 편집증형 등으로 나타낼 수 있다.

이밖에도 게임캐릭터의 심리묘사방법으로는 대화로 표현되는 심리묘사, 무언의 침묵으로 표현되는 표정심리묘사, 풍경 및 환경에서 표현되는 심리묘사, 배경음악에서 표현되는 심리묘사 등이 있다.

이러한 캐릭터를 설정할 경우에는 자세한 캐릭터의 이력서 및 정보가 확보되어야 한다.

2) 배경

게임시나리오의 배경은 시간적인 배경과 공간적인 배경으로 나누어서 생각해봐야 한다. 특히 게임시나리오의 배경에서 드러나는 감성은 시간과 공간이 내포하고 있는 무의식적 또는 의식적인 메시지로 전환되어 플레이어의 마음을 강하게 움직이게 한다.

시간과 변화되는 시간, 또는 현존하는 공간과 가상이― 공간은 시나리오의 사건(에피소드)들을 구체화시켜주는 요소들이며, 스토리의 서술시점과 스토리 구성에 많은 변수로 적용된다. 또한 시간과 공간의 문제는 캐릭터들의 심리를 대변할 수 있는 기능과 게임 전체에 깔린 분위기까지도 좌우하는 역할을 한다. 특히 배경의 문제에 있어서 가장 주의가 필요한 것은 시간적 배경과 공간적 배경이 통일성을 가지고 있어야 한다는 것이다.

3) 사건

게임에서의 사건은 장르에 따라 다양하게 표출된다. 인간이 일반적으로 겪을 수 있는 사건이 발생하는 경우도 있지만 전혀 상상할 수 없는 의외의 사건이 발생하기도 한다. 또한 이러한 사건의 발생으로 인해 게임속의 캐릭터들의 성격이 달라지기도 하고 갈등과 위기를 겪기도 한다. 그리고 극한의 갈등을 일으키는 계기가 되어 게임전체의 위기로 발전하며 결말부분에서 발단부에서 제시된 사건은 매듭지어지게 된다.

게임스토리는 일반적으로 사건의 인과성을 시간의 연속성에 의해 발전시켜 나간다. 그렇기 때문에 어떠한 사건을 어떻게 배치하고 연결해 나가느냐에 따라서 게임의 흥미성이 판가름된다. 이러한 사건의 진행은 주제를 뒷받침해 주면서 일관성 있게 스토리에 포함되어야 한다.

라. 스토리

스토리는 게임의 총체적인 내용이며 시나리오를 응축시킨 기본 텍스트이다. 게임을 만들기 위해서는 기획회의에서 테마가 결정되며 정해진 테마에 의해 생성되는 스토리는 게임창작의 방향을 결정하는 중요한 열쇠가 된다. 그렇기 때문에 스토리는 게임의 장르를 결정짓는 역할을 수행한다.

스토리 구성에는 누가, 언제, 어디에서, 왜, 무엇을, 어떻게 하였다라는 6하원칙이 기초로 개입된다. 그리고 인물, 사건, 배경(스토리의 3요소)이 유기적으로 결합되어 인과관계를 형성시켜 나갈때 스토리가 완성된다.

마. 게임시나리오의 구성 I(Plot)

시나리오에 있어서 플롯(Plot)이란 구조(Structure) 혹은 짜임새라고 표현된다. 플롯을 좁은 의미로 해석한다면 스토리상의 사건과 배경의 구조만을 포함하지만 넓은 의미로 해석한다면 캐릭터, 사건에 따른 행동 및 배경의 변화까지도 포함한다. 플롯은 게임스토리에 내재된 인물, 사건, 배경을 인과관계에 의해 나열하게 된다.

플롯의 형식은 여러 가지 형식이 있는데 다음과 같다.

1) 3단계 구성

처음-중간-끝이라는 구성에서 서론-본론-결론의 형식으로 발전

2) 4단계 구성

- **기** : 주인공이 등장해서 스토리를 이끌어 나가는 과정
- **승** : 주인공을 중심으로 발생하는 사건에 의해 스토리가 전개되는 과정
- **전** : 스토리의 절정이며, 결말을 위해 극적인 반전이 이루어지는 과정
- **결** : 사건을 마무리 하는 과정이며, 사건해결에 따른 결과

3) 5단계 구성

- **발단** : 게임의 오프닝 단계이며 드라마의 기초지식을 알려주는 부분이다. 배경이 제시되고 등장인물이 소개되면서 게임의 세계관이 드러난다. 앞으로 벌어질 사건이 암시된다. 주인공의 갈등과 위기의식이 고조되며 플레이어가 게임에 흥미를 갖게 되는 단계

- **전개** : 등장인물들의 갈등과 분규가 복잡하게 뒤엉키는 과정이다. 드라마의 결말이 매듭지어져야 할 사건들이 갈등을 일으키게 되는 단계이다. 사건들이 많아질 경우에는 전개1, 전개2, 전개3…식으로 전개를 늘려갈 필요가 있다.

- **위기** : 전개부에서 일어나는 갈등이 첨예하게 대립되어 드라마의 극적인 반전을 유도하는 동기단계이다. 클라이맥스를 향해 고조되는 과정이며, 특히 어드벤쳐게임에서는 이러한 위기과정이 반복적으로 발생한다. 위기단계는 정점을 향하는 극적인 감동을 불러오기 위한 장치이다.

- **절정** : 절정은 갈등과 위기의 최고 정점이며 테마의 메시지가 드러나는 과정이다.

- **결말** : 결말은 대단원, 파국, 해결 등으로 표현된다. 사건의 클라이맥스와 일치될 수 있으며, 주인공의 운명과 사건의 승패가 결정되는 단계이다.

바. 게임 시나리오의 구성 II(멀티 시나리오)

멀티 시나리오는 인터렉티브한 시스템에서 자연스럽게 연출되는 것으로 하나의 주제를 가지더라도 다양한 플롯으로 이어지는 복합시나리오가 구성되어 인물, 배경, 그리고 스토리의 진행 및 결말을 유저가 의도하는 대로 이어갈 수 있는 것이 멀티 시나리오의 특징이다.

멀티 시나리오는 제작사 측면에서 보면 많은 비용과 시간을 투자해야하는 단점이 있으나, 리플레이어블 시스템으로 인해 제품의 수명이 길다는 장점을 가지고 있다.

1) 레이스형 시나리오

오프닝 단계에서부터 여러 줄기의 스토리가 전개되어 각각 독립적인 스토리로 엔딩을 볼 수 있는 스타일의 시나리오이다. 즉, 다양한 캐릭터가 있을 경우 한 캐릭터를 선택하게 되면 그 캐릭터에 대한 독립 스토리로 엔딩까지 진행되는 시나리오가 이런 유형에 포함된다.

예) 〈대항해시대(시뮬레이션, 코에이)〉, 〈사가프론티어(RPG, 스퀘어)〉

2) 분산형 시나리오

오프닝 단계에서는 한 줄기의 스토리로 전개되나, 중간에서 여러 줄기의 스토리로분산되어 각각의 엔딩을 보게 되는 스타일의 시나리오이다.

예) 〈화이트데이(어드벤쳐, 손노리)〉, 〈프린세스 메이커(육성시뮬레이션, 가이낙스)〉, 〈사일런트 힐2(어드벤쳐, 코나미)〉

3) 집합형 시나리오

오프닝 단계에서는 여러 줄기의 스토리가 전개되나, 중간에 합쳐져 하나의 엔딩을 볼 수 있는 스타일의 시나리오이다.

예) 〈삼국지(전략 시뮬레이션, 코에이)〉, 〈라이브 어 라이브(RPG, 스퀘어)〉

4) 집합분산형 시나리오

오프닝 단계에서는 여러 줄기의 스토리로 전개된 후, 일단 본 줄기로 복귀하지만, 다시 여러 줄기의 스토리로 분산되어 각각의 엔딩을 보게 되는 스타일의 시나리오이다. 집합형과 분산형이 복합된 시나리오이다.

예) 〈성검전설3(RPG, 스퀘어)〉, 〈문명 시리즈(시뮬레이션, 파이락시스)〉

5) 회귀형 시나리오

오프닝 단계에서는 한 줄기의 스토리로 전개되어 중간에 다른 여러 줄기의 스토리로 전개되었다가 다시 본 줄기로 복귀하여 하나의 엔딩을 보게되는 스타일의 시나리오이다. 회귀형은 게임의 자유도가 가장 높은 시나리오이다.

예) 〈발더스 게이트(RPG, 바이오웨어)〉

6) 반복회귀형 시나리오

오프닝 단계에서는 한줄기의 스토리로 전개되어 중간에 다른 여러 줄기의 스토리로 전개되지만 곧 본 줄기의 스토리로 복귀한다. 빈번하게 다른 줄기로 갔다가 본 줄기로 복귀하길 반복하다가 하나의 엔딩을 보게 되는 스타일의 시나리오이다.

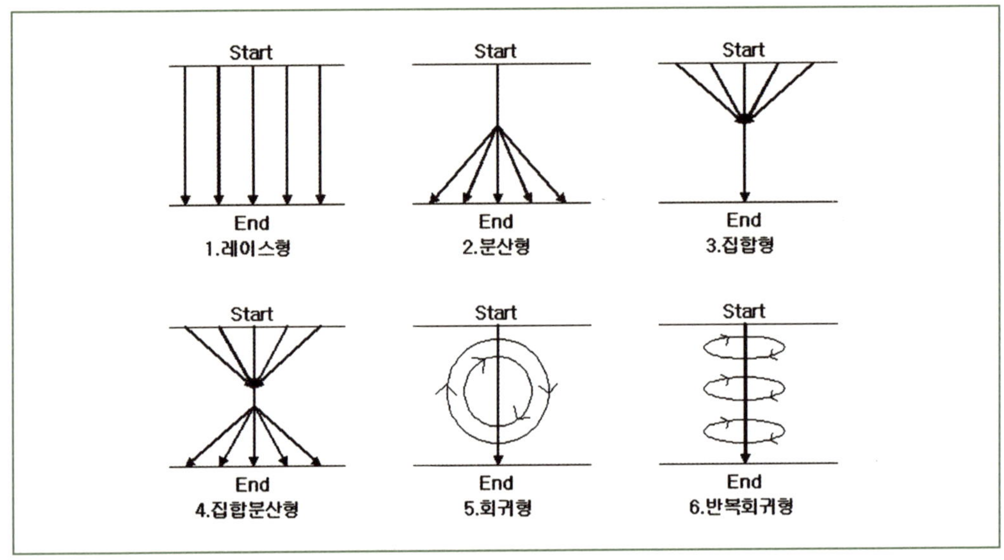

〈그림 4.2〉 멀티 게임시나리오의 구성

(5) 게임 디자인

게임디자인이란 게임을 꾸미고 설계하는 것으로 게임제작자들에게 게임콘텐츠를 제작하는 데 필요한 게임의 전반적인 설계서를 작성하는 설계업무이다.

게임디자인에는 게임의 기본컨셉, 게임장르, 시점, 게임의 특징과 재미 요소 등의 설정과 함께 게임스토리, 배경, 퀘스트, 캐릭터 등을 결정하고 게임의 갈등요소의 조절과 증폭, 게임시스템 구성과 진행방식, 인공지능 수준 결정, 게임에 들어가는 그래픽과 사운드 설정 등이 포함된다.

게임의 장르는 매우 다양하게 구분하고 있다. 일반적으로 액션게임, 어드벤쳐 게임, 롤플레잉 게임, 시뮬레이션 게임, 스포츠 레이싱 게임, 퍼즐게임 등 다양한 게임장르가 있으며, 이를 바탕으로 하는 복합장르도 다양하게 개발되고 있다.(1.(3).❶항을 참고)

또한 각 장르마다의 게임성을 가장 잘 표현할 수 있는 플레이 투시 기법으로 발전되어 왔다.

❶ 플레이 화면시점

화면상의 게임플레이 투시기법으로는 1인칭 시전, 3인칭 시점, 탑다운(Top-Down) 시점, 사이드뷰(Side View) 시점, 쿼터뷰(Quarter-View) 시점 등의 투시기법이 있으며 텍스트기반의 게임시점도 있다.

가. 1인칭 투시기법

액션게임이나 슈팅게임에 많이 사용되는 플레이 투시기법으로 캐릭터의 시점으로 게임의 플레이 환경을 제공하는 게임이다.

〈그림 5.1〉 게임 〈카운터스트라이크〉의 1인칭 투시기법

〈그림 5.2〉 게임 〈데빌메이크라이〉의 3인칭 투시기법

나. 3인칭 투시기법

3인칭 투시기법은 1인칭 투시기법과 달리 주인공 캐릭터를 직접 화면에 등장시켜 게임을 진행시키는 투시형태로 PC게임이나 콘솔 게임 등에 많이 사용되는 투시기법이다.

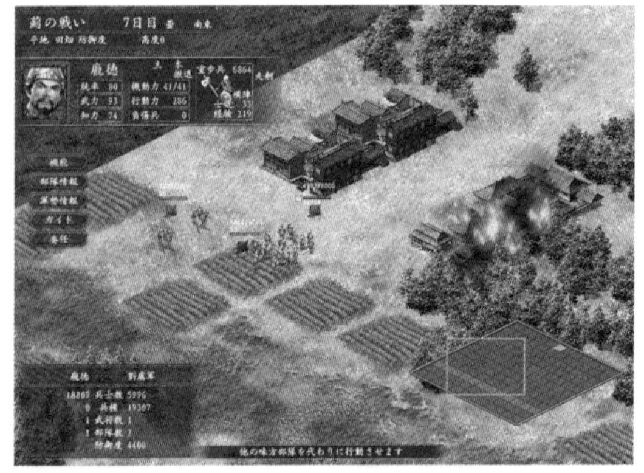

〈그림 5.3〉 게임〈삼국지10〉의 Top-Down 투시기법

다. Top-Down 투시기법

카메라가 하늘에 설치된것 같은 형태의 투시기법으로 턴제 또는 리얼타임 버전의 전략게임에 대부분 적용하고 있다.

라. Quarter-View 투시기법

화면을 3/4정도로 비스듬하게 기울여
화면시점을 표현한 것을 말하며 3D 효과
를 나타낸다.

〈그림 5.4〉 게임〈디아블로2〉의 Quarter-View 투시기법

마. Side-View 투시기법

전통적인 2D 액션게임의 투시기법이
며, 게임화면처리의 미학적인 한계성과
게임플레이 재미성에서 점점 채용이 감소
하고 있다.

〈그림 5.5〉 게임〈파이널파이트〉의 Side-View 투시기법

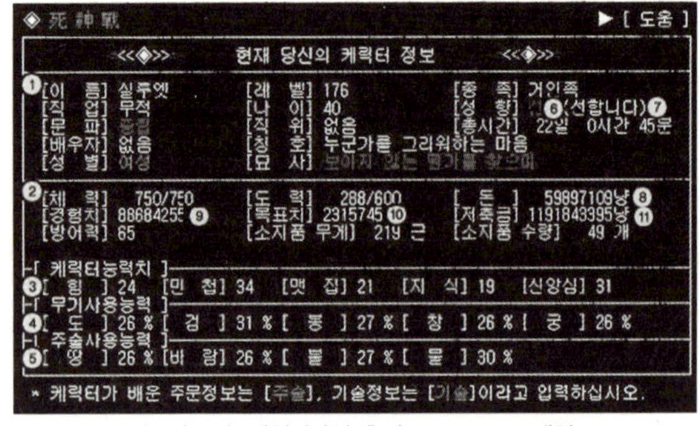

〈그림 5.6〉 게임 〈사신전〉의 Text-Base 게임

바. Text-Based 게임

그래픽을 사용하지 않으며 1980년 초 고전적인 텍스트 어드벤쳐 게임이다.

❷ 게임 디자인의 요소

게임디자인은 게임을 꾸미고 설계하는 것으로 게임제작자들에게 게임콘텐츠를 제작하는 데 필요한 게임의 전반적인 설계서를 작성하는 설계업무로서 과학적 접근을 강조하기보다는 예술적인 접근을 통해 구현되는 것이 바람직하며 게임의 핵심 콘텐츠인 그래픽, 사운드 등의 예술적 접근과 프로그래밍과 알고리즘 및 인공지능 등의 과학적 접근을 조화롭게 결합하는것이 무엇보다 중요하다

다음은 게임디자인에 관한 요소들이다.

○ 상호작용의 스토리 텔링	○ 레벨 디자인
○ 퍼즐디자인	○ 배경처리 디자인
○ 미션 및 이벤트 디자인	○ 사운드 디자인
○ 전략 디자인	○ 화면연출 디자인

188

> ○ 캐릭터 디자인
> ○ 아이템 디자인
> ○ 인터페이스 디자인
> ○ 재미 창출 요소
> ○ 학습 및 교육적인 디자인
> ○ 문화적 디자인
>
> ○ 역사적 디자인
> ○ 사실성의 게임세계 구현의 디자인
> ○ 스토리의 체계적인 구성
> ○ 타임프레임 디자인
> ○ 기타 게임관련 콘텐츠 디자인

게임디자인 창작기법은 게임의 재미를 위한 다양한 게임디자인의 연출요소를 창작하는 것과 눈에 보이지 않는 게임설계와 게임연출등의 디자인 요소로 나눌 수 있다.

❸ 게임디자인 창작기법-1

게임을 개발하는 것은 게임의 재미를 창작해 내는 것이 목적이며, 이와 같이 재미를 창작하고 구현하기 위하여 유머와 재치, 공포와 스릴, 스피드와 박진감, 슈팅과 격투, 충돌, 육성, 경영, 레이싱, 스포츠경기, 전략 및 전술, 모의 등의 다양한 게임디자인의 연출요소를 창작하는 기법을 필요로 한다.

가. 게임캐릭터 창작

게임캐릭터의 경우는 게임의 얼굴이며 장르와 플랫폼에 따라 게임상품의 성패 좌우한다. 또한 여러 장르에서의 다양한 영웅 캐릭터는 게임상의 인기스타로서 게임 마케팅 및 게임시장, 게임플레이어들에게 큰 영향을 미치는 요소이다.

나. 스토리보드

<table>
<tr><td>

○ 선형 또는 직렬적인 스토리 구조
○ 비선형 또는 병렬적인 스토리 구조
○ 게임플레이의 인터페이스와 관계 설정
○ 시각적인 선택사항과 인터페이스의 상관 관계
○ 퍼즐의 구성
○ 인트로 무비와 컷신의 활용가치
○ 게임의 흐름구조와 관계

</td><td>

○ Interactive Sequence와 Non Interactive Sequence의 구조로 구성
○ 제작팀간의 대화창구 역할
○ 스토리보드는 하나의 툴(도구)로 사용이 편리해야 함
○ 액션의 단계별 블록 다이어그램 구조
○ 메카닉 또는 규격화하여 적성해야 함
○ 기타 스토리보드에 관련된 사항

</td></tr>
</table>

스토리보드는 게임의 주요 장면을 한 장면씩 구성하여 그림과 문자로 구성된 일련의 그림을 작성한 하나의 패널로서 다음과 같은 기능을 담당한다.

❹ 게임디자인 창작기법-2

게임플레이의 가장 중요한 요소는 눈에 보이지 않는 게임설계, 게임연출로 표현되는 퍼즐적인 요소 및 퍼즐설계, 미션 및 이벤트적인 요소, 미션설계와 이벤트 설계, 게임의 난이도를 측정할 수 있는 레벨설계, 사용자의 편리성과 게임플레이 진행속도 및 게임플레이의 자유도를 측정할 수 있는 인터페이스 설계 등을 통하여 게임의 재미와 게이머의 정서를 창작해 내는 것이 중요하며, 이를 위하여 퍼즐요소, 미션요소, 레벨요소 및 인터페이스 요소를 게임디자인에 채용하고 활용하여 게임의 완성도를 향상시키고 게임의 재미를 높이는 역할을 해야 한다.

가. 퍼즐디자인

퍼즐은 어드벤쳐, RPG, 액션, 시뮬레이션 등의 장르의 게임에서 많이 채용하는 게임연출 요소이며 각 장르마다 또는 게임마다 다르며 대부분 다음과 같은 종류의 퍼즐로 구성, 설계 한다.

1) 환경적인 퍼즐

게임을 구성하고 있는 물리적인 변화 및 건물구조 등의 요소로 게임배경 및 원드-맵의 환경을 토대로 만들어진 퍼즐요소를 말한다.

2) 대화중심의 퍼즐

캐릭터간의 대화를 통해서 문제를 풀어나가는 퍼즐요소로 상황에 적합한 캐릭터간의 문제를 해결하거나 퍼즐을 풀어 게임을 진행해 나가는 것을 말한다.

3) 목록(아이템)중심의 퍼즐

소유하고 있는 객체나 아이템을 사용해서 퍼즐을 풀어나가는 퍼즐을 말하며 아이템을 찾아 원하는 작업을 해결해 나가는 것이 퍼즐행위이며 퍼즐요소이다.

나. 레벨디자인

레벨디자인은 게임의 맵 구조를 창작, 설계하는 것으로 오브젝트 배치, 미션 또는 맵의 목표, 미니 미션, 이벤트의 구성, 스토리의 흐름. 게임스타일, 스테이지 구성 등을 설계하여 게임의 난이도 및 균형을 유지하며 게임의 흥미와 게임진행의 입체성을 유발시키는 게임설계 과정이다.

입체적인 레벨디자인을 구현하기 위해서는 매우 세밀하고 정교한 게임시스템을 구성해야 하고 그 게임 시스템이 요구하는 입체적인 레벨을 레벨디자이너가 설계할 수 있어야 하며 게임플레이를 고려하여 레벨을 설계해야 재미있는 게임콘텐츠를 제작 할 수 있다.

레벨 디자인의 종류와 기능 및 레벨설계기법은 다음과 같다.

○ 단일 사용자 레벨	○ 3D구조물의 경우 실제 지형과 텍스터의 사용간의 균형 유지
○ 다수 사용자 레벨	○ 작업도중 맵 컴파일 및 테스트
○ 게임구조 설계와 게임플레이 요소	○ 몬스터 및 아이템을 배치하기 전에 맵을 완성
○ 게임의 흐름구조	○ 싱글플레이어 맵은 레벨 내 동일구조 사용금지
○ 싱글플레이 맵 설계 후 멀티플레이 맵을 설계	○ 대규모맵의 경우 동일구조를 구별하여 구성
○ 맵 다이어그램 스케치	○ 광원효과를 적절하게 배치
○ 거창한 프로젝트의 시작은 금물	○ 맵의 오디오 및 사운드의 중요성을 강조
○ 술책 및 책략적인 레벨을 고안	○ 퍼즐을 풀기 위한 멀티 솔루션 허용
○ New & Originality의 레벨 고안	○ 다양한 게임의 경험을 제공
○ 게임레벨의 설계 전 트릭을 적용 테스트	○ 게이머들에게 친절하게 설계
○ 대규모의 지형 및 지리적인 레벨을 작성	○ 게임상황과 세팅을 개선하고 맵의 구조와 특징을 연구
○ 흐름도 완성 후, 상세한 구조 등을 미세조정	○ 시행착오를 거쳐 완성된 맵을 제작
○ 모듈방식으로 작성	
○ 구조물 등을 실제 세계와 동일하게 실사처리	

다. 미션디자인

미션디자인은 전략게임, 시뮬레이션, RPG, 액션 및 어드벤쳐게임의 종합적인 부문으로 레벨디자인이 맵의 구조 및 배치를 중점으로 설계하는 반면, 미션 디자인은 시나리오에 의거하여 게임을 플레이 하는 특별한 목적을 부여하며 제공하는 게임디자인 요소이다.

턴방식의 전략 워게임, 판타지 RPG와 같은 게임에서 미션을 발견할 수 있으며 각 미션은 완성도를 높이기 위하여 보다 작은 목표를 제공하고 있다. 반면 캠페인은 싱글 레벨 시나리오 또는 미션의 연속성을 가지고 있다.

캠페인 디자인의 경우 다음과 같은 방법으로 설계한다.

○ 배경 스토리를 작성 ○ 캠페인 구조를 정의 ○ 주요한 스토리 노드(Nod)를 구성 ○ 첫번째 통과할 미션을 먼저 기록 ○ 두번째 통과할 스토리를 설계	○ 레벨의 레이아웃의 작성을 시작 ○ 인공지능 프로그래밍과 미션의 관계를 점검 ○ 테스트를 구조적으로 반복시행 ○ 흥미있고 재미있는 시나리오를 작성

라. 상호작용

게임시스템은 쌍방향성이 얼마나 재미있게 상호작용을 하는가에 따라서 게임의 재미성과 감성 등을 게이머에게 어떻게 전달하느냐가 관건이며 게임상의 성공여부에 큰 영향을 미치는 요소이기도 하다.

게임의 상호작용(쌍방향성)은 시나리오에 의한 게임의 재미성 구성요소 파악, 게임의 사건 해결의 정량화 지표, 스테이지 디자인의 기술체계 개발, 게임디자인요소와 감성적 요소간의 관계 모형화, 캐릭터의 인지적 요소와 상호작용에 따른 감성파악, 게임디자인 구성요소 파악, 게임아이디어의 접근방법, 게임기획 및 게임디자인 문서의 체계적인 작성, 체계적이고 감성적 인 게임기획 등에 영향을 미치는 매우 중요한 요소이다. 게임의 상호작용은 플레이어로 하여

금 게임방식이나 스토리 구조에서 다양한 방식의 상호작용을 구현할 수 있으며, 다음과 같은 종류의 상호작용 유형이 있다.

① 게임 전체의 상황을 변경하거나 게임의 세계관 자체나 월드맵 등에 영향을 끼친다.(도시 및 관할지역을 크게 구성하는 일과 전투부대를 큰 규모로 편성하는 일)

② 캐릭터를 직접 조정할 수 있다.(어느 특정 캐릭터나 그룹의 캐릭터를 조정하여 서로 다른 편의 캐릭터를 서로 바꿔가면서 조정하는 게임 등)

③ 한 단계 떨어져서 주인공 캐릭터에 영향을 준다.(사건의 실마리를 제공하거나 무기같은 필요한 아이템을 제공한다.)

④두 단계 떨어져서 주인공 캐릭터에게 영향을 준다.(어디로 가야 할 장소나 지점을 알려 준다거나 어떤 캐릭터에게 정보를 제공하는 등)

⑤스토리에 따라 진행하는 게임의 경우 보이지 않는 관찰자가 스토리의 진행방법을 잡아준다거나 어떤 사건이 벌어질지를 염두에 두기보다는 누구와 함께 원하는 곳으로 전진할 것인가 하는 등 다양한 상호작용을 구현해야 한다.

마. 게임인터페이스

게임플레이에 있어서 인터페이스는 매우 중요한 요소기술인데, 게임플레이의 편의성 제공과 게임플레이의 기능의 수행 및 게임진행을 원활하게 진행하도록 도움을 제공하는 중요한 요소 기술이기도 하다.

게임 인터페이스의 종류는 다음과 같다.

○ Shell 인터페이스	○ In-Game 인터페이스
○ 스크린 메뉴	○ Game Control 인터페이스
○ User Interface	○ 카메라와 캐릭터 제어 인터페이스

바. 게임콘텐츠의 요소

게임콘텐츠의 요소에는 Visual Contents, Musical Contents, Aural Contents, Texture Contents등이 있으며 다음과 같은 기능을 가지고 있다.

○ Visual Contents	: Artwork, Animation, Video 등
○ Musical Contents	: Record Music, Electronically Generated Music 등
○ Aural Contents	: Speech, Sound Effect 등
○ Texture Contents	: Dialogue, Narrative, Information 등
○ Emotion	: Vibration, VR, Touch, Screen, AI 등

특히 시각적 콘텐츠의 대상이 되는 컴퓨터그래픽의 대상은 생물에는 동물과 실물이 있으며 무생물에는 자연물과 인공물이 있고, 현상에는 자연현상과 의도적 현상이 있다.

❺ 게임디자인의 고려사항

게임디자인 고려사항으로는 게임마케팅과 성공적인 게임제작요소가 있으며 각 요소별 고려사항은 다음과 같다.

가. 마케팅 중심의 게임디자인 고려사항

마케팅에 초점을 맞추어 설계해야 성공적인 게임제작의 기틀을 마련할 수 있으며 게임기획 및 설계단계부터 마케팅을 고려하여 게임을 설계해야 한다.

○ 어떤 고객층을 대상으로 할 것인가? ○ 다른 게임과의 차별화는 어떻게 할 것인가? ○ 게임은 어디서 어떻게 팔 것인가? ○ 게임의 장르와 성격은? ○ 온라인게임화 할것인가? ○ 게임의 경쟁력방향 설정은 어떻게 할 것인가? ○ 고도의 그래픽 및 상호작용성	○ 업데이트의 창작가능성이 있는가? ○ 시장확보 가능성은 있는가? ○ 레벨, 장면 및 스토리의 추가적 디자인 여부? ○ 주변기기 인터페이스 설정 및 디자인은? ○ 게임의 국제화 방법은? ○ 차기게임의 개발전략은? ○ 교육적인 도구로 활용할 방법은?

나. 성공적인 게임제작 고려사항

○ 상호작용의 중요성	Interactive Fiction / You control game, Entertaining / New Situation
○ 감동적인 결과	Multiple Outcomes / Win or Lose
○ 게임의 성취와 실패	Bonus / Game Over
○ 상황의 변화	게임이 난이도 수정능력 / 게임플레이 환경변경 능력 / 게임캐릭터 또는 레벨수정능력
○ 문제해결	퍼즐, 학습문제, 이벤트 등의 삽입
○ 풍부한 경험	조사(Exploring), 학습(Learning), 재미(Having Fun)
○ 게임을 즐겨야 하며 열정을 가지고 임해야 함	

(6) 게임 프로그래밍

API는 Application Programming Interface의 약자이며, 응용프로그램을 위하여 운영체제가 제공하는 함수의 집합이며 32 비트 윈도우에서 응용프로그램을 작성하기 위한 API 이다. 또한 MicroSoft의 윈도우는 Win32API를 제공한다.

❶ Win32API 프로그램의 전형적인 구조

가. Win32API 프로그램의 전형적인 구조

Win32API 프로그램은 크게 다음과 같은 두 개의 함수로 구성된다.(그림 6.1 참조)
- WinMain()
- 메시지 처리용 CallBack 함수

1) WinMain() 함수에서는 다음과 같은 처리를 한다.

- WndClass 클래스 정의
- 메모리상에 윈도우 생성
- 윈도우를 화면에 나타내기
- 메시지를 기다리고 처리하는 메시지 루프 시작

2) CallBack 함수의 역할

- WinMain() 함수의 메시지 루프에서 처리할 메시지가 발생하면, CallBack 함수로 메시지

를 전달하며, CallBack 함수에서는 전달된 메시지를 처리한다.

• 윈도우즈 운영체제에서는 사용자 입력과 같은 이벤트가 발생하면, 이 이벤트가 발생했다는 메시지를 해당 프로그램에게 전달하며, 해당 프로그램은 이 메시지에 대한 처리를 하는 식으로 작업이 수행된다.

• 이러한 프로그램 구조를 이벤트 기반 프로그래밍이라고 한다.

나. Win32API 프로그램의 예

다음 프로그램은 윈도우를 생성하여 화면에 보이고, 키보드의 문자(영숫자, 아스키 코드)를 누를 때마다 메시지 박스가 나타난다.

```
// 콜백 함수 선언
LRESULT CALLBACK Wndproc(HWND,UINT,WPARAM,LPARAM) ;
HINSTANCE g_hInst ;
LPSTR lpszClass="First" ;

// WinMain 함수 구현
int APIENTRY WinMain(HINSTANCE hInstance, HINSTANCE hPrevInstance
                     ,LPSTR lpszCmdParam,int nCmdShow)
{
        HWND hWnd ;
        MSG Message ;
```

```
            WNDCLASS WndClass ;
            g_hInst=hInstance ;

            // WndClass 등록 시작
            WndClass.cbClsExtra=0 ;
            WndClass.cbWndExtra=0 ;
            WndClass.hbrBackground=(HBRUSH)GetStockObject(WHITE_BRUSH) ;
            WndClass.hCursor=LoadCursor(Null,IDC_ARROW) ;
            WndClass.hIcon=LoadIcon(NULL,IDI_APPLICATION) ;
            WndClass.hInstance=hInstance ;
            WndClass.lpfnWndProc=(WNDPROC)WndProc ;
            WndClass.lpszClassName=lpszClass ;
            WndClass.lpszMenuName=NULL ;
            WndClass.style=CS_HREDRAW |CS_VREDRAW ;
            RegisterClass(&WndClass) ;
            // WndClass 등록 끝

// 메모리에 윈도우 생성하기
            hWnd=CreateWindow(lpszClass,lpszClass,WS-OVERLAPPEDWINDOW,

CW-USEDEFAULT,CW-USEDEFAULT,CW-USEDEFAULT,CW-USEDEFAULT,
            NuLL,(HMENU)NUIL,hInstance,NULL) ;

            // 메모리에 생성한 윈도우를 화면에 보이기
            ShowWindow(hWnd,nCmdShow) ;
```

```
                              // 메시지 루프 시작
              while(GetMessage(&Message,0,0,0)) {
                        TranslateMessage(&Message) ;
                        DispatchMessage(&Message) ;
              }
              return Message.wParam ;
      }
// CallBack 함수 구현
LRESULT CALLBACK WndProc(HWND hWnd,UINT iMessage,WPARAMwParam,LPARAM IParam)
{
              switch(iMessage) {
              case WM-DESTROY :
                        PostQuitMessage(0) ;
                        return 0 ;
              case WM-CHAR :                    // 문자 발생 메시지
                        MessageBox(hWnd, "문자가 눌러졌군요.", "테스트", NULL) ;
                        break ;
              }
              return(DefWindowProc(hWnd,iMessage,wParam,IParam)) ;
}
```

〈그림 6.1〉 윈도우 API 프로그램 예제

위의 Win32API 프로그램을 실행시키면 다음과 같이 출력된다.

〈그림 6.2〉 〈그림 6.1〉 예제의 실행화면

다. 메시지

윈도우에서는 마우스의 움직이나 클릭, 키보드의 눌림 등의 작업들을 이벤트라고 부르며, 이벤트가 발생하면 이벤트를 처리해야 하는 프로그램에게 이벤트가 발생했다는 메시지를 보낸다. 해당 프로그램은 자신에게 전달된 메시지를 분석하여 적절한 조치를 취한다.

메시지는 특정 이벤트의 발생에 대하여 해당 응용프로그램에게 알리기 위하여 발생 시키는 신호이며 윈도우용 프로그램들은 이렇게 평소에는 메시지를 기다리는 상태로 있다가, 특정 이벤트에 의한 메시지가 전달되면 작동을 하는 방식을 취하고 있기 때문에, 이벤트 기반 (Event Driven)방식이라고 불린다.

1) 메시지 루프의 구조

메시지 루프는 WinMain() 함수내에서 다음과 같은 형태로 존재한다.

```
While(GetMessage(&Msg,0,0,0)) {
        TranslateMessage(&Msg) ;
        DispatchMessage(&Msg) ;
}
```

• GetMessage() 함수 : 시스템의 메시지 큐를 검사하여 에서 메시지를 읽어온다. 메시지 큐에서 읽은 메시지는 MSG 구조체 타입으로 전달된다.

• Translate() 함수 : 입력 메시지를 해석하여 프로그램에서 사용할 수 있는 형태로 변경해준다.

• DispatchMessage() 함수 : 메시지를 메시지 처리 함수인 CallBack 함수에게 전달한다.

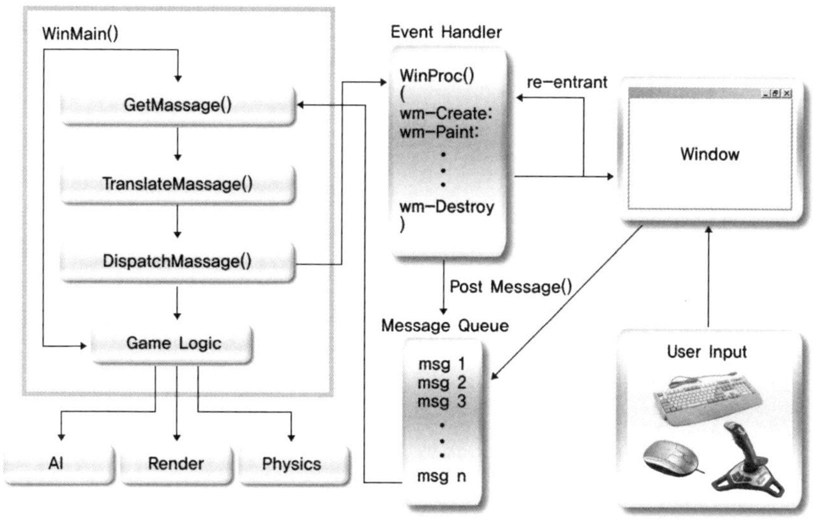

〈그림 6.3〉 윈도우 API 이벤트 처리 1

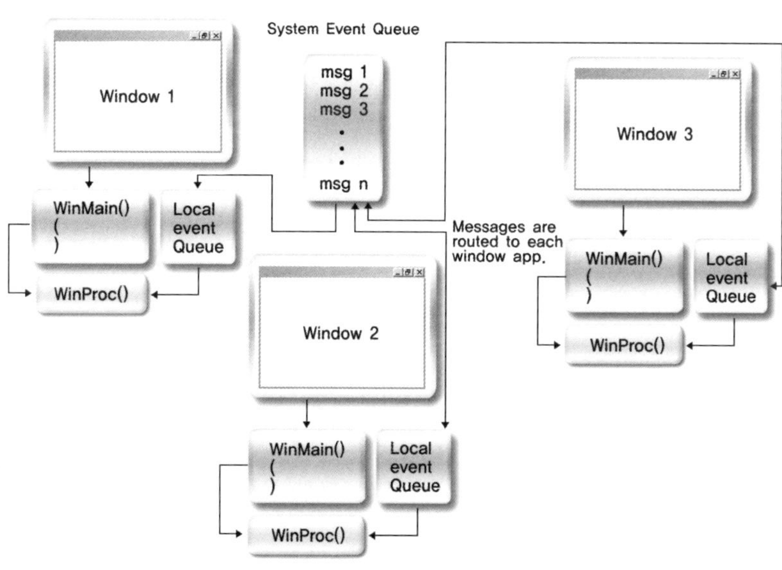

〈그림 6.4〉 윈도우 API 이벤트 처리 2

❷ MFC

가. MFC 개념

1) MFC (Microsoft Foundation Class) 라이브러리 :

윈도우즈에서 응용 프로그램을 만드는 골격(Application Framework)을 지원하는 C++ 클래스들의 모임으로 윈도우가 제공하는 Win32 API(Application Programming Interface) 함수들을 체계적으로 통합한 클래스이다.

2) MFC를 사용하여 얻는 이점

• MFC 라이브러리는 윈도우, 메뉴, 대화상자, 기본 입출력을 관리

• Win32 API를 직접 사용하는 것보다 개발속도, 실행 속도가 빠르고 이식성이 좋은 코드를 생성할 수 있다.

3) MFC는 Windows 응용 프로그램을 제작하는데 필요한 기본 틀을 마련해주며 복잡한 코딩은 클래스 내부에 포함시켜, 코딩을 간편하도록 해준다.

4) MFC(Microsoft Foundation Class)는 API를 클래스에 포함하고 있는 구조이므로, 응용 프로그램이 MFC를 호출하면 MFC는 API를 호출하고 API는 Windows 기본 시스템을 호출하는 형태로 구성된다. 이 내용은 아래 〈그림 6.5〉와 같다.

5) MFC가 API의 모든 기능을 다 포함하고 있는 것은 아니며, MFC 응용 프로그램에서 API를 직접 호출해야 할 경우도 있다.

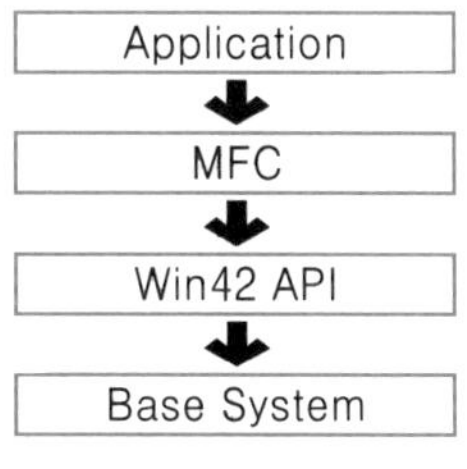

〈그림 6.5〉 MFC의 실행구조

나. 클래스 구조

1) 애플리케이션 위저드를 사용하여 생성한 프로젝트의 클래스 구조

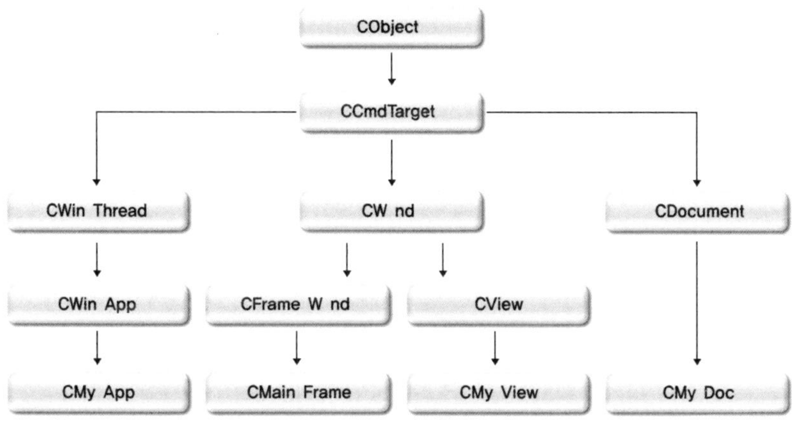

〈그림 6.6〉 MFC의 클래스 구조

2) 각 클래스들의 역할

- CMyApp : 애플리케이션 클래스

  도큐먼트, 뷰, 메인 윈도우를 연결시켜주는 클래스

  실제 프로그램을 기동하는 일과 윈도우와의 전반적인 상호 작용 처리

- CMainFrame : 메인 프레임

  외곽선, 타이틀, 메뉴, 툴바, 상태바들을 포함한 윈도우의 형태를 관리

- CMyView : View 윈도우

  도큐먼트를 읽어 화면에 출력하거나 사용자의 입력을 받음

- CMyDoc : 도큐먼트

  프로그램의 데이터를 저장하고 처리

다. COM (Component Object Model)

아이들의 장난감〈레고〉는 블록들을 끼워서 다양한 형체를 만드는 놀이이다. 컴퓨터 하드웨어는 칩(Chip)들의 연결로 구성된다. 〈레고〉나 하드웨어의 칩과 같이 소프트웨어도 부속품들로 구성할 수 없을까 하는 연구에서 COM 개념이 산출되었다.

- COM(Component Object Model)은 소프트웨어 모듈을 바이너리 컴포넌트로 추상화 시켜주는 마이크로소프트가 개발한 소프트웨어 구조이다.

- COM은 컴포넌트 상호 운용성에 대한 표준과 컴포넌트가 가져야할 구체적인 특징을 정의하며, 특정 프로그램 언어에 제한을 받지 않는다. 실제로 마이크로소프트사는 COM을 공개적

인 IETF(Internet Engineering Task Force) 표준으로 지정하려는 노력을 보였다.

• COM 객체는 COM 구조를 따르는 어떠한 응용프로그램이나 Visual Basic, Delphi, 혹은 PHP 등 어떠한 프로그래밍 언어에 의해서도 접근이 가능하다.

• COM이 제기하는 질문은 "서로 다른 벤더가 제공한 바이너리 소프트웨어 컴포넌트를 어떻게 하면 서로 상호 작용 하도록 시스템을 디자인할 수 있는가?" 이다. 마이크로 소프트가 첫 번째로 제시한 답은, DLL 개념이었는데 비참하게 실패하고 말았다. DLL의 버전 관리의 실수 때문에 같은 인터페이스를 제공하는 어떠한 두 개의 DLL도 한 시스템 내에서 사용할 수가 없었다.

• COM 객체는 기본적으로 하나 혹은 그 이상의 작업을 수행하기 위하여 사용되는 응용프로그램의 블랙박스라고 할 수 있다. COM은 DLL 형태로 구현되는 것이 보통이다. 기존의 DLL과 마찬가지로 COM 객체들은 작업을 수행하기 위하여 호출할 수 있는 메쏘드를 제공한다. 응용프로그램은 COM객체와 상호작용을 하기 위하여 C++에서 객체를 사용하는 것과 유사한 방법을 사용한다. 그러나 약간의 차이점도 가지고 있다.

• COM 객체는 인터페이스를 구현하는 C++ 클래스 또는 C++ 클래스 모음을 말한다 (인터페이스 함수의 모음) 인터페이스는 COM 객체와 통신하기 위하여 사용된다. 단일 COM 객체에 하나 이상의 인터페이스가 포함될 수 있으며 사용자는 하나 이상의 COM 객체를 가질 수 있다. COM 규정은 모든 인터페이스가 Iunknown 이라는 특수한 기본 클래스 인터페이스에서 파생되어야 함을 지정한다.

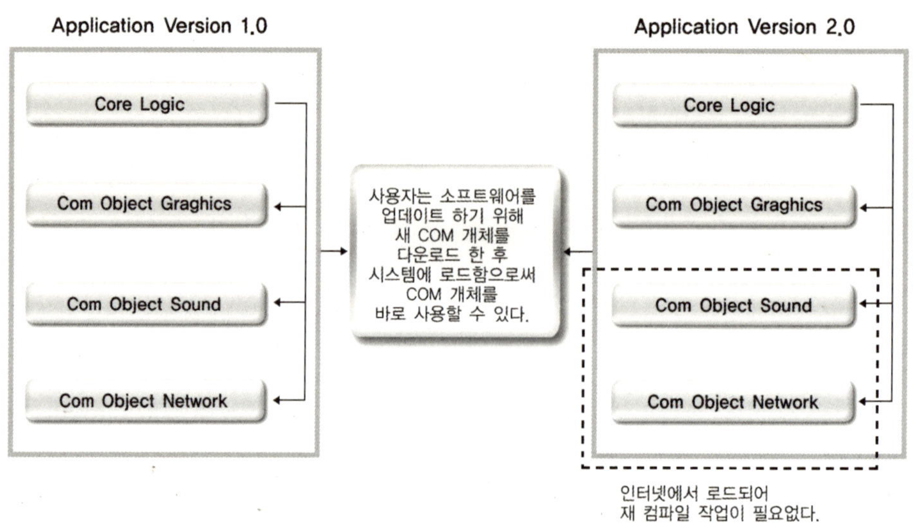

〈그림 6.7〉 COM의 개념도

❸ DirectX

가. DirectX의 출현 배경

Windows95 발표 후 얼마 되지 않아 Microsoft사는 PC의 초기 게임 플랫폼으로서 DOS의
시대를 종식시켰다. 개발자들은 Win32가 제공하는 부가적인 기능(강력한 TCP/IP 스택, 멀티

208

태스킹, 시스템 정보 액세스)에 만족할 수 없었다. 그들은 DOS에서처럼 모든 제어력을 자신들이 갖기를 원했다. 또한 그 외에도 그 당시 Windows 그래픽은 WinG 또는 Windows GDI(Graphic Device Interface)를 사용하여 이루어졌다. WinG는 매우 흥미로운(전 세계적으로 인기 있는 Christ Hecker에 의해 작성됨) 반면에 전체 화면 렌더링(full-screen rendering)과 같은 그 시대의 게임이 필요로 하는 특징들을 제공하지 못했다. GDI는 다양한 구성, 다양한 해상도, 다양한 깊이에서 작동하도록 설계되었다. 그러나 신속성은 결여되어 있었다.

게임 개발자에게 주는 Microsoft사의 해답은 사실상 DirectX의 최초 버전이었던 게임 SDK(Software Developer Kit)였다. 마침내, 개발자들은 빠른 게임을 작성할 수 있었으며 그와 함께 여전히 멀티태스킹지원, TCP/IP스택, 다양한 UI기능과 같은 WIN32 API를 사용할 수 있었다. 2.0버전에서는 SDK의 이름이 DirectX로 바뀌었다. 아마도 Microsoft에서 게임.개발자들만이 SDK에서 제공된 그래픽과 오디오 가속 기능을 필요로 하는 사람이 아니라는 것을 깨달았기 때문일 것이다. 비디오 재생 프로그램에서 프리젠테이션 소프트웨어에 이르는 모든 프로그램 개발자들이 보다 빠른 그래픽을 원했다.

DirectX로 제작된 Windows상의 게임이 DOS상의 게임과 비교하여 전혀 떨어지지 않았다. DirectDraw가 게임에서 가장 중요한 속도 문제를 해결한 것이다. DirectSound는 게임프로그래머들의 각각의 하드웨어 제조회사에 따라 개발해야하는 부하를 줄였고 DirectX를 이용으로 Windows의 많은 편리한 API를 마음껏 다루게 되자 많은 게임회사들은 DOS보다도 Windows상의 인터페이스를 선호하게 된다.

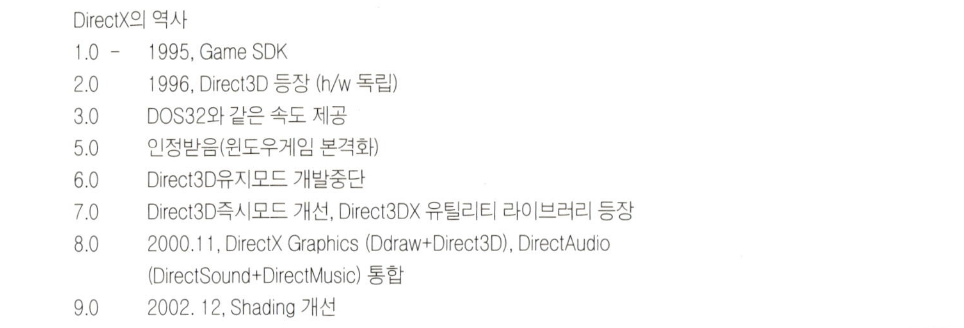

〈그림 6.8〉 DirectX의 버전진화

나. DirectX의 구성

DirectX는 Windows환경하에서 게임개발을 위해 최적화된 SDK이다. DirectX는 게임에서 속도를 가지며 하드웨어 가속지원을 가능하게 한다. DirectX는 게임프로그래머들이 하드웨어에 영향받지 않고 프로그래밍을 가능하게 한다. DirectX는 DirectGraphic, DirectAudio, DirectInput, DirectPlay, DirectShow의 세부적인 부분으로 나누어진다.

- DirectXGraphics : 2D, 3D 그래픽 처리
- DirectAudio : 사운드 재생 및 효과 처리
- DirectInput : 드라이버와 직접 통신함으로써 빠른 입력 처리
- DirectPlay : 전송매체에 대한 세부사항을 알지 못해도 다중참가자 기능 처리
- DirectShow : 윈도우 환경에서 편리하게 멀티미디어 파일 재생

1) DirectX Graphics

DirectX 8.0에서부터 2D 그래픽의 DirectDraw와 3D그래픽의 Direct3D가 통합되어 DirectX Graphics가 되었다. DirectX Graphics의 특징은 사용하기 쉬워진 인터페이스와 최신 그래픽 하드웨어 지원 그리고 가장 주목할 만한 기능인 쉐이더(shader)이다.

Direct3D는 윈도우 환경에서 3D를 직접적으로 제어하기 위해서 디자인되었다. 그것은 비디오카드의 종류에 상관없이 장치독립적으로 동일한 그리기 방법을 제공한다. Direct3D는 저수준의 3D API이다. 이는 윈도우 시스템을 사용하는 게임 개발자, 높은 수준의 멀티미디어 프로그램을 제작하는 개발자들에게 꼭 필요하다. Direct3D는 윈도우의 GDI(Graphic Device

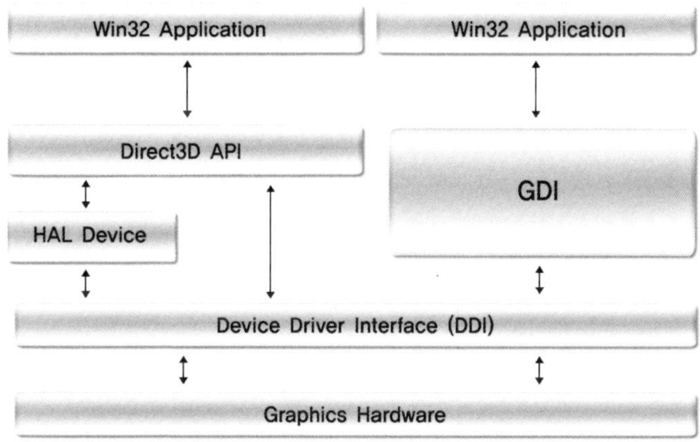

〈그림 6.9〉 Direct3, GDI, HAL의 관계

Interface)가 동작하고 윈도우 서브 시스템이 동작하는 동안에도 게임이 장치 독립적으로 동작할 수 있도록 디스플레이 디바이스에 직접적으로 접근할 수 있는 소프트웨어 인터페이스이다.

앞의 〈그림 6.9〉는 Direct3D, GDI, HAL(Hardware Abstraction Layer)간의 관계를 보여준다. Direct3D API가 GDI 옆에 존재하고 이 두 개는 모두 다 DDI(Direct Device Interface)에 접근할 수 있다. GDI와 다르게 Direct3D는 HAL 디바이스를 선택했을 때 잇점을 얻을 수 있다. 즉, 하드웨어 가속지원을 받을 수 있다. HAL디바이스는 그래픽카드가 지원하는 기능이면 가속지원을 받을 수 있게 한다. 우리는 Direct3D의 함수들을 통해 그래픽 카드들의 지원 기능을 점검할 수 있다.

만약 DirectX에서 지원하는 기능을 하드웨어에서 가속하지 않을지라도 그것은 소프트웨어로 에뮬레이션(emulation)된다. 그러나 소프트웨어로의 에뮬레이션은 성능에 많은 희생을 요구하므로 주의해야한다.

Direct3D는 Windows95부터 Windows 2000까지 모든 운영체제에서 동작되도록 설계되었다.

Direct3D를 사용할 때의 잇점은 다음과 같다.

- 플랫(flat), 고로(gourad) 쉐이딩의 사용
- 완전한 질감과 텍스쳐의 사용과 밉맵의 포함
- 강력한 소프트웨어 에뮬레이션 드라이버
- 자동적으로 변환과 클리핑 수행
- 하드웨어 독립적이다
- HAL을 지원. 이것은 최고의 성능으로 디스플레이 장치에 직접적으로 접근하는 인터페이

스를 제공한다

- 풀스크린모드에서 페이지 플립핑을 제공한다
- 3D에서 z-buffer를 제공
- 시스템과 비디오 메모리 모두에 접근해서 사용할 수 있다

2) Direct Audio

Direct Audio는 사운드를 보다 간단하게 재생하도록 한다. 그것은 하드웨어 가속과 3D 사운드 효과 등을 통해서 사운드를 동적으로 다룰 수 있도록 해준다. DirectSound와 DirectMusic 인터페이스를 사용하여 여러분의 응용프로그램에서 다음과 같은 것들을 할 수 있다.

- MIDI, WAV등을 로드하고 연주할 수 있다.
- 동시에 여러 개의 사운드를 연주할 수 있다.
- 사운드를 3D 공간에 위치시킬 수 있다.
- DLS도구(다운로드 할 수 있는 사운드)를 지원한다. 다시 말해 DirectMusic을 사용하여 MIDI 파일을 연주할 때는 개인이 보유하고 있는 하드웨어에 상관없이 항상 동일한 사운드를 낼 수 있다는 뜻이다.
- 대화형 음악엔진을 사용하여 즉석 음악 작곡을 지원한다. DirectMusic에서는 템플릿, 특성, 노래의 다양한 무드를 설정할 수 있다. 그리고 나서 DirectMusic은 노래 데이터를 받아 그 음악을 실시간에 다시 작성하여 더 많은 음악을 생성할 것이다.
- PC 처리력이 허용하는 범위 내에서 거의 무제한의 MIDI 채널을 지원한다. 일반 MIDI는

16개의 채널이나 16개의 개별 사운드를 한번에 지원한다. DirectMusic에는 65,536개의 채널 그룹이 있으므로 거의 무제한의 트랙을 동시에 재생할 수 있다.

• 하드웨어 가속 기능을 사용할 수 있는 경우 하드웨어 가속 기능을 사용하지만 Microsoft 소프트웨어 신디사이저를 기본 값으로 하며 웨이브 테이블이나 웨이브 가이드 합성만큼의 좋은 사운드를 낸다.

3) DirectInput

DirectInput은 하드웨어 드라이버와 직접적으로 통신함으로써 윈도우즈 키보드 메시지에 의존하지 않고 훨씬 빠르게 입력 데이터를 얻어올 수 있다.

DirectInput은 세 가지 기본 타입의 장치를 인식한다.

• **키보드** : 표준 시스템 키보드

• **마우스** : 여기에는 터치 패드, 핑거스틱, 트랙볼과 같은 마우스형 장치 및 그와 관련된 버튼들도 함께 포함된다

• **조이스틱** : 이것은 컨트롤러나 포스-피드백 장치와 약간 혼동되는 용어이다. DirectInput 에서 말하는 조이스틱이란 특수화된 게임 컨트롤러들을 말한다.

DirectInput은 응용 프로그램이 백그라운드에 있어도 입력 데이터를 가져올 수 있다. 또한 어떠한 입력장치든지 DirectInput에서 사용할 수 있으므로 기계적 특성을 고려하지 않아도 된다. action mapping을 통하여 응용프로그램은 입력신호가 오는 장치가 무엇인지 몰라도 입력 데이터를 얻을 수 있다.

action mapping은 입력 활동과 입력 디바이스를 연결해서 사용할 수 있게 하는 것을 말한

다. action mapping은 입력루프의 간소화 하여 게임을 위한 전용 입력 드라이버의 작성을 줄여주고 또한 게임에서 사용자 인터페이스를 쉽게 바꿀 수 있게 하여 편리하다.

DirectInput은 마우스, 키보드, 조이스틱 등의 다양한 입력장치에 최신 인터페이스를 제공한다. Windows의 프로그램 기본방식에서 입력장치에서의 입력은 이벤트라는 메시지를 통하여 이루어진다. 그러나 이 방법은 이벤트 키 메시지가 누락될 수 있어 입력이 리얼타임으로 구현되지 않는 일이 발생한다. DirectInput은 Windows 메시징 시스템을 무시하고 장치 드라이버에 직접 작동하여 최상의 성능을 제공한다.

4) DirectPlay

DirectPlay는 개발자가 특정 전송 매체에 대한 세부 사항을 알지 못해도 다중 참가자 기능을 제공할 수 있게 한다. DirectPlay는 여러분이 TCP/IP 네트워크, IPX 네트워크, 또는 모뎀 등 그 어떤 것을 사용하고 있든지 간에 다양한 전송 매체들을 동일하게 처리한다. 이들 다양한 매체로의 엑세스는 서비스 프로바이더(service provider)에서 제공한다. 서비스 프로바이더는 DirectPlay의 하부에 접속되어 있으며 특정 전송을 사용하는 통신에 관한 모든 것을 처리한다. 예를 들어 사용자가 모뎀 연결을 선택하면 서비스 프로바이더는 사용자로부터 다이얼할 숫자만 얻어내면 된다. 특정한 목적으로 서비스 프로바이더를 생성하고자 하는 사람이라면 누구든지 서비스 프로바이더에 대한 명세를 이용할 수 있다. 여러분이 DirectPlay를 사용하여 게임 통신을 처리한다면 여러분의 게임은 자동적으로 이러한 통신 옵션을 이용할 것이다.

온라인 게임의 시대라 해도 어색하지 않을 만큼 많은 RPG게임이 3D와 함께 네트워크를 등에 업고 출시되고 있다. 게임의 필수 요건에 '네트워크'가 크게 대두되고 있는 것이다. 대표적인 솔루션으로 UNIX기반의 Socket과 윈도우즈의 Winsock이 많이 사용되고 있지만, 훨씬 간결한 인터페이스의 Winsock기반 DirectPlay를 무시할 순 없는 것이다. DirectX의 한 부분을 이루고 있는 DirectPlay는 막강한 로비 기능과 더불어 게임의 네트워크 솔루션으로 점점 자리를 잡아가고 있다.

5) DirectShow

DirectShow가 만들어진 가장 주요한 목적은 다음과 같다. 윈도우 환경에서 데이터 변환의 복잡성, 하드웨어 환경의 다른 것, 동기화 문제를 해결하고 멀티미디어 프로그램을 쉽게 실행하는 것이다. DirectShow는 많은 양의 오디오와 비디오 정보를 처리하기 위해 DirectSound와 DirectDraw를 효율적으로 사용한다.

DirectShow는 높은 질로 동영상을 저장하고 재생한다. DirectShow는 ASF(Advanced Streaming Format), MPEG(Motion Picture Experts Group), AVI(Audio-Video Interleaved) 등 다양한 포맷을 지원한다. 다른 DirectX 기술들과 마찬가지로 비디오, 오디오 하드웨어 가속지원이 있으면 자동으로 찾아서 사용하며 없을 경우 소프트웨어적으로 지원해준다.

DirectShow는 간단하게 재생과 포맷변경 캡쳐 등의 일을 수행할 수 있다. 또한 당신만의 효과 추가나 새로운 포맷 생성이 가능하다.

DirectShow는 Windows의 멀티미디어 스트림의 재생과 캡쳐를 할 수 있는 아키텍쳐이다.

DirectShow를 사용하여 동영상과 음성의 미디어 재생, 미디어 포맷 변환, 동영상과 음성의 캡쳐가 가능하고 DVD플레이어와 MP3플레이어, 비디오캡쳐 툴과 비디오 편집 툴, 컨버트 등을 만들 수 있다.

멀티미디어 스트림 재생과 캡쳐를 위한 아키텍쳐로서 'Video for Windows'와 'Active-Movie' 등이 존재하지만 DirectShow는 이러한 아키텍쳐에 대하여 새로운 아키텍쳐이다. DierctShow는 본래 'DirectXMediaSDK'의 한 부분이었지만, DirectX8에서 부터는 DirectX Grpahics와 마찬가지로 DirectXSDK의 한 부분이 되었다.

❹ 게임 엔진

게임엔진이란 게임을 개발하는데 있어서 게임 엔진이라는 것은 게임 프로그래밍[1-3] 의 핵심코드로서 재 사용성이 높은 화면 그리기, 기본 인터페이스 등의 코드를 말한다. 게임의 내용에 따라 물리적인 특성과 인공 지능적 코드를 포함하기도 한다

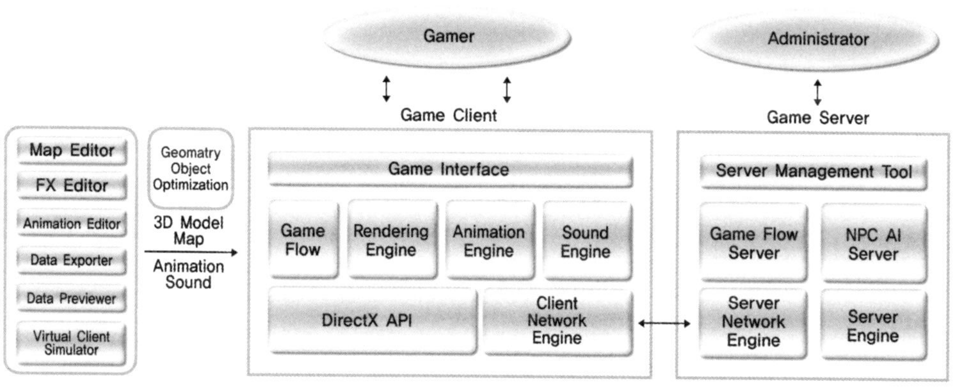

〈그림 6.10〉 Dream3D의 엔진의 개요

게임엔진을 사용하는 게임 개발 절차는 다음과 같다.

- **제작 게임에 특화된 엔진의 선택** : 제작하고자 하는 게임의 장르 또는 특징에 따라 가장 적합한 엔진을 선택한다.
- **선택된 게임 제작 툴의 도큐먼트를 통한 충분한 숙련** : 선택된 툴에서 제공되는 도큐먼트를 통해 사용하고자 하는 엔진의 특징을 미리 알아두어야 한다.
- **게임 툴에서 제공된 튜토리얼 예제를 바탕으로 제작 게임의 기본 틀을 구성** : 게임엔진을 이용할 때, 제공된 튜토리얼 예제를 바탕으로 게임을 제작하여 게임엔진을 통한 버그를 최소화한다.
- **게임 제작** : 일반전인 게임제작 공정과 같다.
- **그래픽 엔진** : 2D, 3D 화면처리 및 에니메이션과 지형그리기 등을 담당
- **사운드 엔진** : WAV파일, 3D 사운드 처리
- **인공지능 엔진** : 길찾기 방법, 유한상태 오토마타의 활용

가. 그래픽 엔진

그래픽 엔진은 2D화면 처리와 3D화면 처리를 담당한다. 2D처리에서는 화면에 보여지는 주 버퍼와 실제로 그림을 그리는 백버퍼가 필요하며 화면에 뿌리기 위해 플리핑 기법을 사용한다. 3D처리는 월드 변환, 뷰 변환, 프로젝션 변환을 통해 화면에 위치하며 객체에 빛과 질감을 주고 텍스쳐를 입혀서 보다 사실적으로 보이도록 한다. 그래픽 엔진에서는 그리기 외에도 에니메이션 처리, 지형 그리기 및 특수효과 처리가 필요하다.

1) 2D 화면 처리

- 주 버퍼(Primary Buffer)

현재 보여지고 있는 화면을 말한다.

- 백 버퍼 (Back Buffer)

실제로 그림을 그리게 되는 곳이다. 프레임 버퍼라 부르기도 한다. 그래픽 및 텍스트를 이곳에 블리트(blit) 할 것이다.

블리트는 주로 비트맵(BMP) 데이터를 화면으로 가져올 때 확대, 축소, 등을 하면서 임의의 위치를 지정하는 기능이다. 일반적으로 다른 버퍼(화면)의 4각형 영역을 가져올 때 사용된다.

- 플리핑(Flipping)

플리핑은 백버퍼나 보조버퍼의 내용을 주버퍼로 한꺼번에 옮겨오는 역할을 한다.

플립핑은 화면을 표시할 때 일어날 수 있는 tearing 현상을 방지하기 위해서 사용하는 방법이다. 비디오 메모리에 담겨져 있는 이미지가 화면에 표시되는 과정을 살펴보면 화면의 좌측 상단에서부터 우측 하단에 도달할 때까지 한 줄씩 차례로 주사를 하게 된다. 이때 display하는 속도가 비디오 메모리에 담겨져 있는 화면이 변하는 속도를 따라잡지 못할 때 tearing현상이 발생하게 된다. tearing현상이 일어나면 깜빡임을 느끼게 된다.

플리핑은 화면에 표시할 이미지를 저장하는 공간을 여러 개 마련해서 한쪽 메모리 공간의 내용을 display하는 동안에는 다른 쪽 공간에 다음 장면을 미리 저장시켜 두고, 한쪽의 내용을 다 찍은 후에는 포인터를 다른 쪽 공간으로 넘겨 다음 장면을 표시하는 방법이다.

이 저장 공간이 주버퍼와 백버퍼이다.

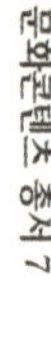

2) 3D 화면 처리

• 월드(world) 변환

월드 변환은 모델을 실세계로 위치시킨다. 즉 실세계의 좌표로 각 정점의 좌표를 변환시킨다.

• 뷰(view) 변환

뷰 변환은 월드 변환을 거쳐서 나온 정점들을 카메라 공간에 배치시킨다. 즉 카메라의 위치를 중심으로 상대 좌표로 변환시킨다.

• 프로젝션(projection) 변환

프로젝션 변환은 카메라의 내부를 제어하는 수행으로 생각하면 된다. 이것은 마치 카메라를 위한 교환 렌즈를 선택하는 것과 유사하다. 프로젝션 변환은 세가지 변환타입 중에서도 가장 까다로운 처리 과정을 거치게 된다.

• 라이트(light)와 질감

질감은 객체의 표면에서 빛이 어떻게 반사되는지를 정의하고 직접광과 주변광 레벨은 그렇게 반사되는 빛을 정의한다. 라이트가 장면을 렌더링하기 위해 반드시 요구되지는 않지만 라이트 효과 없는 장면 렌더링은 3D 프로그래밍을 위한 대부분의 목적에 충실하지 못하고 장면에 객체의 윤곽만을 보이는 결과를 초래한다. 그러므로 라이트 처리는 꼭 해야한다.

• 텍스처(texture)

텍스처는 객체의 컬러 패턴(pattern)과 이러한 컬러 패턴의 거칠음이나 부드러움을 표현하는 방법으로 언급된다. 텍스처는 객체 자체를 울퉁불퉁한 모양으로 만들지 않고 오히려 텍스처나 컬러 패턴에 올퉁불퉁한 이미지를 가해서 객체가 울퉁불퉁한 모양으로 보이도록 만든다.

3) 애니메이션

• 모핑(morphing)

한 형태가 다른 모양으로 변형되는 것을 모핑이라고 부른다.

모핑은 시간의 흐름에 따라 객체 변형이 진행된다. 다시 말해 개체들의 정점의 위치가 시간에 따라 바뀌는 것이다. 모핑 구현의 많은 방법 중에서도 대략 두 가지의 방법이 널리 쓰인다. 첫 번째는 각각의 개체 정점들이 위치를 조정하는 것이다. 마우스와 같은 입력 장치를 통해 정점을 선택하여 조정해 주는 것이다. 그러나 이 방법은 비 결정적이다. 두 번째 방법은 두 개의 객체를 보간하는 것이며 대부분의 사람들이 이 방법을 모핑이라 생각하는 경향이 있다. 이 방법은 구현에 따라 표면, 간선, 정점들이 일치해야만 된다. 가장 간단한 모핑은 삼각형으로 이루어진 같은 수의 정점을 가지는 2개의 개체간의 모핑이다. 일대일로 대응되는 각각의 정점들을 선형 보간한다.

• 본(bone)

인간 및 다른 동물들이 움직이는 방식은 피부의 움직임으로 정의되지 않는다. 인간의 뼈는 정해진 방향으로나 구부릴 수 있는 마디들로 연결되어 있다. 신체의 근육은 힘줄과 인대를 통해 뼈와 연결되어 있으며 피부는 근육 위에 놓여진다. 그러므로 뼈의 위치가 피부의 위치를 결정한다. 이 전형적인 구조도는 뼈에 기초한 에니메이션에서 에뮬레이트 된다. 따라서 뼈를 움직이는 방법만 가지고 있으면 어떤 캐릭터든지 상관없이 뼈를 가지고 에니메이션할 수 있게 된다.

4) 지형그리기

• 타일(tile)

통맵을 쓰지 않고 타일 맵을 쓰는 이유는 중복되는 비트맵에 의해 낭비되는 메모리를 최소화 해주기 때문이다. 이 경우 비트맵이 중복되는 부분이 많을수록 메모리는 절약되지만 지나치게 많을 경우에는 지형이 단조롭게 보일 수 있으므로 주의해야 한다.

• BSP(binary space partition)

이진(binary)으로 공간을 분할한다. 공간은 3D면으로 분할되는데 이들 면 내에는 여러 개의 폴리곤이 포함된다. 각 노드에서 면은 자신의 영역을 두 개의 큰 조각으로 나누는데 조각 중 하나는 노드 앞에서 다시 나누어지며 다른 하나의 조각은 자식 노드 뒤에서 다시 나누어진다. 이러한 방식으로 공간을 더 이상 분할 할 수 없을 때까지 분할한다. 이러한 방식으로 미리 공간을 계산한 후에 실제 게임에서 빠르게 렌더링할 수 있게 된다.

• 복셀(voxel)

산맥, 대양 등에 대한 지형 유형의 데이터를 만드는 기술이다. 복셀은 부피 픽셀(volume pixel)을 의미한다. 따라서 복셀 그래픽은 부피를 가지며, 작은 정육면체들 또는 부피 요소들로 나누어질 수 있는 오브젝트를 렌더링하는 기술이다.

• 포털 렌더링

포털 렌더링은 실내 환경에 대한 장면 관리를 처리하는데 매우 효과적인 방법이다.

5) 특수효과

• 알파 블렌딩(blending)

알파 블렌딩은 픽셀을 뿌릴 때 투명 또는 반투명하게 뿌리는데 사용된다. 알파값을 가지고 투명도를 조절할 수 있다. 알파 블렌딩을 사용하면 흥미롭고 현실에 가까운 시각 효과를 생성할 수 있다.

• 빌보드(billboard)

빌보드는 2D객체를 3D 객체로 보이게 렌더링 함으로써 성능 측면에서의 유리함을 얻기 위한 기술이다. 3D 공간상에 사각형을 만든 후에 항상 플레이어의 정면에 보이도록 연산한 후에 뿌리는 방법이다. 게임에서의 예를 들면 3D게임 중에 월드 안에서 무기나 아이템을 보게될 때 또는 숲 속 이미지나 나무를 렌더링 할 때 종종 사용된다.

• 파티클(particle)

파티클 시스템은 점들의 불규칙한 상태 변경에 중점을 둔다. 각각은 색깔을 가지고 있으며 사용자가 정의한 알고리즘에 따라 독립적으로 운동한다. 파티클은 불규칙적으로 움직이는 연기나 폭포 중력의 영향을 받는 물체 등을 표현할 때 빠르고 멋지게 표현한다.

• 안개(fog)

안개를 사용하여 장면에 분위기를 조성해서 실제감을 확장시키는데 사용한다.

• 모션 블러(motion blur)

3D 장면에서 움직이는 객체의 속도는 객체를 흐리게 만드는 객체 뒤로 객체 이미지의 흐려진 지나간 자국을 남김으로써 강화된다. 이러한 효과를 모션 블러라고 한다.

나. 사운드 엔진

훌륭한 게임이나 멀티미디어 그래픽 기능 외에 필요한 중요 요소 중의 하나가 사운드 기능이다. 물론 윈도우 운영체제 자체에서도 사운드를 기본적으로 다루는 많은 관련 함수들이 있지만, 게임이나 고급 멀티미디어를 충족시킬 수 있는 충분한 기능을 수행하지는 못한다. DirectX는 DirectAudio를 통해 지연이 거의 없는 고음질의 사운드와 믹스 기능을 제공한다.

1) WAV 출력

• WAV 형식

wav 형식은 원래 Electronic Arts에서 개발한 .IFF 형식에 기초한 Windows 사운드 형식이다. IFF는 Interchange File Format의 약어이다. 이 형식은 다양한 파일 형식들이 중첩될 수 있는 일반 헤더/데이터 구조체를 사용하여 인코드 될 수 있도록 노력하는 표준이다. .wav 형식은 이 인코딩을 사용하며 매우 명확하고 논리적이라 할수 있으나 파일을 읽기에는 어려움이 있다. 많은 코드와 관련되어 있는 여러 헤더 정보의 구문을 분석하고 나서 사운드를 추출해야 한다.

2) 3D 사운드

3D 사운드는 사운드 트랙이 스테레오를 넘어 3차원으로 가져오게 하는 중요한 역할을 한다. 사운드에 3차원 효과를 주는 방법은 진폭, 주파수, 사운드의 팬을 변경하거나 양쪽 귀에 사운드가 도착하는 시간에 약간의 차이를 줌으로써 해결한다.

다. 입력 엔진

1) 키보드

Windows 에서의 키보드 입력은 메시지의 형태로 프로그램의 윈도우 프로시저에 전달된다. Windows는 여러 가지 키보드 이벤트를 나타내기 위해 8개의 메시지를 사용한다. Windows에서 키보드를 다루는 작업 중 대부분은 어떤 메시지가 중요하고, 어떤 메시지가 중요하지 않은지를 아는 것이다. 우리는 게임에서 필요한 메시지만을 취해서 알맞게 사용하면 되며 나머지 처리하지 않은 키는 윈도우에서 디폴트로 처리된다. 윈도우 프로시저를 통해서 키 처리를 할 경우 염두에 두어야 할 점이 있는데 그것은 키보드를 메시지 형태로 처리하기 때문에 실시간으로 키보드의 상태를 체크하기에는 한계가 있다는 것이다. 키보드 입력에 약간의 딜레이가 생겨도 상관없는 게임이 있는 반면, 꼭 실시간 입력을 필요로 하는 게임들이 있다. 후자의 경우 딜레이가 생기는 문제를 해결하기 위해 DirectInput을 사용한다. DirectInput은 장치 드라이버와 직접 통신함으로써 하드웨어 인터럽트에 즉시 반응 할 수 있게 해준다.

2) 마우스

표준 PC 마우스는 두 세 개의 버튼과 두 개의 동작 축(X와 Y)을 가진다. 마우스가 주변을 움직임에 따라 상태 변화를 설명하는 정보의 패킷이 만들어지고, 그 패킷들은 PC로 보내어진다. 그 데이터는 드라이버에 의해 처리되고 마침내 Windows나 DirectX에게 전달된다. 우리가 알고자 하는 것은 오로지 "마우스가 움직일 때나 버튼이 눌려질 때를 어떻게 결정하는가"이다.

3) 조이스틱

조이스틱은 윈도우에서 기본으로 지원되는 입력 장치는 아니다. 조이스틱을 사용하기 위해서는 DirectInput의 사용이 필수적이다. 조이스틱은 모든 DirectInput 장치 중에 가장 복잡한 장치이다. DirectInput은 장치 드라이버와 직접 통신함으로써 하드웨어 인터럽트에 즉시 반응할 수 있게 해주는 라이브러리를 제공한다.

라. 인공지능 엔진

인공지능 엔진에는 길찾기 알고리즘, 유한상태오토마타, 물리학의 적용등이 필요하다.

1) 길 찾기

길 찾기 알고리즘이 주되게 풀어야 하는 문제는 장애물을 피하고 막다른 골목에 빠지지 않도록 하는 것이다. 더 나아가서는, 통과비용이 서로 다른 지형을 인식하고 가장 효율적인 경로를 찾는 것도 중요한 문제가 된다.

길 찾기 알고리즘의 종류에는 다음과 같은 것들이 있다.

• BFS(Breath First Search)

가장 철저한 탐색법이며 방향을 정하고 목표까지의 거리를 계산한다. 그리고 가장 빠른 길을 찾는다. 그러나 모든 방향을 다 검색하기 때문에 게임에서 쓰기에는 너무 느리다.

• DFS(Depth First Search)

목표까지 가는데 한정된 node나 step을 가지고 있을 때 무척 유용한 방법이다. 갈림길의 선택시 길은 랜덤하게 선택된다. 그리고 진행하다가 막혔을 때는 최근의 선택으로 돌아와서 또다른 랜덤한 길을 선택하여 진행해 나가면서 목적지에 다다를 때까지 반복한다.

- A*

상태 공간 안의 특정 상태에 이웃한 즉 인접한 상태들을 조사해 나가면서 시작 상태로부터 목표 상태에 이르는 가장 싼 비용의 경로를 찾는 알고리즘이다.

2) 유한상태 오토마타

FSM(finite state machine)이라는 것은 용어 뜻 그대로, 유한한 개수의 상태들로 구성된 하나의 간단한 기계를 말한다. 여기서 하나의 상태라는 것은 그냥 하나의 조건을 뜻한다고 생각하면 된다. 예를 들어서 문(door)은 열린 상태 아니면 닫힌 상태, 또는 잠긴 상태 아니면 잠기지 않은 상태를 가진다.

FSM이라는 것은 유한한 갯수의 상태들을 가진 하나의 기계이고, 그 상태들 중 하나가 현재 상태인 것이다. FSM은 입력을 받고 어떠한 상태 전이(state transition) 함수에 기반해서 현재 상태로부터 출력 상태로의 상태 전이를 일으킨다. 그리고 출력 상태는 새로운 현재 상태가 된다.

그럼 이것을 컴퓨터 게임의 AI에 적용하려면 어떻게 해야 할까?

적용할 수 있는 방법은 무한하다는 것이 정답일 것이다. FSM은 게임 세계의 관리를 위한 기반 구조가 될 수도 있으면, 또는 NPC(non-player character)의 감정을 흉내내기 위한 도구가 될 수도 있다. 아니면 게임의 상태를 관리하거나 플레이어로부터의 입력을 해석하거나 어떠한 객체의 조건을 관리하는 도구로도 쓰일 수 있다.

3) 게임 물리학

게임은 실제의 시뮬레이션 혹은 과장이다. 어떤 경우에는 비디오 게임이 도무지 말이 되지 않아 물리학의 법칙들이 의미가 없어지는 경우도 있다. 반면에 물리학 법칙들은 차가 트랙을 돌아 정확하게 달려야 하는 자동차 경주 게임과 같은 경우에서 아주 중요하다. 어떠한 상황에서든 게임에 있어서 오브젝트의 물리적 특성과 움직임을 조절하거나 방향을 바꾸는 데 사용할 수 있도록 실제 세계를 작동하는 기본적 방법들에 대하여 배워야 한다. 우리가 게임에서 배워야 할 기초적인 물리법칙들은 질량, 시간, 위치, 속도, 가속도, 힘, 운동량 등이 있다. 이러한 기본적인 물리법칙에 대한 이해를 한 후에 중력 효과를 모형화하며 사실적인 충돌검사, 단순 운동학, 마찰 등을 게임에 추가하게 된다.

마. 이벤트 엔진

1) 스크립트(Script)

스크립트란 게임의 어떠한 행동 방식을 프로그램 코드 밖에서 정의하기 위한 하나의 수단이다. 스크립트는 게임 안에서 일어나는 일련의 단계들을 정의한다던가 어떠한 이벤트를 발생하게 하는 데 주로 쓰인다. 예를 들어 게임 안에서 어떠한 장면을 연출할 때에는 항상 스크립트를 사용하는 것이 좋다. 단순한 원인-결과 로직(캐릭터의 특정 위치에 따른 이벤트 발생, 미션 완수 실패 판정 등) 역시 스크립트의 대상이 된다. 스크립트를 채용하면 시스템의 설계를 상당히 단순화시킬 수 있다. 여기서 한가지 주의해야 할 것은 스크립트에 너무 많은 것을 의존하게 되는 경향이다. 스크립트에 어떠한 상태 정보를 담아서 조건 분기를 처리하게 되면 그것은 하나의 유한 상태 기계(FSM)가 되버린다. 상태의 개수가 늘어나면 스크립트를 작성하는 수고가 프로그램 코드를 작성하는 것에 별다른 차이가 없어진다. 스크립트가 복잡해지면 실제 프로그래머는 엔진만 만들어 놓은 채 외면해 버리고 나머지 모든 프로그래밍은 스크립트 작성자(프로그래머가 아닐 수도 있다)가 떠맡는 상황이 발생할 수도 있는 것이다. 스크립트란 일을 편하게 하기 위한 것이지 일을 어렵게 만들기 위한 것이 아님을 명심해야 한다.

2) 메시지 처리(이벤트 핸들러에 의한)

캐릭터의 동작은 미리 정해진 규칙에 따라 행해지면 그만이다. 하지만 캐릭터끼리의 상호작용은 그렇게 간단한 문제가 아니다. 거기에다 일정한 상황을 각 캐릭터에게 인지시키는 것 역시 까다로운 문제이다. 이에 대한 해결책은 바로 메시지에 의한 이벤트 핸들러의 구동이다. 여기서 말하는 핸들러란 각 상황에 따른 캐릭터의 처리를 정의해준 함수를 말한다.

메시지를 기반으로 이벤트 핸들러를 작성하면 게임 제작이 참으로 편해진다. 순간마다 조건을 판단하고 처리하는 루틴을 넣을 필요가 없기 때문이다. 단지 해당 오브젝트가 처해질 수 있는 상황과 그 상황에 따른 처리만을 나열하면 된다. 그리고 이 처리는 메시지에 따라 예약해놓으면 된다.

3) 화면 인터페이스

인터페이스를 만들 때에는 다음과 같은 사항 몇 가지를 고려하면 된다.

첫 번째, 인터페이스는 유용성과 아름다움 두 가지를 모두 가지고 있어야 한다.

두 번째, 인터페이스가 게임을 즐기는 데 방해가 되지 않도록 해야 한다.

세 번째, 사용하기 쉬워야 한다.

4) 충돌검사

① 2D충돌 체크

• 사각형 충돌 검사 : 충돌 검사할 부분의 영역을 사각형으로 미리 정해 놓은 다음에 사각형이 충돌하는 여부를 검사한다. 문제점은 캐릭터가 대각선으로 배치되어 있을 경우에 눈에 띄게 부자연스러울 정도로 충돌하지 않았는데 충돌하는 것처럼 보인다. 이를 해결 위해서 한 이미지 안에 복수개의 사각형을 설정해 놓고 충돌검사를 하기도 한다.

• 도트단위의 충돌검사 : 도트 단위의 충돌검사는 말 그대로 점을 한 개씩 비교하며 충돌하는지 여부를 결정하는 것이다. 가장 정확한 충돌검사라 할 수 있지만 충돌 체크할 캐릭터가 많아짐에 따라 기하급수적으로 느려지게 된다.

② 3D충돌 체크

• 경계구(bounding sphere) 충돌 검출 : 객체를 감싸는 구들의 반지름을 비교함으로서 객체와 개개의 충돌 여부를 판정하는 방식이다. 가장 간단하며 이해하기 쉽다.

• 삼각형 단위의 충돌 검출 : 방정식들을 이용해서 하나의 삼각형과 대상 삼각형의 평면 사이의 교점들을 결정하고, 그 점들이 대상 삼각형 안에 존재하는지를 검사함으로써 충돌을 판단한다.

(7) 게임 그래픽

게임그래픽은 게임의 얼굴에 해당하며 게임의 질적 수준을 결정하는 1차적인 기준이 되고 있다. 살아있는듯 한 캐릭터, 게임의 내용과 일치하는 분위기 있는 배경 등은 사용자를 게임의 시계로 빠져들게 하며 게임의 격조를 한층 높여 준다.

그래픽 아티스트는 작업 방식에 따라 원화, 2D, 3D그래픽으로 분류하며, 역할에 따라 일러스트, 캐릭터, 배경, 애니메이션, 동영상 등으로 구분되고 있다.

◇ 게임그래픽 디자이너의 역할

첫째, 게임그래픽 디자이너로서의 마인드가 중요하다.

개인적으로 좋아하는 이미지, 자신있는 부분 등의 개인적으로 중요한 부분들을 프로젝트를 위해 과감하게 버릴수 있어야 하며. 개인보다는 회사나 팀에서 원하는 이미지를 만들어 내는 것이 중요하다. 또한 게임의 생각을 가지고 만드는 부분보다 유저들의 취향을 읽고 유저들의 입장에서 생각하는 마음을 가지고 작업에 들어가야 한다.

둘째, 프로젝트에 들어가기 전 그래픽 팀 내에서의 사전준비가 필요하다.

기획팀에서 기획이 넘어오기전에 그래픽팀의 경우 작업에 들어가지 못하고 방황하는 경우가 있는데, 이런일을 방지하기위해 기획의도를 정확히 파악하고 그 프로젝트에 맞는 자료들을 수집하면서 나름대로 표현방식을 연구하고 테스트를 해 본다.

셋째, 스케줄을 미리 계획한다.

하나의 프로젝트를 진행하면서 가장 중요한 것은 시간과의 싸움이다. 치밀하게 잘 짜여져도 틀어지기 쉬운것이 스케줄이므로 개발기간에 맞춰서 실무에서의 작업내용에 따른 스케줄을 미리 계획하는 것이 반드시 필요하다.

❶ 게임그래픽의 요소 및 원리

가. 게임그래픽의 구성요소

게임그래픽의 구성요소는 배경등과 같은 게임에 들어가야 할 모든 요소로 크게 맵, 캐릭터, 배경, 아이템, 원화와 인터페이스가 있다.

1) 지형맵

지도를 말하며 맵의 개념이 들어온것은 RPG가 생겨나면서 캐릭터가 활동할 무대가 필요해지자 제작되었다.

〈그림 7.1〉 게임 『StarCraft』의 맵

2) 캐릭터

캐릭터는 그 게임의 성공과 실패를 좌우하는 주요한 역할을 한다. 게임상의 캐릭터는 여러 종류가 등장하는데 보통은 등신대별로 2등신, 3등신, 8등신 등으로 나뉘어 진다.

〈그림 7.2〉 게임 『RF-Online』의 캐릭터

3) 배경객체

배경은 크게 두 가지 스타일로 나눌 수 있는데 타일과 건물, 그리고 갖가지의 오브젝트로 나눌 수 있다.

4) 아이템

캐릭터가 소유하거나 들고 다닐 수 있는 물건들을 통칭하며, 게임시스템에서 비중이 높은
특별한 특징이나 능력을 보유하고 있다.

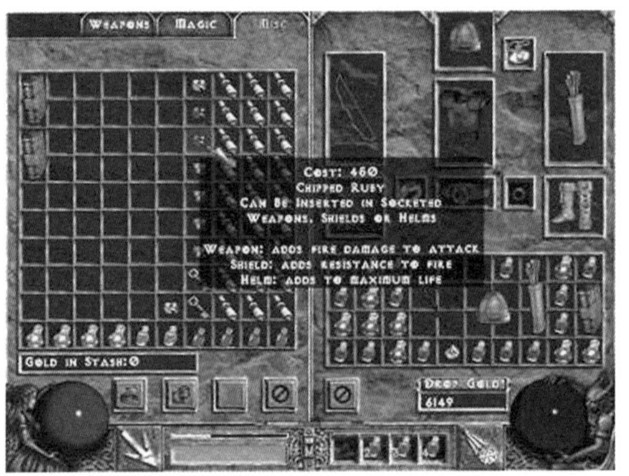

〈그림 7.3〉 게임 『Diablo 2』의 아이템

5) 인터페이스

게임을 위한 진행/보상이란 상호작용을 위한 매개가 되는 것으로 다른 종류의 인터페이스
와는 달리 지극히 개인적이기 때문에 일반적으로 편리성을 요구한다.

나. 게임그래픽의 데이터 처리방식

게임그래픽은 컴퓨터 그래픽과는 달리 기획과정에서 정해진 방향으로 그래픽 작업을 함에 있어서 프로그래머와 상의를 거친 후에 2D와 3D중 제작형식을 선택하여 파일포맷과 데이터 처리방식을 결정해서 제작에 들어가게 된다.

1) 3D 그래픽 모델 렌더링 방식

폴리곤 기반 그래픽 방식이며 직선으로 구선된 다각형으로 3차원 객체를 만들어내는데 쓰이는 그래픽 기법이다. 3D그래픽 처리방식은 와이어 프레임으로 이루어진 3차원 모델링 객체 또는 배경의 그림에 빛의 효과와 질감을 나타내는 텍스쳐 맵핑을 시켜 3차원의 사물을 표현한다.

〈그림 7.4〉 3D그래픽 처리방식

2) 2D 스프라이트 렌더링 방식

2D그래픽 처리방식은 크게 픽셀 하나하나에 색을 찍어가면서 그림을 완성하는 도트작업과 3D모델링 제작 후 결과물을 2D기법으로 변환하는 2가지 방법을 사용한다.

〈그림 7.5〉 2D그래픽 처리방식

3) 그래픽 파일

게임그래픽 데이터는 주로 픽셀단위로 이미지 정보를 기억하는 비트맵 형식으로 저장해서 작업한다. 이러한 비트맵 형식은 RGB모드와 Indexed모드를 지원한다.

❷ 장르별 게임그래픽의 특성

가. 액션, 슈팅게임

액션게임은 캐릭터의 크기가 큰 편이고 배경의 강도는 약한 편이다. 또한 캐릭터의 움직임이 중요한 비중을 차지하므로 캐릭터의 동작 하나하나를 리얼하게 표현해야 한다. 따라서 캐릭터 동작의 측면과, 정면 등 다양한 시점의 방향에 따른 동작 컷을 준비해야 한다.

슈팅게임은 비교적 캐릭터의 크기가 작고 배경의 강도가 강한 편이다. 또한 많은 아이템이 등장하고 캐릭터의 움직임 또한 매우 사실적이다. 그리고 등장하는 적 캐릭터의 공격패턴도 다양해서 색상처리와 함축적인 묘사가 중요하다. 따라서 디자이너는 픽셀 조작에 세심한 주의를 기울어야 하며 최종 스테이지의 보스 캐릭터의 경우 다른 적 캐릭터에 비해 7~10배 정도의 크기를 가지기 때문에 다른 캐릭터의 모습과 컬러처리에 각별히 신경을 써야 한다.

〈그림 7.6〉 게임 『철권』

나. 시뮬레이션 게임

시뮬레이션 게임은 배경디자인이 섬세하고 높은 해상도를 요구하는 전략시뮬레이션 게임과 사실적 묘사와 현실감 전달, 속도감과 3차원적 입체감을 요하는 시뮬레이터형 게임이 있다.

전략시뮬레이션 게임은 정지화면이 많기 때문에 속도감이 그리 중요하지 않지만 배경그래픽의해상도가 높고 색상수를 적게 사용해서 배경그림을 섬세하고 정밀하게 디자인해야 한다.

반면에 시뮬레이터형 게임은 현실과 유사한 실제상황을 표현해야 하기 때문에 정밀묘사나 섬세한 그래픽 보다는 유연성 있는 3차원 그래픽 애니메이션을 실시간으로 표현해야 한다.

〈그림 7.7〉 게임 『삼국지 10』

다. 롤플레잉 게임

롤플레잉 게임은 캐릭터의 요소가 배경 그림보다 강한 비중을 차지한다. 이는 등장하는 캐릭터의 양이 많고 각각의 움직임에 따른 모든 동작에 따른 표현도 잡아주어야 하므로 작업량이 많고 까다로운 편이다. 따라서 각기 다른 캐릭터의 성격과 크기, 특징등을 함축적으로 표현할 수 있는 디자인 감각이 요구된다.

롤플레잉 게임의 배경그래픽은 보통 타일맵에 의해서 구성되며, 타입맵에 대한 디자이너의 특수감각과 많은 훈련이 있어야만 그래픽의 완성도가 높아지게 된다.

〈그림 7.8〉 게임 『리니지 2』

라. 어드벤처 게임

어드벤처게임은 배경 그래픽을 통한 게임의 분위기가 매우 중요한 위치를 차지한다. 따라서 디자이너는 게임 특성상 분위기 묘사를 적절히 표현할 수 있는 감각을 지녀야 한다. 또한 그래픽의 작업량도 다른 장르에 비해 많은 편이므로 배경그래픽 제작시간과 결과물에 훨씬 많은 노력을 요한다.

〈그림 7.8〉 게임 『리니지 2』

❸ 게임기획에 따른 원화 제작방법

가. 원화 제작방식 및 제작 진행순서

1) 게임에 관련된 기획자 및 제작진이 모여 기획회의를 통해 의견을 도출

2) 기획자들이 제작한 기획서를 통해 기획의도 파악

3) 캐릭터 및 게임전체의 컨셉이 정해진 후 전체적으로 구상하여 밑그림 작업

4) 분위기와 컬러의 종류를 결정하면서 작업하되 게임에 구현 가능한 이미지들인가를 염두에 두고 세부작업에 착수

5) 컬러링, 명암처리, 질감의 디테일등을 표현하면서 게임 전체의 분위기를 결정짓는 두 번째 세부 디테일 작업 착수

6) 원화와 문서를 함께 만들어 게임에 대한 간략한 설명까지 될 수 있는 작업으로 진행

나. 캐릭터 기획 및 제작

기획자와 협의하여 게임내에서 허용된 컬러의 수, 캐릭터의 크기 등 제한요건 내에서 최대한 효율적이며 성공적인 캐릭터를 제작하기 위한 구상을 하며, 프로그래머와 상의하여 캐릭터의 이력에 관한 자세한 설정과 프레임, 동작의 수, 특이사항 등에서 수준 높은 퀄리티를 내기 위한 노력을 한다.

특히 게임의 장르 및 성격, 배경등과 어울려야 하며 각 등장인물 간의 조화와 크기도 고려한다. 또한 대상연령층에 따른 디자인과, 초기원화를 탄탄하게 제작하여 다음 작업을 위한 길잡이 역할을 할 수 있도록 해야 한다.

다. 배경, 맵, 계획

게임의 배경은 게임의 분위기를 나타내주는 중요한 역할을 하기 때문에 배경작업은 많은 시간과 노력을 요구한다. 특히 기획서상의 글로서 표현된 설정을 시각적으로 표현하기 위해서 지속적인 상상력과 노력을 바탕으로 계획하면서 작업을 해야한다.

라. 인터페이스 제작

인터페이스의 쉽고 편리한 정도는 유저가 갖고 있는 한정된 능력을 최대화 할 수 있도록 디자인 되어야 한다. 인터페이스를 비롯한 화면의 전체적인 구성이 유저의 시선 흐름, 마우스의 움직임 등이 네비게이션이나 실제 조작에 있어서 얼마나 효율적으로 편리하게 조작할 수 있느냐가 매우 중요하다. 또한 진행시에도 시작부터 게임오버까지 각각의 경우에 대한 흐름을 원활하게 하여 게임의 맥이 끊기지 않도록 유의하면서 제작한다.

마. 아이템 제작계획

아이템이란 캐릭터가 소유하거나 들고 다닐 수 있는 물건들을 통칭하며, 게임시스템에서 비중이 높은 특별한 특징을 능력을 보유하고 있는 것을 지칭한다. 이러한 아이템의 제작은 제작해야 할 아이템 항목을 열거한 리스트를 작성하고 리스트에 맞는 아이템의 외형을 제작한다.

❹ 게임그래픽 제작 기법

가. 3D 게임그래픽 제작기법

1) 모델링

원화를 바탕으로 원화에 대한 뼈대를 만드는 것을 말한다. 폴리곤은 모델링의 최소단위 이며 게임에서는 로우폴리곤 방식으로 용량을 적게 만들어야 원활한 게임속도를 보장받을 수 있다.

높은 퀄리티를 요구하는 실사 모델링의 경우에는 넙스 모델링 방식으로 제작하는 방식을 사용하기도 한다.

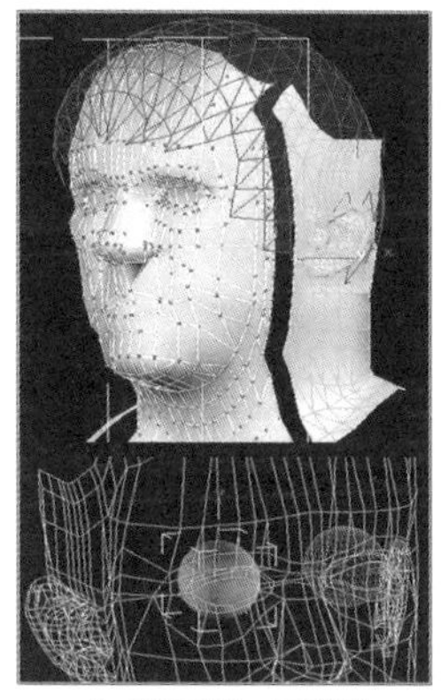

〈그림 7.10〉 모델링

2) 맵핑

맵핑이라 모델링된 폴리곤에 옵을 입히는 과정을 말하며 포토샵에서 주로 맵핑작업을 하는데, 카툰방식과 실사방식등의 종류를 주로 사용한다.

모델링에서 높은 퀄리티로 작업하면 용량이 늘어나기 때문에 주로 맵핑 작업에서 높은 퀄리티로 작업하는 것이 일반적이다.

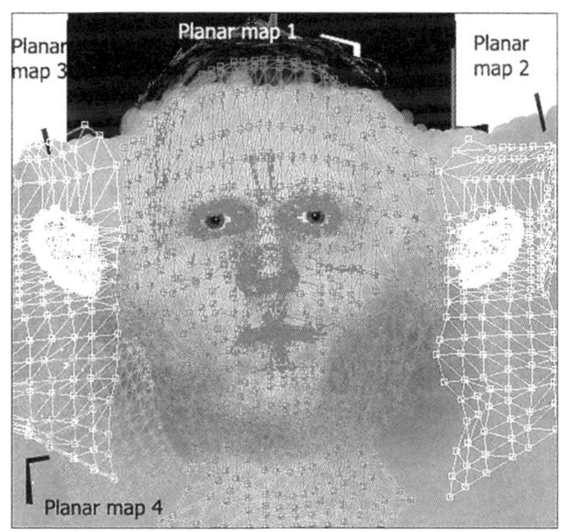

〈그림 7.11〉 맵핑

3) 카메라

카메라는 플레이어가 보는 시점을 설정하는 것으로 일반적으로 플레이어의 시점과 동일하게 설치한다. 게임상에서 보이지 않는 부분이 보이는 부분으로 부드럽게 전환될 수 있도록 카메라로 장면을 잡고 그 외의 장면을 어느정도 준비시켜 놓았다가 카메라가 움직였을 때 출력하도록 하는 방법을 사용하면 효과적이다.

4) 조명

게임속의 조명은 모델링된 오브젝트를 효과적으로 표현하고, 장면 전체에 깊이감을 주기 위해 설정하는 장치이다. 그림자등을 통한 오브젝트의 설정과, 극적인 효과를 연출하는 등 게임 내에서 낮은 폴리곤으로 제작한 그래픽등을 돋보이게 하기위해 많은 조명의 설치와 설정이 필요하다.

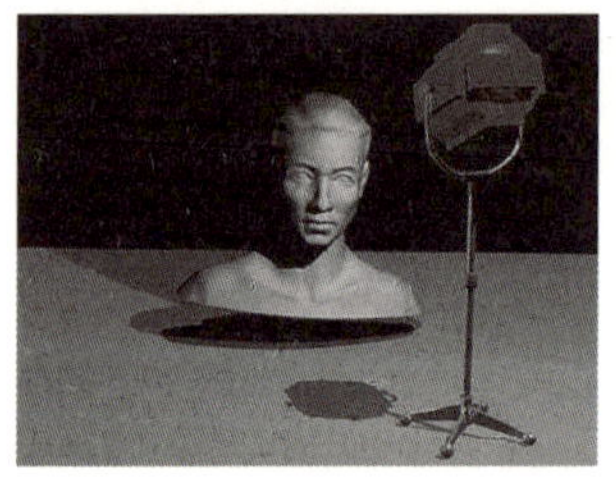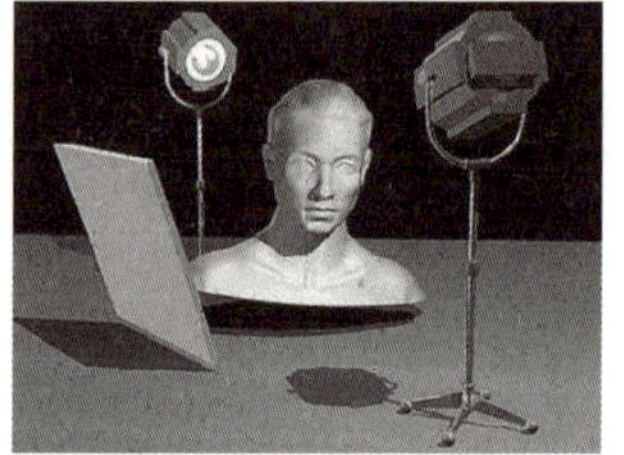

〈그림 7.12〉 각종 조명 설정

5) 렌더링

렌더링은 3D 그래픽작업의 마지막 과정으로서 각종 설정등을 최종적으로 결과물로 만들어

내는 작업이다. 또한 시간이 많이 걸리는 작업이기 때문에 렌더링에 들어가기 전 렌더링에 대한 규격과 절차를 치밀하게 준비해서 중복된 작업이 되지 않도록 신경 쓰면서 작업해야 한다.

나. 2D 게임그래픽 제작기법

1) 맵의 기본 및 타일작업

타일이란 맵 바닥의 기본구성요소로서 맵 제작과 캐릭터 이동의 근본이 된다. 타일은 손이 많이 가는 작업이고 조합이 제대로 되었을 때 좋은 결과물이 나오지만 최근의 게임시스템 환경이 좋아지면서 타일자체의 크기가 커지거나 아예 통으로 올리는 경우도 비일비재하다.

〈그림 7.13〉 맵 타일

2) 도트작업

게임그래픽의 기본요소인 픽셀을 이용하는 작업으로써 낮은 해상도에서의 그래픽 작업의 효과를 극대화하기위해서 도트작업을 한다. 도트작업의 경우 아주 적은 용량을 차지하기 때문에 게임상에서 원활하게 구동되는 장점이 있으나 작은 크기의 캐릭터를 효과적으로 표현하기 위해서 그림의 최소단위인 점으로 섬세하게 작업하게 된다.

〈그림 7.14〉 각종 도트작업 결과물

3) 3D 모델링 제작 후 결과물을 2D기법으로 전환

3D를 사용한 이미지라도 결과적으로 2D로 나타나게 되는 것이며 3D로 나온 이미지가 만족스럽지 않더라도 2D 편집과정을 통해서 원하는 수준으로 이미지를 손질할 수 있는 장점이 있다. 또한 캐릭터의 동작추가, 삭제 등 일부작업이필요한 때 출력된 2D이미지들은 많은 부분작업이 용이하다.

다. 게임 동영상

1) 역할 및 기능

게임동영상은 가시적인 효과의 동영상과 유저들이 게임만으로 이해하지 못하는 게임스토리의 부연설명이나 게임 중간중간의 이벤트를 진행시키는 역할을 하는 동영상이 있다. 특히 잘 만들어진 동영상은 짧은 시간에 게임에 대한 강렬한 이미지와 기술적인 놀라움으로 유저들에게 강한 인상을 남기고 게임에대한 흥미와 감동을 더해주는 역할을 한다. 따라서 각 게임회사들은 수준 높은 동영상을 통해 마케팅등에 적극적으로 활용하는 추세이다.

2) 동영상의 제작

① 콘티수령

기획자로부터 게임분위기, 주인공의특성, 시대적 환경등을 분석하여 자료를 수집한 후 캐릭터와 배경을 스케치하고 카메라의 각도와 이동, 특수효과, 음악과 음향이 들어가는 시점 등에 대한 자료를 통해 사전작업을 한다.

② 원화 스케치

그래픽 디자이너 중 동영상에 참가할 팀이 기획자로부터 전달받은 콘티를 토대로 스케치한다.

③ 모델링과 맵핑

캐릭터와 배경의 모델링을 가벼운면서도 디테일한 표현으로서 제작한다.

④ 씬 구성

설정배경과 비슷한 분위기의 자료를 조사하고 이미지를 여러 곳에서 수집한 후 배경과 캐릭터가 같이 나오는 장면을 위해 배경의 스케일 비율을 맞추는 등의 씬의 설정과 구성을 한다.

⑤ 렌더링

여러 가지 렌더링에 관한 플러그인을 이용해서 보다 나은 퀄리티를 낼 수 있도록 하고 렌더링 후에는 2D에서 수정작업을 한다.

⑥ 편집

전체적인 스토리와 동영상의 흐름이 매끄럽게 처리될 수 있도록 편집툴을 이용해서 편집을 하게 되는데 색조절등은 2D그래픽에서 제작하며, 각종 효과등도 포토샵에서 필터 처리를 한다.

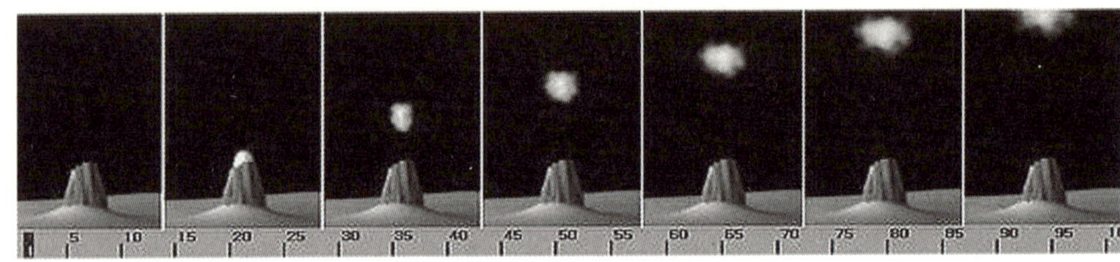

〈그림 7.15〉 동영상 제작 및 편집

참 고 문 헌

[1] 앤드류 롤링스, 어니스트 아담스 , 게임기획개론, 제우미디어, 2004

[2] 고병희, 게임제작개론, 서림재, 2003

[3] 에디 덤브라워, 인터렉티브 엔터테인먼트 디자인, 한국게임산업개발원 부설 게임아카데미, 2003

[4] 김경식 외, 게임제작개론, 형설, 2003

[5] 한국게임산업개발원 산업정책팀, 게임백서2004, 한국게임산업개발원, 2004

[6] 앤드류 롤링스, 데이브모리스 , 게임아키텍쳐&디자인, 제우미디어, 2001

(8) 게임 사운드

현대 게임기술은 컴퓨터 하드웨어의 발전과 더불어 그래픽을 중심으로 놀랍도록 성장하고 있다. 게이머의 눈을 현혹하는 화려한 3D 그래픽을 기초로 한 게임이 하루가 멀다하고 쏟아져 나오고 있지만 그중에서 완성도 있는 게임은 극히 드물다. 물론 현실감 있는 그래픽이 성공의 중요한 요소 가 될 수 있겠지만, 일반 영상물과는 다른, 인터페이스를 이용한 상호 작용이 존재하는 게임에 있어서는 게임의 흥미와 동기를 부여하는 '몰입도'라는 특수한 요소가 필요하다.

게임의 시작이라고 할수있던 '퐁' 이라는 아주 단순한 아케이트 게임에서도 PC스피커를 통해 나오는 '삑삑' 거리는 단음의 효과음이 없었다면 게임의 생동감이 떨어졌을 것이다. 여기서 Back Ground Music 과 Special effect 등과 같은 게임 사운드는 이러한 몰입도를 지속시키는데 매우 큰 역할을 한다. 심지어는 사운드가 게임의 전부라 할수 있는 DDR, 댄스 에볼루션과 같은 게임 등이 큰 히트를 기록하고 있다. 현대 게임은 사실성을 바탕으로 한 복잡한 형태로 발전하고 있고 이에 따른 사운드의 역할 비중이 높아지고 있다.

이 장에서는 게임 사운드의 제작에 필요한 과정과 구현기술을 소개한다.

❶ 게임 사운드 제작 파트의 구성

가. Music Director

뮤직디렉터는 기획자의 의도를 정확히 파악하여 영상물에 들어갈 음악의 전반적인 흐름을 결정하고, 음악을 직접 선곡, 제작 하거나 작곡자를 섭외하여 의뢰한다.

게임의 경우 기획서나 게임실행파일을, 애니메이션, 영화의 경우 시나리오나 대본, 또는 영상을 검토하여 음악적 방향, 제작 일정 등의 협의를 거쳐 사운드를 기획하고, 스케줄 등을 결정한다. 영상결과물이 나오면 영상물에 대한 음악적인 세부사항을 협의하여, 그것을 토대로 작곡, 편곡 및 녹음이 시작된다. 기획자(또는 감독)가 직접음악을 기획하는 경우도 있다. 이 경우 자신의 의도를 정확히 표현할 수 있는 장점이 있지만, 전문성이 떨어지는 단점도 함께 안고 있다.

나. Sound Effect Director

뮤직디렉터와 마찬가지로 영상물에 들어갈 효과 음향의전반적인 흐름을 결정하고, 직접제작하거나 의뢰한다. 효과음향의 사용여부에 따라 최종소비자가 느끼는' 실감' 의 정도가 좌우되는 매우 중요한 역할이다. 효과음의 제작방법은 대체로 실제 소리를 녹음해서 처리하는 수음방법과 신디사이저등 전자악기를 이용하는 합성방법이 있는데 대부분 실무에서는 이 두 가지 방법을 병행해서 사용한다.

다. Recording Engineer

모니터시스템(Monitor System)' 을 통해 성우나 연주 등의 녹음된 소리를 체크하며, Recording 과정을 진행한다.

라. Mixing Engineer

영상음향효과작업에서 믹스다운은 중대한 역할을 한다.
- 작곡가가 만든 음악
- 사운드 디자이너가 만든 모든 효과소스
- 레코딩 엔지니어가 녹음한 성우 목소리, 연주 등을 정리하고, 믹싱하여 최종결과물을 만들어낸다.
- 5.1 채널작업등 믹스다운과정에서 이루어진다.

❷ 음향 제작과정 [1]

음향 제작과정의 가장 중요한 부분은 녹음부분이다. 좋시 않은 재료로 좋은 요리를 하기 어

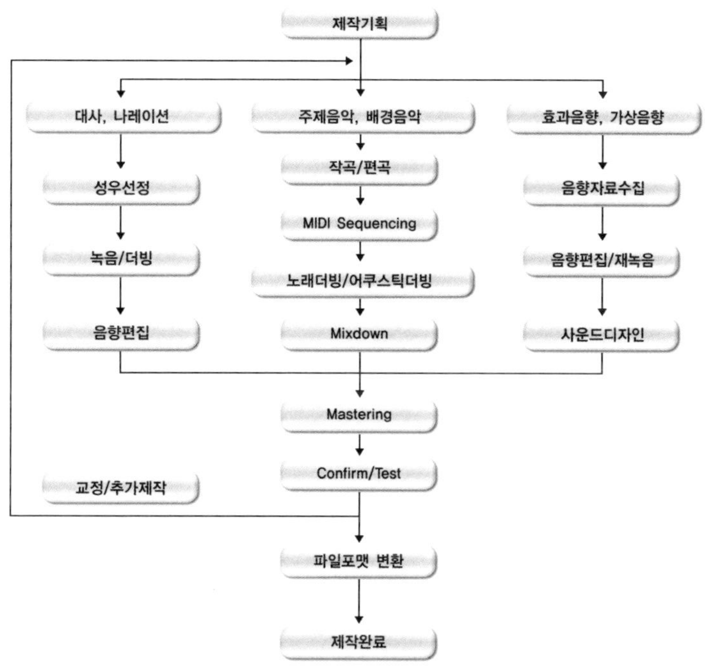

〈그림 8.1〉 Music & Sound Producing [1]

렵듯이 녹음 소스가 나쁘면 음향을 가공해도 좋은 결과를 얻기가 어렵다. 특히 녹음할 때 입력 레벨이 너무 높아 이미 찌그러진 소리는 어떠한 방법으로도 고쳐 쓰기가 힘들다. 또한 녹음할 때 들어오는 아날로그 잡음이 너무 많으면 음향을 편집하는 과정에서 원음이 손상될 수밖에 없다. 그러므로 짧은 소리 몇 개를 녹음하기 위해서도 전문장비와 수음에 탁월한 엔지니어가 필요하므로 제작경비가 많이 들 수밖에 없다. 그래서 게임제작시 경제적 이유로 음향을 소홀히 취급하는 경우가 많지만 멀티미디어적 밸런스가 맞는 좋은 상품을 개발하기 위해서는 근본적으로 음향의 중요성을 인식해야 할 것이다. 그림 2.8.1은 음향제작의 일반적인 과정을 도표로 나타낸 것이다.

게임음악 뿐만 아니라 드라마음악, 영화음악, 광고음악 등 영상음향의 기본제작은 주로 대사, 배경음악, 효과음향의 세 가지로 분류하여 작업을 한다. 여기서 DAW는 Digital Audio Workstation의 약자로 사용하였다.

❸ 기획 단계의 게임 사운드 [2]

게임 사운드 제작 전, 기획단계에서 반드시 다음과 같은 사운드의 역할과 구성요소를 고려해야한다.

가. 게임사운드의 역할

1) 생성된 감정을 확장 시키거나 다른 감정으로의 변화를 유도한다.
2) 앞으로 일어날 사건과 이벤트를 예고함으로 게임의 긴장감을 유발한다.
3) 사용자의 주의를 환기시켜 게임 플레이의 집중을 돕는다.

4) 게임의 목적과 분위기를 극대화 시킨다.

5) 게임의 기획에 따른 사운드와 음악의 배치는 전체석인 게임의 퀄리티를 높인다. 업체 로고의 경우 사운드 이미지로 연상작용을 발생시킬 수 있다.

나. 게임 사운드의 구성요소

1) BGM (Back Ground Music)

가장 기본적인 사운드로 게임 전반에 흐르는 음악이다. 게임의 시작, 위기, 절정, 결말에 적절한 음악을 작곡하고 MIDI작업을 하는 경우가 일반적이다. 음악의 용도에 따라 로고음악, 프롤로그음악, 스테이지음악, 전투음악, 에필로그음악 등으로 분류하지만 게임의 분위기와 잘 어울리는 음악의 형태(빠르기, 리듬, 악기편성, …)를 결정하는 것이 가장 중요하다. 경우에 따라 가수의 노래를 더빙하거나 특정한 부분의 멜로디를 실제 악기소리로 녹음하기도 하지만 음악적으로 완벽하기보다는 영상과 게임의 흐름에 흥미를 줄 수 있는 효과적인 음악이 좋다. 그리고 게임에 몰입하면 몇 시간씩 반복해서 들어야하는 음악이므로 반복 속에서도 늘 신선함을 느낄 수 있는 음악적 아이디어를 창출해야 한다.

게임플레이 중에 계속적으로 들려 지기 때문에 지루하지 않은 패턴의 음악으로 만들어야 하지만 너무 강렬한 사운드는 게임의 집중을 떨어뜨릴 수 도 있다. 대개 게임의 장르, 세계관과 시대적 배경, 이야기 전개를 중심으로 작곡되어진다. 그리고 미션 실패와 성공에 따라 짧은 음악이 사용되어지기도 한다.

2) Visual Sound

게임 오프닝과 엔딩, 미션 동영상에 삽입되는 사운드와 음악이다.

화려하고 멋진 동영상의 관람은 게임의 가장 큰 모티브이기도하다. 특히 멀티엔딩의 경우 각 동영상의 상황이 다르기 때문에 설정에 맞는 다양한 사운드가 필요하다.

영화적인 요소가 많아 효과음과 음악의 적절한 조화가 필요하고 영상과 사운드의 동기화가 중요하다. 동영상에 삽입되는 음악은 게임의 주제가와 같은 역할을 하기 때문에 매우 중요하다.

3) Charactor Voice

등장캐릭터의 이벤트 발생시 출력되는 사운드를 말한다. 캐릭터가 인간일 경우 생동감을 주기 위해 전문 성우를 쓰는 것이 일반적이지만 기계류나 창조된 유닛일 경우 새로운 사운드 디자인이 필요하다.

제작회의에서 작성된 음향목록에 따라 성우를 선정하고 필요한 대사와 나레이션, 인성을 필요로 하는 효과음 등을 녹음한다. 그리고 DAW의 이펙터를 통해 목적한 소리를 만든다. 여기서 중요한 점은 DAW의 이펙터를 통하면 각종 캐릭터음향을 제작할 수 있다는 것이다. 외계에서 온 우주전사의 목소리, 마귀할멈, 바보스러운 뚱뚱한 남자, 토끼나 호랑이의 동물 대사 등 가상의 목소리도 디자인할 수 있다.

4) FX Sound

특수 효과음으로 게임인터페이스의 조작, 유닛의 파괴, 마법 효과, 게임상황을 전달하는 메시지 등 게임 이벤트를 표현하는 사운드를 말한다. 또한 캐릭터의 개성을 강하게 표현하는 부분이기도 하다.

게임에 가장 많이 필요로 하는 음향이 효과음향이다. 총소리, 타격하는 소리, 자동차 소음, 바람소리 등 각종 자연음향과 가상의 괴물이 울부짖는 존재하지 않는 가상음향도 있다. 역시 DAW의 이펙터를 통하여 원하는 대로 디자인할 수 있는데 자연음향의 경우 너무 사실 그대로의 음향을 재현하기보다는 게임의 성격에 맞게 표현의 폭을 과장하거나 의외의 음향으로 변형하는 것이 좋다. 그리고 정확하게 필요한 음향만을 채집하여 최소한의 용량으로 최대한의 효과를 낼 수 있는 효과음향을 제작해야 한다. 이미 각종 효과음향이 CD로 출시되어 있지만 게임의 분위기와 정확히 맞는 소리를 찾기란 쉽지 않다. 기존의 음향을 클립으로 활용하여 새로운 음향을 디자인할 수도 있겠지만 적은 노력으로 새로 얻을 수 있는 소리들은 늘 새로 녹음하는 자세가 필요하다.

다. 게임 플랫폼별 사운드 지원

게임 플랫폼이 지원하는 사운드 장치의 기능(Dolby 또는 DTS 등)을 극대화 할 수 있는 여러 형태의 파일 포맷과 효과적인 메모리 관리를 고려해서 다음과 같은 사항이 먼저 결정 되어야 한다.

- 음악분위기
- 효과개수(적절한 효과 개수와 배합)
- 제한용량(파일크기)
- File Type : MIDI(MID), WAVE(WAV), MPEG(MP3), Window Media Audio(WMA) 등

- Media Type : CD. Tape, DA98(88), Beta, DIGI Beta, DV Cam

- Channel : Mono. Stereo, 5.1Chanel

- Platform : normal, DTS, Dolby Digital

- Sample rate : 22.05KHz(Tape), 44.1KHz(CD), 48Khz(DAT,MD)

- Bit Depth : 8bit, 16bit, 20bit, 24bit

- Length : 음악이나 음향의 길이

- Loop : 반복여부(게임)

모바일게임의 경우 - File Type : SSD, MA1, MMF (MA2), MA3, MA5, MID웨이브 파일은 16폴리 이상부터 제작가능

❹ 사운드 장치(Sound device)의 활용 [3]

사운드 제작에 필요한 최소 장비라면 물론 사운드 카드일 것이다. 사운드 제작자 뿐만아니라 사운드 구현과정에서 프로그래머나 기획자에게도 사운드 카드의 이해는 반드시 필요하다. 직접적으로 사운드 컨텐츠를 만드는 크리에이터라면 오디오 카드라 불리는 하드 레코딩 카드의 사용이 필수적인데 우선 사운드 카드 내부적인 기능의 이해가 필요하다.

가. 사운드 카드의 기능

1) DSP (Digital Signal Process) Chip

사운드 카드의 주 기능으로 오디오 신호의 입출력을 담당한다. 마이크나 외부 오디오 기기

에서 들어오는 아날로그 신호를 디지털 신호로 상호 전환(DAC, ADC)하는 기능과 사운드 변
조에 대한 연산을 처리한다.

2) 내장 음원칩

외부의 미디 악기를 사운드카드 내부에 채용한 것으로 기본적으로 128가지의 악기와 몇 종
류의 드럼사운드를 사용할 수 있지만 악기의 소리는 제작사에 따라 큰 차이가 있다. 악기소리
는 롬의 형태로 저장되어 있기 때문에 몇 가지 미디 컨트롤과 파라미터를 통해 제어할 수는 있
지만 원음의 가공은 불가능하다.

3) 사운드 폰트(Sound Font)

사운드 블라스터 AWE 계열과 사블라이브 , E-MU사의 APS등의 사운드카드에 적용된 기
능으로 고가의 샘플러 기능을 PC에 채용한 것이다. 사운드카드 전용의 메모리나 시스템의 메
모리를 할당해서 필요한 사운드를 로드해 놓고 마치 악기처럼 사용한다. 소스가 파일의 형태
로 존재하기 때문에 거의 모든 사운드의 표현과 편집이 자유롭다.

4) 소프트 신스(Soft Synth)

미디음원의 기능을 프로그램화 시켜 음원칩의 메모리와 CPU 대신 SYTEM RAM과 CPU의
일부를 사용하는 소프트웨어 음원을 만들어 내는 것이다. S-YG20, S-YXG50T2 나 VSC-
88, Wingroove 등과 같은 소프트 신스는 제작 업체에서 표준미디 규격을 따라 제작한 표준악
기에 대응하는 소프트 신스와 Rebirth, FruityLoops 등 User가 직접 사운드 프로그래밍을 통
해 새로운 악기를 만들어 내는 소프트 신스가 있다.

5) MPU-401 호환 인터페이스

외부의 미디기기에서 발생된 미디신호의 입출력과 동기화를 처리한다. 전용 미디 인터페이스는 외부 영상기기와의 동기화(Synchronization)를 처리할 수 있지만 사운드카드의 미디 인터페이스에는 이러한 기능이 제외 되어있다.

동기화란 컴퓨터 내의 시퀀서와 영상 장비 그리고 MTR과 같은 테이프 레코더 등이 항상 맞물려 돌아가기 때문에 이들을 동시에 컨트롤하여 서로의 진행시간을 맞추는 것이 필요하게 되었는데, 이처럼 여러 장비들을 똑같이 동작할 수 있는 것이 바로 싱크의 기능이다. 이렇게 장비를 서로 연결할 때는 싱크 신호를 테이프에 기록한 뒤 이 신호에 맞추어 모든 장비를 동기하게 되는데, 오디오 테이프에 싱크 정보를 기록하기 위해서는 오디오 테이프와 호환이 가능한 신호로 변경을 해주어야 한다.

우리는 이것을 싱크 톤(Sync Tone)이라 하며 테이프에 이 싱크 톤을 기록하는 것을 스트라이프(Stripe)라고 한다. 그리고 이 싱크 톤을 이용할 경우 곡의 처음이 아니더라도 미디 장비들이 동작할 수 있도록 하는 것이 좋은데 이것을 체이싱(Chasing)이라고 한다.

사운드 카드를 통해 여러 채널의 출력경로를 가질 수 있고 이러한 점은 다양한 종류와 형태의 사운드제작이 가능하다는 것을 의미한다. Windows시리즈와 같은 멀티태스킹이 가능한 OS에서는 2개 이상의 사운드 카드의 사용이 가능하기 때문에 음원 칩이 다른 제조회사의 사운드 카드를 이용한다면 이들의 조합을 통해 사운드 제작에 더욱 유리하다.

나. 오디오 카드 [3] [4] [5]

사운드카드와 오디오카드와의 차이는 범용성과 전문성의 차이라고 할수 있다. 오디오 카드는 녹음과 재생의 능력이 일반 사운드카드에 비해 월등히 뛰어 나다.

사운드카드는 보통 16bit에 44.1Khz정도의 음해상도를 지닌다면 프로오디용으로 쓰이는 오디오카드는 대부분 24bit에 96khz를 지원한다. 이는 그만큼 음을 받아들여서 녹음하는 수준이 높다는 것을 의미한다. 사운드카드는 원가상승 등을 이유로 저가형 ADC칩을 쓰지만, 프로오디오용 오디오카드는 굉장히 비싼 고급의 고가형 ADC칩을 사용해서 같은 해상도의 음에서도 월등히 깔끔하고 잡음 없는 수준의 음질을 들려준다.

또한 오디오카드는 일반 사운드카드와는 달리 인 아웃단자의 수에서도 차이가 난다. 특정 전문 오디오 카드의 경우는 소리를 입출력 할 수 있는 단자가 24개나 된다. 오디오카드의 하드레코딩 기능으로 이는 외부에서 입력된 사운드의 실시간 녹음이 가능하기 때문이다.

그리고 사운드 전문가들이 오디오카드를 쓰는 가장 큰 이유중의 하나는 일반 사운드카드와 다르게 프로오디오작업용 프로그램 (예를들어 소나, 로직오디오, 큐베이스, 누엔도등등..)에서 쓰이는 전용드라이버를 지원하기 때문이다. 이 드라이버는 일반 사운드카드에는 거의 사용하지 못한다.

이런한 전용 드라이버의 사용은 레이턴시(Latency)상당히 줄여주는 효과가 있다. (참고로 Latency란 간단히 말해서 컴퓨터 내부의 오디오 데이터가 오디오 카드를 통해 출력되는데 걸리는 시간이다. 단위로는 ms 로 1초는 1000ms 이며 일반인은 보통 100ms ~ 40ms정도의

Latency까지 느낄 수 있다고 하며 음악과 관련된 전문가들은 훈련에 따라 20ms이하의 Latency 차도 느낄 수 있다.) 현재 많이 사용되고 있는 오디오 드라이버로는 크게 MME, DirectX, ASIO 2.0, EASI, GS I/F, WDM 등의 6가지가 있다.

1) MME (Multimedia Extensions)

MME 드라이버는 윈도우상에서 기본적으로 지원되는 것으로 PC에 장착되는 거의 모든 오디오 카드들은 기본적으로 이 MME 드라이버를 지원한다고 보면 된다. 그 만큼 MME 드라이버는 호환성을 중요시하기 때문에 대다수의 오디오 카드에서 잘 작동하는 편이나 드라이버 자체의 성능은 6가지 드라이버 중에서 가장 낮은 성능을 나타내고 있으며 드라이버 자체의 CPU 점유율도 상당히 높은 편이고, Latency(레이턴시)가 보통 300ms ~ 500ms 정도이기 때문에 실제 마스터 키보드 등을 연결해 연주해 보거나 아니면 플레이 버튼을 눌러 보면 어느 정도 시간이 지나서야 연주가 되는 등 딜레이 되는 현상으로 미디시퀀서에서 소프트신디사이저나 소프트미디음원으로 실시간 연주나 실시간 입력에 이 MME 드라이버를 쓰기에는 역부족이다. MME는 이러한 지연성 Latency등으로 인하여 현재 전문적인 작업에는 거의 사용을 하지 않고 단지 오디오 카드가 제대로 소리가 나는지 등의 체크용도 사용되는 경우가 많다.

2) DirectSound (DirectX).

DirectX 드라이버는 윈95에서 추가된 것으로 이는 과거 게임 제작사들이 윈도우 상에서 게임을 제작할 시 DOS 모드의 게임에 비해 그래픽이나 오디오 처리가 굉장히 늦어져 게임을 제대로 할 수 없는 경우들을 해결하고자 Microsoft 사에서 윈도우 상에서 돌아가는 새로운 규격으로 DirectX를 만들게 되었고 이 DirectX를 통해 그래픽이나 오디오 프로세싱에 있어 DOS 모드상에서와 같은 빠른 실행 능력을 얻을 수 있게 되었다. DirectX 드라이버에서 오디오와 관련된 부분을 DirectSound 라고 하며 Latency를 200ms ~ 40ms 까지 낮출 수 있게 해주며 CPU에 걸리는 부하도 상당히 줄여 놓았기 때문에 MME에 비해서는 월등한 성능을 보여 주어 게임 제작사들에게 있어서는 거의 표준 규격으로 각광을 받았다. 그러나 아직까지도 많은 음악 관련 종사자들에게는 만족스럽지 못한 Latency로 인해 실제 전문적인 작업에서는 그 사용 빈도가 낮은 편이다. 현재 DirectX는 Microsoft가 DirectX 8.0까지 출시하고 있는 상태이며 최근 출시된 DirectX 8.0의 경우 3D 그래픽의 향상외에도 오디오 부분에 있어서도 리버브 등의 이펙터 관련 명령어가 첨가되었기 때문에 좀 더 좋은 성능을 보인다고 한다. MME와 마찬가지로 현재 대부분의 오디오 카드들은 이 DirectX도 기본으로 지원하고 있는 추세이다.

3) ASIO 2.0(Audio Stream Input Output)

ASIO 2.0 드라이버는 독일의 Steinber사가 개발한 규격으로 자사의 Cubase VST에서 선보인 VST(Virtual Studio Technology)를 구현하기 위해 DirectX의 성능상 한계를 극복하기 위해 개발되었으며 Latency를 30ms ~ 7ms까지 낮출 수 있기 때문에 거의 실시간으로 모든 오디오 프로세싱을 할 수 있게 해준다. 따라서 한 때 모든 오디오 카드 제조사들이 이 ASIO 2.0 호환성을 적극적으로 앞세워 제품을 판매할 정도로 오디오와 관련된 전문적인 작업에서는 거의 세계 표준으로 자리 잡고 있으며 대부분의 오디오 카드 제조사들이나 오디오 관련 프로그램 제조사들이 제품 개발 시 기본으로 지원해 주며 Cakewalk Sonar2.2버전부터 지원해주고

있다. 하지만 아직 Creative사의 SB Live!등의 사운드 카드나 Cakewalk사의 예전 프로그램들에는 아직까지도 ASIO 2.0을 지원해 주지 않고 있는데 이럴 경우에는 전문성있는 음악을 제작해야 할 경우 ASIO 2.0 드라이버를 자체적으로 지원해주는 오디오 카드를 사용해야하는 경우가 발생되곤 한다.

ASIO 2.0 드라이버는 큐베이스, 누엔도와 로직오디오에서 지원하던 전용 드라이버였으나 Cakewalk SONAR에서도 2.2 버전부터는 ASIO 2.0 드라이버를 지원하기 시작했다. ASIO 2.0드라이버는 오디오입출력에 더욱 빠른 성능을 보이게 해주며 현재 많이 사용중인 WDM보다 나온 지 좀 더 오래되어 안정성도 있고 성능면에서도 좀더 우월하기에 그동안 프로들은 큐베이스나 로직을 많이 사용했었는데 이는 ASIO 2.0 드라이버를 지원함으로써 VSTi라는 가상악기와 VST라는 이펙터들을 쓸 수 있었기 때문이다.

따라서 SONAR 초기버전의 경우 이를 대응하기위하여 WDM드라이버로 작동하는 DXi라는 가상악기와 DX용 이펙터를 내놓기는 했지만 안정성이나 프로그램 종류만 봐도 VSTi와 VST가 압도하고 있었기에 큐베이스나 누엔도, 로직오디오 등에 여전히 많은 자리를 내주었으나 SONAR 2.2버전 부터는 아예 ASIO드라이버를 자체적으로 지원하기에 드라이버 지원 면에서는 SONAR 2.2가 큐베이스나 누엔도, 로직오디오 등에 비해 오히려 훨씬 월등해진 모습을 보여주며 그동안 큐베이스나 로직에서만 VSTi와 VST를 사용할 수 있다라는 장점의 모습은 사라지고 오히려 SONAR에서는 사용 가능한 DXi는 쓸 수 없다라는 반대적인 양상이 나타나기 시작하기에 SONAR가 노리고 있는 궁극적인 목표가 어디까지인가를 주시해야할 필요가 있다.

4) EASI (Enhanced Audio Streaming Interface).

EASI는 독일의 Emagic사가 개발한 것으로 Steinberg사의 ASIO 2.0에 대항하기 위해 나온 것으로 Steinberg사가 ASIO 2.0으로 Cubase VST를 지원하자 그에 맞서 EASI로 자사의 Logic Audio를 지원하게 되었다. 실제 성능상으로는 ASIO 2.0 보다 좀더 나은 20ms ~ 5ms 이하의 Latency를 보여주지만 아직까지 드라이버의 안전성 문제로 그리 각광 받고 있지는 못하고 있는 실정이고 자사의 Logic Audio가 EASI보다는 ASIO 2.0에서 더욱 안정적이고 뛰어난 성능을 보이는 상황이라 EASI의 앞날은 불투명하다. 현재 EASI드라이버는 Emagic사에서 만든 Audiowork8이나 국내의 이고시스템사에서 만든 Waveterminal2496 정도에서만 지원하고 있는 실정이다.

5) GS I/F (GIGA Sampler Interface).

GS I/F는 Nemesys사가 개발한 드라이버로 Latency가 5ms ~ 3ms 로 가장 좋은 성능을 가지고 있다. 그러나 이 GS I/F는 자사의 GIGA Sampler(기가 샘플러), GIGA Studio(기가 스튜디오)에서만 사용할 수 있기 때문에 아직까지 범용적으로 사용되고 있지는 못하며 다른 오디오 관련 프로그램 제작사들도 몇몇 제품 외에는 아직까지 GS I/F를 지원하지는 못하고 있는 실정이기 때문에 가장 좋은 성능에도 불구하고 그리 큰 인기는 끌고 있지 못하고 있는 추세이다. GS I/F의 경우 하드웨어 특성을 많이 타는 관계로 하드웨어 제작이 어렵다는 문제도 방해 요소로 작용하고 있는 것 같다. 기가샘플러/기가스튜디오"라는 프로그램은 컴퓨터에서 운영되는 소프트웨어샘플러이다.

이 프로그램은 독자적인 드라이버를 요구하는데 그 드라이버 이름이 바로 GS I/F이다. 예전에 윈도우98이나 윈도우ME에서는 사운드 블러스터 시리즈로도 작동을 했었지만 버전업이 되면서 GS I/F를 지원하지 않는 카드에서는 동작을 하지 않다. 이런 이유로 오디오카드들은 GS I/F를 지원하기 위해 안간힘을 쓰고 있다. 아직까지 GS I/F를 재대로 지원 못하는 오디오 카드도 많지만, 오디오카드라는 이름으로 출시된 제품들은 대부분 이를 지원하려는 계획이 있 거나 개발 중에 있다. 그 이유는 이 기가스튜디오를 사용하는 사용자층이 워낙에 방대하고 이를 위한 음원자료들도 셀 수없이 많이 나오기 때문이다.

6) WDM (Windows Driver Module)

WDM 드라이버는 Microsoft사가 Windows SE, ME와 Windows 2000에서 선보인 것이다. 기존의 윈도우에서 사용하던 MME와 DirectX를 대체할 차세대 규격으로 Latency가 10ms ~ 5ms까지 낮아진다고 하지만 많은 오디오 카드 제조업체들이 이 WDM 드라이버 개발을 적극 적으로 지원하고 있는 모습이 아니며 아직까지는 WDM 드라이버 자체에 여러가지 문제가 있 다. 이에 Microsoft사가 하드웨어 제작사에게 WDM 드라이버의 제작을 적극적으로 강조하고 있지만 그에 대한 호응이 적으며 지금껏 사용중인 ASIO 2.0의 성능에 별 무리가 없는 이유도 한몫하고 있는 것 같다.

현재 이 드라이버를 제공하는 소프트로는 케이크워크 10으로 알려진 Sonar 초기버전이 있 으며 오디오 카드로는 국내의 이고시스템과 훈테크, 그리고 오디오 트랙사등이 있으나 아직 외국의 경우 이 WDM 드라이버의 지원이 생각보다 저조한 편이다. 하지만 거대 공룡인

Microsoft가 적극적으로 지원하고 있는 드라이버이기 때문에 앞으로 얼마간의 시간이 지나면 어느 정도 자리를 잡을것으로 예상된다. 따라서 현재 차세대 오디오 드라이버로 주목받고 있으며 ASIO 2.0과 강력하게 경쟁하고 있다. Sonar 에서 Audio녹음 작업중 실시간으로 입력되는 오디오 신호를 이펙터 처리하여 녹음할 수 있는 다이렉트 모니터링 기능이 가능하도록 제공해주는 드라이버이다.

이상의 6가지 드라이버를 쓰기 위해 오디오카드를 선택하는 사운드 제작자들이 많을 정도로 사운드 처리에 있어서 오디오카드는 필수가 되고 있다.

❺ 사운드의 제작 [3]

가. 디지털 사운드의 제작

사운드(Sound)의 사전적 의미로 '음원에서 물체가 진동하여 공기라는 매체에 압력을 변화시킴으로써 생성되고 이 변화는 파형(Waveform)의 형태로 인간의 귀에 전달되어 진다.' 라고 할 수 있다. 즉 사운드는 파형 형태의 아날로그 신호로서 존재한다.

이러한 아날로그 사운드를 컴퓨터나 신디사이저와 같은 디지털 기기를 이용하여 가공, 편집하기 위해서는 디지털로 변환하는 과정이 필수적이다.

다음은 이러한 과정을 설명한다.

나. 사운드 구성의 3요소

1) 주파수 周波數 :

자연계에서 사운드는 그림과 같이 진동하는 연속된 파장의 형태로 나타난다.

사운드 파형은 일정한 간격마다 동일한 모양이 반복되는데 이를 사이클(Cycle)이라 하며 한

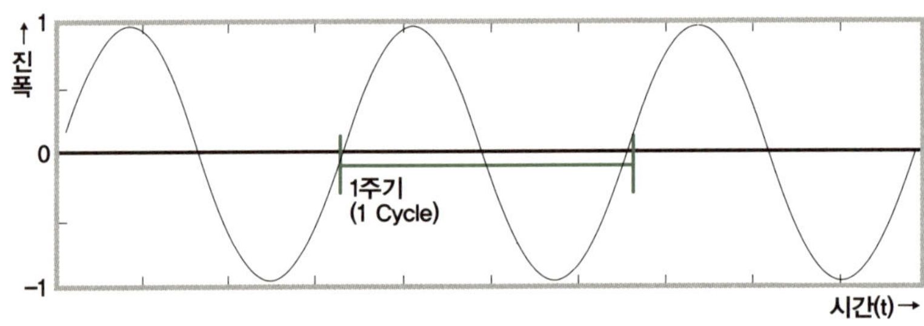

〈그림 8.2〉 cycle

사이클이 걸리는 시간을 주기(Period)라 한다. 그리고 주파수란 그러한 주기가 1초 동안 반복한 수를 일컫는다. 독일 물리학자 Heinrich Hertz의 이름을 따서 그 단위는 헤르쯔(Hz)를 사용한다. 1초에 한 번의 주기로 진동할 때 이 파형의 주파수(Frequency)는 1Hz가 되고 1초에 1000번의 주기로 진동 할 때 주파수는 1KHz(1000Hz)가 된다.

주파수는 사운드의 구성 요소 중 음정(Pitch)과 밀접한 관련이 있다. 단위시간당 사이클의

숫자가 많을수록 Pitch (음정)가 높아진다. 즉, 주파수가 높아지면 음정은 높아지게 되며 주파수가 낮다면 그 음정도 낮아진다. 예를 들어, 10Hz의 주파수를 가진 음보다는 100Hz의 주파수를 가진 음이 그 음정이 더 높다.

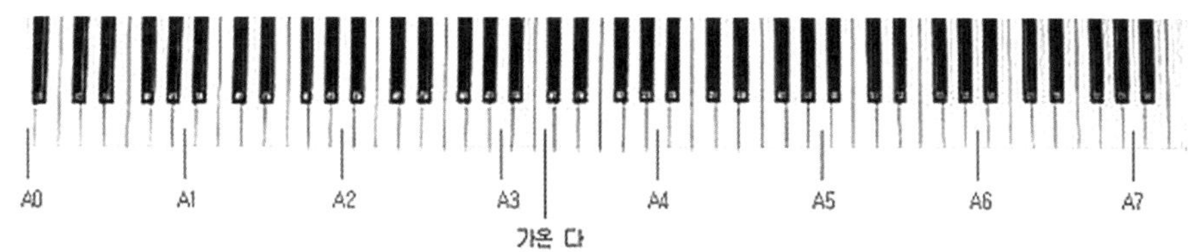

A0	A1	A2	A3	A4	A5	A6	A7
27.5Hz	55Hz	110Hz	220Hz	440Hz	880Hz	1.76KHz	3.52KHz

〈그림 8.3〉 악기음정과 주파수와의 관계

음향이나 피아노 조율(튜닝)에 있어서, 가온 다의 오른쪽에 위치한 A4의 음(440Hz)이 기 준이 되는데, A4의 440Hz라는 주파수를 기준으로 했을때, 한 옥타브(Octave) 위에 있는 A5의 주파수는 880Hz가 되며 반대로 한 옥타브 아래에 있는 A3의 주파수는 220Hz 이다.

이것을 인간이 낼 수 있는 음역대로 표현 하자면 베이스가 낼 수 있는 가장 낮은 음의 주파수는 약 87Hz정도 이며 소프라노가 낼 수 있는 가장 높은 음의 주파수는 약 1.2KHz정도이다. 성악이 아닌 대중음악의 경우, 보컬들의 음역대는 보통 G3 ~ A5 정도로 주파수로는 약 196Hz ~ 880Hz 정도이다. 이러한 음역대의 파악은 디지털 사운드 편집 작업중 이퀄라이저(이하 EQ) 작업시 매우 중요하다.

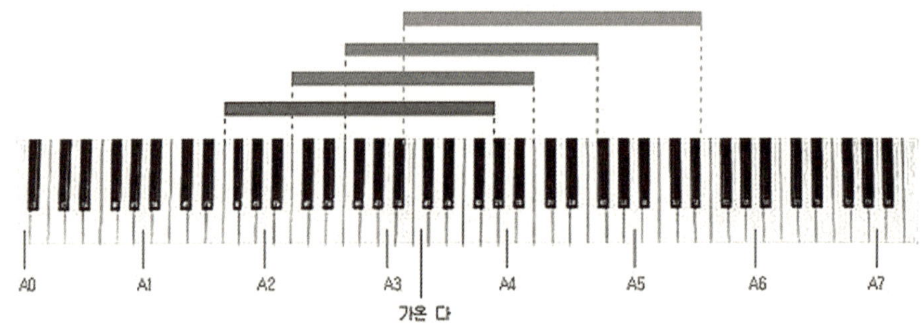

〈그림 8.4〉 인간의 음역대

2) 디지털 사운드로의 변환

아날로그 형태의 일상적인 사운드를 컴퓨터에서 처리하기 위해서는 디지털의 형태로 변환해야 하는데 즉, 샘플링은 아날로그 신호인 음을 [0]과 [1]의 디지털 신호로 바꾸어 기록하는 기술을 말한다. 이 의미는 디지털녹음이 가능한 음향기기는 모두 이 샘플링 기술을 사용하고 있다는 것과 상통한다.

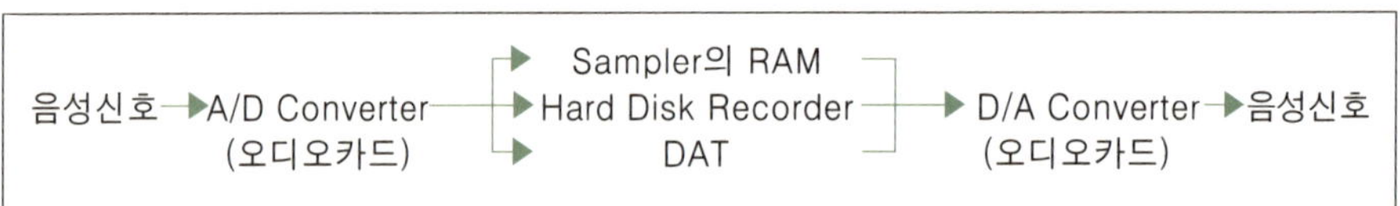

〈그림 8.5〉 오디오 테이프의 샘플 처리경로

물론 샘플러는 RAM, 하드디스크 레코더는 하드디스크, DAT는 자기테이프로 저마다 기록에 사용하고 있는 하드웨어가 다르고, 재생방법도 다양하지만 아날로그 신호를 디지털 신호로 변환(A/D 변환)해서 기록하고, 재생 때에 디지털에서 아날로그로 다시한번 변환(D/A변환)해서 읽어 내는 방식은 모든 디지털 음향 기기에서 공통적으로 적용되므로 A/D변환에 사용되는 A/D컨버터나 D/A 변환에 사용되는 D/A컨버터 모두 공통적인 회로를 갖는다. ADC(Analog-to-Digital Converter) 장치에서 디지털 형태로 변환하고 하고 실세계에서 듣기 위해서 사운드 출력 부분에서 DAC(Digital-to-Analog Converter)를 이용하게 된다.

이러한 기능은 사운드/ 오디오 카드의 DSP(Digital Sound Processor)에서 담당한다.

3) 표본화(Sampling)

샘플링이라 아날로그 파형을 디지털 형태로 변환하기 위해 표본을 취하는 것을 말한다.

1초 동안에 취한 표본 수(디지털화하는 횟수)를 표본화율(Sampling Rate)라 하며 단위는 주파수와 같은 Hz를 사용한다.

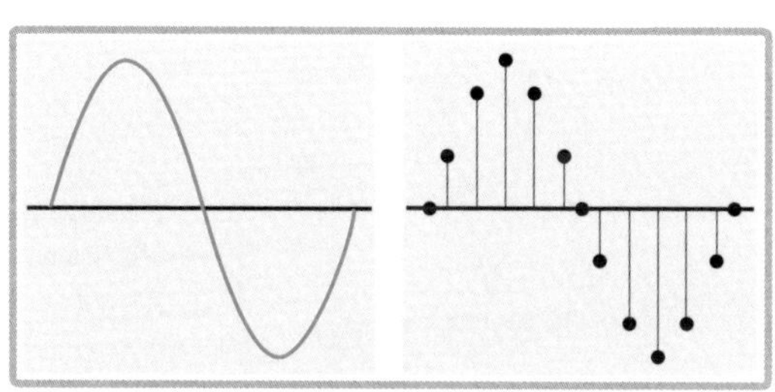

〈그림 8.6〉 아날로그 파형과 표본화된 파형

여기서 주의해야 할 점은 주파수에서의 Hz는 1초에 주기가 몇 번 있는 가를 의미하고, 표본화에서의 Hz는 1초에 몇 번 표본화 되는가를 의미한다는 것이다. 표본화 시에 적용되는 중요한 이론으로 나이키스트 정리(Nyquist theorem)가 있다.

- 표본화 시 원음을 그대로 반영하기 위해서는 원음이 가지는 최고 주파수의 2배 이상으로 표본화를 수행해야 한다. -

인간의 가청 주파수 영역이 최고 20Khz이기 때문에 음악 CD인 경우 표본화 율이 44.1Khz인 이유가 나이키스트 정리에 있음을 알 수 있다. 표본화 율이 높을수록 원음에 가까운 음으로

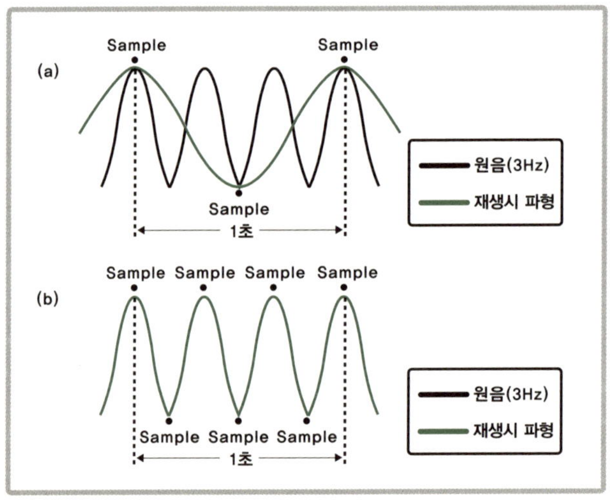

〈그림 8.7〉 표본화 율과 데이터양의 관계

디지털화 되지만 데이터양이 증가하게 된다.

샘플의 주파수가 음질에 직접적인 영향을 줌 샘플의 주파수가 낮으면 원래의 파형에 있던 정보가 샘플링 과정에서 없어질 수 있으므로 주의해야 한다. 샘플의 수가 많으면 많을수록 음질의 손실이 적기 때문에 사운드의 손실이 생길 수 있는 사운드 제작과정에서는 높은 샘플링 레이트를 이용한다. 최근 디지털 레코딩 기기는 196Khz 급의 샘플링 레이트를 지원하기도 한다.

4) 양자화(Quantizing)

디지털 형태로 표현할 때 어느 정도의 정밀도를 가지고 표현할 것인지를 의미 표본화된 각 점에서 값을 표현하기 위해 사용되는 비트 수이다. 즉 음의 해상도(Sampling Resolution 또는 Sampling Size) 라고 할 수 있다. 값을 표현하는 정밀도 8 bit로 양자화를 하면 값을 256(28) 단계로 표현할 수 있지만,음악 CD와 같이 16bit로 양자화를 하면 좀 더 세밀한 65536(216) 단계로 값을 표현할 수 있다.

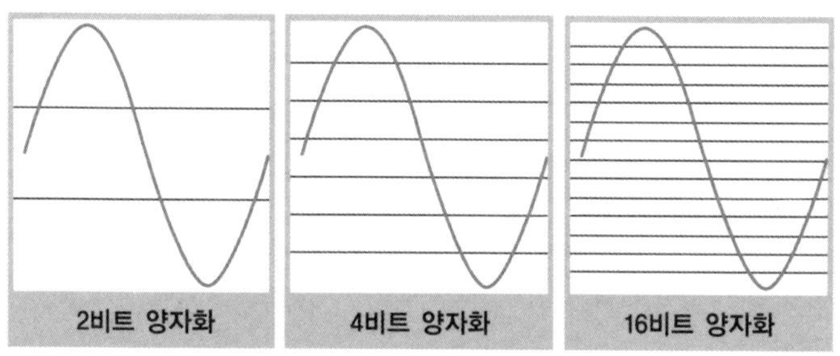

〈그림 8.8〉 사운드의 양자화

5) 부호화(Coding)

표본화와 양자화를 거치고 실제 디지털 정보로 표현하는 과정이다. 사운드 파일은 크기가 크기 때문에 부호화한 과정에서 일반적으로 압축하여 저장하게 된다.

❻ 게임 사운드의 제작

과거 DOS 시절 워크래프트2라는 전략시뮬레이션 게임의 사운드 옵션 중 디지털 사운드셋업과 미디사운드 셋업, 두 가지가 있는데, 이 게임의 사운드 구현 방법은 효과음의 경우 Wav 형태의 사운드데이터는 DPS로 전송하고 배경음악은 MID 형태의 데이터를 내장음원이나 사운드 폰트가 저장 되어있는 메모리로 보내어 처리하도록 설계되어 있었다.

이 방법으로 CPU의 사운드데이터 처리를 최소화하고 DOS의 약점인 메모리문제를 해결했다. 하지만 현재 출시되고 있는 게임에서는 이러한 사운드 셋업이 거의 존재 하지 않는다.

윈도우즈의 MIDI Maper와 SOUND Mapper가 이미 메인 출력경로를 정해놓고 있고 Direct Sound 기반의 게임 프로그래밍은 배경음악과 수많은 효과음의 동시출력을 가능하게 하였다. 또 고사양의 PC는 대용량의 웨이브 사운드를 무리없이 처리하기 때문에 굳이 음질과 음량에 한계가 있는 미디를 이용한 내장음원의 사운드를 사용하지 않기 때문이다.

또한 배경음악의 처리를 시디롬에 맡기는 멀티트랙(게임시디에 Audio Track추가하는 방식)형식으로 게임시디를 제작하기도 한다. 고사양의 PC를 요구하는 게임 중 사운드의 처리가 원인인 경우가 있는데 이러한 사운드의 구현은 프로그래머가 반드시 고려해야할 사항이다.

가. 효과 사운드의 제작과정

게임 효과 사운드는 등장하는 인물, 유닛, NPC등의 성격을 살리는 중요한 요소이다. 인간 캐릭터의 경우 전분성우의 목소리를 이용하는 것이 보편적이며 안정적이다. 대부분 사전에 준비된 게임시나리오와 기획에 맞추어진 대본을 바탕으로 전문 녹음실에서 보이스 소스(Voice Source)를 얻게 되는데, 현실세계에 존재하지 않는 엘프, 드워프, 오크등의 인물을 표현하기 위해선 확보된 보이스에 특수효과를 주어야 한다.

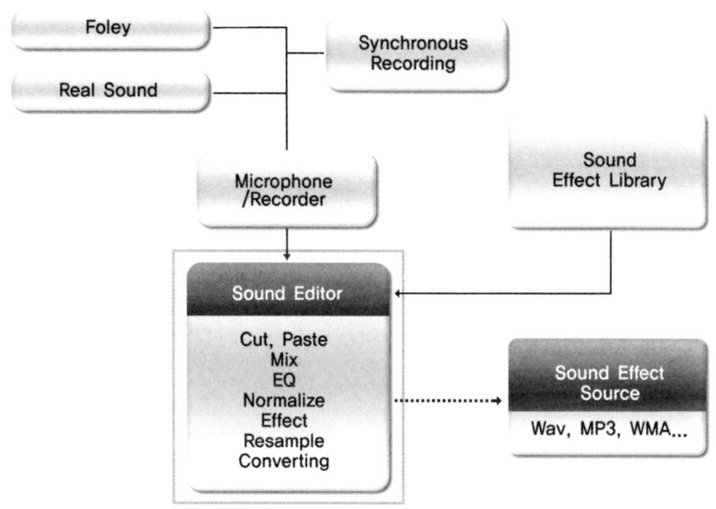

〈그림 8.9〉 효과음 제작 과정 [1]

273

〈그림 8.9〉는 효과음의 제작과정을 도식화 한 것 이다.

기존의 사운드 이펙트 라이브러리를 편집하거나 직접 녹음한다. 많이 알려진 사운드 라이브러리로는 Hollywood Edge 시리즈등 이 있고 AKAI , Emu 등 유명 신디사이저 회사들이 자사의 악기에 맞도록 포맷 되어진 사운드 라이브러리를 판매하고 있다. 직접녹음은 실제 사운드를 녹음하는 방식과 Foley 방식이 있는데 각종 도구를 이용해 실제소리와 비슷한 소리를 만들어 내는 것이다. 창시자인 Jack Foley의 이름에서 유래 되었다. 기존의 이러한 작업은 고난도의 기술도 필요하지만, 오랜 경험이 요구되는 작업이다.

– 캐릭터와의 동기화

작업에서 얻어진 사운드 소스를 이용해 캐릭터의 동작과 사운드를 일치시키는 작업이다. 캐릭터의 성격, 동작시간, 소유한 아이템, 타격감, 동작후의 여운, 배경음악과의 조화 그리고 사운드 데이터의 크기, 게임내 사운드엔진의 구현방법을 고려하여 제작해야 한다.

예를 들어 주인공이 도끼를 내려치는 동작이 있다. 프로그래밍에서 주인공과 도끼가 하나의 객체라면 기합소리와 도끼 휘두르는 소리, 금속성 타격음이 합쳐진 하나의 사운드 데이터로 처리 되어야한다. 하지만 객체가 분리되어 있다면 기합소리, 도끼 휘두르는 소리, 도끼에 맞는 대상에 따라 달라지는 여러 가지 타격음 등이 각각 제작되어야 한다.

사운드데이터는 캐릭터와 함께 랜더링하여 동영상으로 결과를 출력, 확인하고 동영상의 프레임과 사운드의 시작위치를 동기화 하는 작업을 반복해서 수행한다. 동시에 Plug In으로 제공되는 여러 가지 이펙터를 사용해 추가적인 효과를 적용할 수 있다.

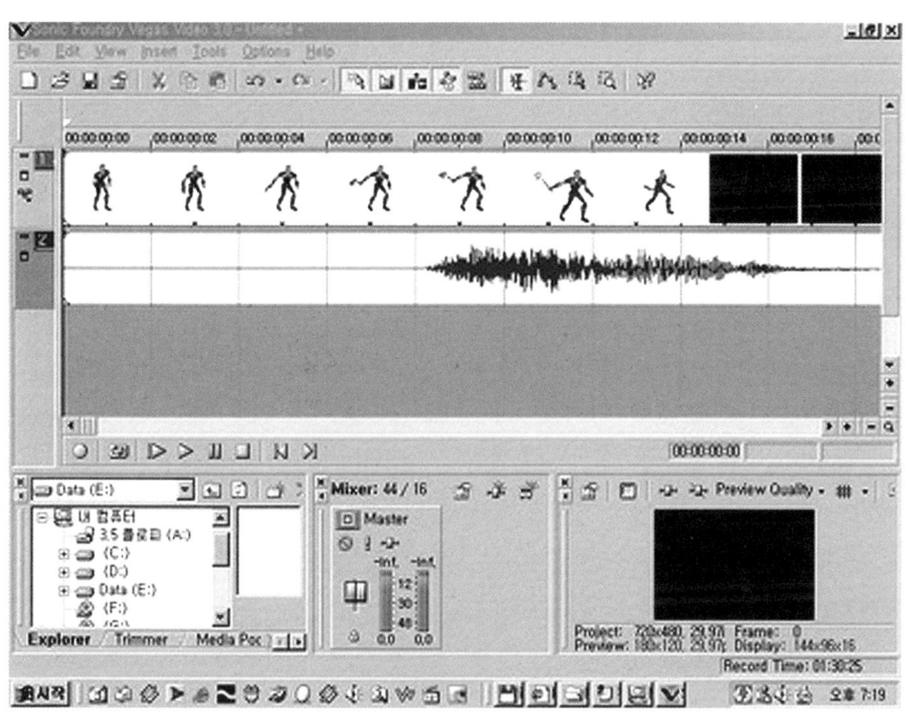

〈그림 8.10〉 캐릭터와 사운드의 동기화 편집과정

❼ 게임음악(GAME MUSIC) 의 제작과정과 장비의 이해

가. MIDI

MIDI(미디)란 악기간의 디지털 인터페이스(Musical Instrument Digital Interface)를 말하는 것으로 마이크로 프로세서를 사용하는 전자적인 음악 기구간의 인터페이스를 하는 표준적인 방법이다. 신디사이저가 발전함에 따라 시퀀서나 드럼머신 같은 다양한 주변기기들이 함께 발전해 왔다. 이 모든 주변기기들을 하나의 큰 유니트에 넣는다는 것은 효율적이지 못하므로 주변기기 각각을 인터페이스 하는 기법이 개발될 필요가 있었기 때문에 각 악기의 메이커에서는 그들의 악기를 위한 복합 인터페이스를 개발하기 시작하였다.

이들 인터페이스는 잘 작동했지만 그 브랜드의 제품에서만 작동한다는 심각한 결함이 나타났다. 그러다가 사람들이 점점 많은 악기를 한 시스템으로 쓰려고 하니 모든 기기에 함께 쓰이는 하나의 공통된 인터페이스가 필요하게 되기에 이르렀다. 그래서 신디사이저 업계에서는 모두 한자리에 모여서 각 회사 간의 표준 인터페이스를 정하게 되었다. 그 표준 인터페이스에서는 이벤트(Event)와 타이밍 참조(Timing Reference)를 정의한 '이진 코드' (즉 MIDI의 자료구조)와 이들 디지털 신호를 '전송하는 속도(Transmission Rate)'를 정하였다.

이것이 모든 신디사이저 메이커들과 그 주변기기회사들이 함께 모여 만든 최초의 공동 인터페이스 계획으로 그들은 이것을 MIDI(MIDI = Musical Instrument Digital Interface)라고 명명한 것이 오늘날에 이르고 있다. MIDI는 원어가 말하듯이 음악 악기간의 디지탈적인 인터페이스를 뜻하고 31.250 Boud(= 31.25 KBoud, 1 Boud 는 1초동안에 전송되는 Bit의 수(

BPS = BIt Per Second)를 말하는 것으로 그냥 보오 라고도 읽는다)의 전송 속도와 이벤트 메시지와 타이밍 참조를 둘 다 전송하는 이진 코드를 가지는 복합 인터페이스인 것이다. MIDI는 많은 독특하고 강력한 옵션을 가지고 있으며 많은 전자 악기 메이커들은 그에 대응하는 전자 악기를 생산하고 있다.

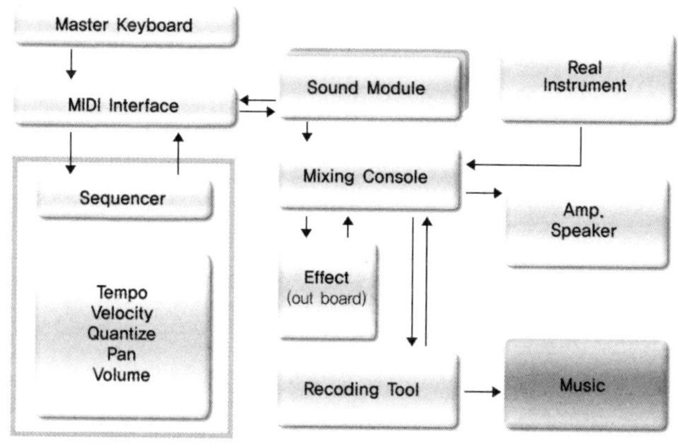

〈그림 8.11〉 미디를 이용한 작·편곡 과정

1) Master keyboard

마스터 키보드란 미디신호를 발생시키는 일종의 미디 컨트롤러이다.

연주자의 행위 (건반을 누르거나 페달을 밟는 등)을 신호화 하여 컴퓨터와 연결된 미디 인터페이스를 통해 외장 미디 악기나 컴퓨터 내부의 시퀀서로 보내는 역할을 한다. 외견상 신디사

이저와 거의 흡사하지만, 신디사이저와 마스터 키보드의 가장 큰 차이점은 음원의 장착 여부이다. 신디사이저는 음원을 장착하여 그 자체로 하나의 악기의 성능을 발휘하지만 마스터 키보드는 건반 자체에 음원이 내장되어 있지 않다. 즉 마스터 키보드만으로는 아무런 소리가 나지 않는다. 단지 미디 신호만을 발생시켜 미디 인터페이스로 연결되어진 컴퓨터의 사운드 카드의 음원이나 외장악기의 모듈의 음원을 통해 사운드를 낼 수 있는 것이다.

일반적인 신서사이저에서 건반과 음원부를 분리했을 때 건반에 해당되는 것이 마스터 보드이고 음원부에 해당되는 박스가 모듈이라고 보면 된다.

이렇듯 미디신호 만을 발생시키는 전용 마스터 키보드가 존재하지만 현재 발매되고 있는 대부분의 신디사이저도 마스터 키보드의 기능을 가지고 있다. 이 때 주의해야 할 점이 있는데 신디사이저에서는 건반을 누르면 바로 신디사이저에서 한번 소리가 나게 되고, 또한 MIDI 신호도 발생시켜서 컴퓨터로 신호를 보내고, 이 신호가 다시 신디사이저로 들어와서 다시 한번 소리를 내게 된다. 그렇다면 두번의 소리가 나게 되어서 의도하지않은 사운드의 합성이 일어난다. 따라서 건반을 눌렀을 때 신디사이저 자체에서 소리를 내지 못하도록 막아주는 장치가 필요하게 되는데 이것을 가능하게 해주는 것이 바로 LOCAL ON과 LOCAL OFF 기능이다.

신디사이저를 LOCAL ON 상태로 하게 되면 건반을 누를때 신디사이저 내부의 음원을 제어하게 되어 내부 음원에서 소리가 나게 되는데 이럴 때 신디사이저를 LOCAL OFF 상태로 하면 건반에서 나오는 신호가 신디사이저 자체의 내부 음원으로는 가지 않고 바로 MIDI OUT으로 빠져나가게 되어서 한번만 소리가 나게 된다. 겉으로는 하나의 신디사이저이지만 실제로는 음원과 마스터 키보드(Master Keyboard)로 분리된 것과 결과이다. LOCAL ON과 LOCAL

OFF를 바꾸는 방법은 신디사이저마다 틀리므로 각 신디사이저의 매뉴얼을 확인해야 한다.

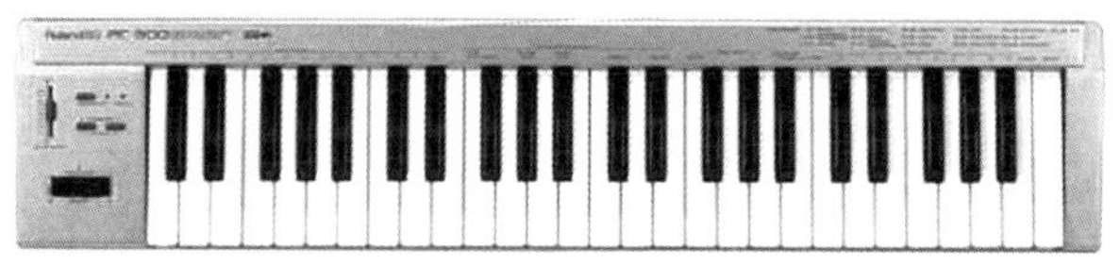

〈그림 8.12〉 마스터 키보드

2) 미디 인터페이스

외장형 MIDI장비를 컴퓨터에 연결할 수 있도록 해주는 장치와 MIDI신호 정보를 MIDI장치나 프로그램에 상호 전달해 주는 임무를 수행한다. 따라서 외장형 MIDI 장비를 전혀 사용하지 않을 경우에는 MIDI Interface가 필요 없으나 리얼한 연주나 실시간 입력을 위해 마스터 키보드를 사용한다든가 훌륭한 음색과 완벽한 컴퓨터음악을 위해 외장형 MIDI 음원모듈을 사용해야 할 경우에는 필히 MIDI Interface가 필수적이다.

MIDI 마스터키보드 한 대와 외장형 MIDI 음원모듈 1 대만 사용할 것이라면 일반 사운드카드용 MIDI 인터페이스와 케이블 아답타와 같은 제품을 사용해도 무방하지만, 음원모듈을 2대 이상 복수로 사용할 경우에는 2-Port에서 4-Port용 까지 지원하는 전문 MIDI Interface를 사용해야 한다. USB포트용 MIDI인터페이스 제품에 따라 사용자 편리를 위해 컴퓨터가 꺼져 있을 때에도 마스터 키보드로 연주가 가능하도록 MIDI신호 선택 스위치가 적용된 제품이 있다.

예를 들어 Ego System M4U/M8U 또는 M-Audio의 usb MIDIsport MIDI인터페이스의 경우 컴퓨터가 꺼져 있을 때는 'Thru'로, 컴퓨터가 켜져 있을 때는 'USB' 로 MIDI신호를 흐르게 할 수 있는 데 컴퓨터에서 작업 시 선택 스위치가 'Thru' 로 설정되어 있었다면 MIDI시퀀서에서 MIDI로 레코딩 하려고 마스터키보드로 연주할 때 MIDI신호가 컴퓨터로(USB)로 들어가지 않고 MIDI음원 모듈로 직접(Thru) 흐르고 있기에 분명히 소리는 들리고 있지만 녹음은 되지 않기 때문에 주의해야 한다.

① MIDI 인터페이스의 연결

MIDI 악기들은 MIDI 포트를 통해서 인터페이스 된다. 그러기 위해서는 3개 의 케이블이 있어야 하는데, 그 끝에는 5핀 짜리 DIN 잭이 연결되어 있어야 한다.

신디사이저나 마스터 키보드, 외장 미디악기 에서 MIDI잭들이 꽂히는 곳을 MIDI 포트라고 하는데 이곳을 통해서 오디오 신호가 전달되는 것이 아니고 오직 MIDI 메시지만이 입출력 된다. 이 3개의 MIDI 포트는 MIDI 시스템을 구성함에 있어 많은 유연성을 제공하는데, 각각의 MIDI 포트는 고유한 기능을 가지고 있다.

〈그림 8.13〉 여러 가지 형태의 외장형 미디 인터페이스

② MIDI-아웃 포트(OUT Port)

MIDI 악기의 건반이나 악기 표면에 있는 버튼이나 스위치 등의 조작으로 구성되는 모든 메시지들은 MIDI아웃 포트로 전송되어 나간다. 외부에서 들어오는 MIDI신호와는 전혀 관계없이 MIDI장비 스스로의 MIDI정보를 밖으로 내보내는 통로로서 특정 MIDI Channel 하나만의

신호로 내보낼 수도 있고 동시에 16개의 MIDI Channel신호로 한꺼번에 내보낼 수도 있다. 마이크로 프로세서는 MIDI IN으로 들어온 메세지와 기 자체에서 생성된 메세지를 받아서 내부 소리 발생 부분에는 둘 다 전송하고 MIDI OUT 포트로는 악기 자체에서 생성된 메세지만 내보낸다. 즉 MIDI IN포트로 들어온 메세지는 MIDI OUT포트로 나가지 못한다.

③ MIDI-인 포트 (MIDI IN Port)

미디-인(MIDI IN)포트로 전송되어 도착한 메시지들은 악기의 내부 음 발생 장치로 전달된다. 신디사이저는 인 포트(IN Port)로 들어온 메시지도 악기 자체 내의 건반으로 생성되는 메시지와 똑같이 취급한다.

첫 번째 MIDI 신호를 내보내는 MIDI Out측에서 보내온 MIDI신호를 받아드리는 통로로서 보내온 MIDI신호를 분석하여 특정 Channel 하나만 골라서 수신 할 것인지 동시에 16개의 MIDI Channel을 한꺼번에 수신할 것인지를 설정 할 수 있다. 싱글음원일 경우 특정 Channel 하나만 골라서 수신 하게 되며 멀티음원 또는 MIDI시퀀서의 경우는 동시에 16개의 MIDI Channel을 모두를 수신할 것인지를 설정하게 된다. 따라서 MIDI인으로 들어온 신호는 여기가 바로 종점이고 들어온 신호를 그대로 다시 밖으로 내보내는 것은 MIDI thru의 역할이다.

④ MIDI-스루 포트 (MIDI THRU Port)

MIDI-스루(MIDI THRU)포트에서는 MIDI-인 포트로 들어온 메세지를 그대로 다시 내보낸다. 여기서 주의할 것은 스루(THRU)포트에서는 악기 자체의 건반이나 버튼으로 생성된 메세지는 전송하지 않는다는 것이다. 그러한 메세지는 MIDI-아웃을 통해서 나가게 되고, 단지 스루(THRU)포트에서는 (IN)으로 들어온 신호만 다시 내보냄으로써 다수의 MIDI 악기들이 연결되어 있을 때 외부의 마스터 키보드에서 생성된 메세지를 그 악기에서 받고 다시 다른 악기에도 보내야 할 때 유용하게 쓰이는 포트이다. 여기서 같은 메세지를 다른 악기가 구별해서 취하는 방법으로는 채널이라는 개념을 써서 해결한다.

자체에서 발생하는 MIDI신호나 두 번째 MIDI 장비 MIDI In에서 수신한 MIDI Channel과는 전혀 상관없이 첫 번째 MIDI Out측에서 보내온 MIDI신호를 있는 그대로 다시 밖으로 전달하는 통로로서 이때 다소 약해진 신호를 강하게 증폭하여 다른 장비로 이어주는 중계소 역할도 겸한다.

3) 시퀀서(Sequencer)

컴퓨터 음악작업을 위해 필수적인 프로그램으로 건반으로 연주하는 상태를 실시간 기록, 녹음, 편집, 수정, 연주할 수 있게 해주며 오디오와 비디오 동영상 지원은 물론, 악보출력 까지 지원해 주는 등 만능에 가까울 정도로 다양한 기능을 담당 한다.

음의 높이와 길이 그리고 음의 강약 등의 정보들을 저장해 두었다가 그 정보들을 순차적으로 전송해 주어 음원모듈 또는 신디사이저를 연주하게 해주는 것으로 일반적으로 Wav같은 오디오신호를 녹음하였다가 재생해주는 녹음기와 달리 MIDI마스터키보드나 신디사이저 악기를 연주하는 제어신호를 녹음/편집/재생해 주는 장치이기에 필수적으로 이런 신호를 받아 소리를 발생케 해주는 음원모듈이나 신디사이저 같은 악기가 있어야만 음악을 들을 수 있다.

외부 미디신호의 입출력과 저장은 시퀀서(Sequencer) 프로그램이 담당하게 되는데 대표적인 프로그램은 케이크워크, 로직, 큐 베이스 등 있다. 즉 음악연주와 관련된 정보들을 저장(.MID)하였다가 이를 다시 악기에 전송하여 음악 연주가 가능하도록 하는 것이 시퀀스의 주된 기능으로 미디신호 입력은 주로 마스터 키보드를 이용하고 출력된 미디 신호는 사운드 카드의 내장 음원칩 이나 메모리상의 사운드 폰트, 혹은 외부 미디 악기로 전달된다. 또한 VSTi(Virtual Studio Technology Instrument)라는 새로운 형식의 Plug in악기 등장했는데 말 그대로 기존의 하드웨어로 존재해오던 신디사이저나 샘플러등의 음원을 소프트웨어의 형태로 재현한 것이다.

최근에 발표된 시퀀서는 이러한 미디입출력의 기능뿐 아니라 웨이브 처리기능도 포함되어 WAV나 MP3같은 사운드 파일 자체를 작곡에 이용할 수 있다. MIDI시퀀서의 경우 여러 대의 악기를 동시에 제어할 수 있는 멀티채널/멀티트랙 제공과 강력한 편집기능의 데이터 복사/이동/삭제/변형/정렬(퀀타이즈)같은 다양한 기능들이 제공되고 있기에 곡을 창작하거나 편곡 또는 제작하는 작업을 도움을 준다.

MIDI시퀀서는 하드웨어 시퀀서와 소프트웨어 시퀀서로 분류할 수 있다. 하드웨어 시퀀서는 컴퓨터 힘을 빌리지 않고 기계 자체로 입력하고 편집하고 출력할 수 있는 일종의 외장형 장비

〈그림 8.14〉 하드웨어 시퀀서

이다. 하드웨어 시퀀서(Hardware Sequencer) 서는 간편한 신속성과 휴대성이 매우 용이 하기에 일부 연주인들에게 아직도 애용되고 있으며 단일 품목이 있는가 하면 워크 스테이션과 같은 고가의 신디사이저에 장착되어 있기도 하다. 다시 말해 컴퓨터 없이 MIDI를 제작하고 편집 출력할 수 있는 장비를 말한다.

소프트웨어 시퀀스는 기능과 능력 등등 기계적인 시퀀서의 모든 기능을 하나의 프로그램으로 만들어 컴퓨터에 설치 한 후 컴퓨터의 막강한 기능을 적극 활용할 수 있도록 고안된 것으로 결국, 프로그램적인 시퀀서가 개발된 시점부터 본격적인 컴퓨터음악이 시작되었다고 할 수

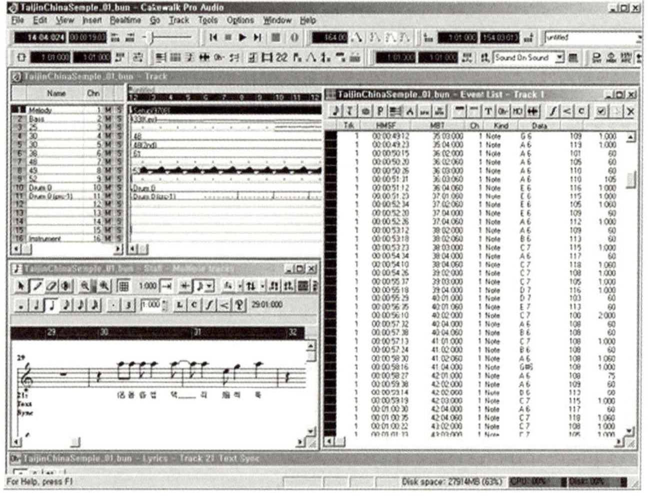

〈그림 8.15〉 PC용 시퀀스 소프트웨어

있다. 소프트웨어 시퀀서는 하드웨어 시퀀서보다 강력하고 엄청난 저장능력과 고도의 계산 능력 그리고 넓고 시원한 편집 모니터 화면 제공은 물론 수많은 조작키와 마우스 활용 등 작업환경에 있어서 기계적인 시퀀서로서는 도저히 따라올 수 없는 소리의 시각적인 제어와 멀티트랙 제공, 그 외 다양한 악기군 들의 음색리스트 제공과 별도의 소프트웨어 음원, 소프트웨어 이펙트, 시각적인 편집기능의 컬러풀한 그래픽, 다양한 레이아웃의 악보 출판 등 컴퓨터의 막강한 기능들에 의해 부수적으로 뛰어난 기능들이 제공된다.

예를 들어 MIDI시퀀서라는 소프트웨어 프로그램을 사용하면 동시에 수많은 트랙이 제공되고 있기에 각각의 트랙에. 멜로디/화음1/화음2...등등을 따로 따로 자유롭게 입력하여 편집할 수 있다. 아래 그림왼쪽에 1,2,3,4,5,6,7,8...에 노란 막대모양으로 입력되어있는 것이 바로 각각의 트랙마다 멜로디/화음1/화음2...등등이 입력되어 있는 모습이다.

물론 악보로 직접 보여줄 뿐만이 아니라 인쇄도 가능하며 그 외 Audio사운드나 동영상을 함께 운영할 수도 있다. 이러한 컴퓨터 음악프로그램 즉, MIDI 시퀀서 프로그램(Sequencer Program)에는 용도에 따라 여러 종류가 있으며 여러 종류들을 통합한 제품들도 컴퓨터 발전에 동승하여 계속 발표되고 있다.

유명한 MIDI시퀀서로는 Sonar, Cakewalk, Logic Audio, Cubase등이 있다.

4) Sound Module(음원모듈)

미디신호에 의해 사운드를 발생해 주는 컴퓨터 음악의 필수 음원장치로서 MIDI 규약에 맞추어 정해진 악기배열에 따라 음원을 Rom(Read Olny Memory)의 형태로 저장한 하드웨어이다. 초기의 음원모듈은 대부분 1~128개의 기본패치(악기음색 세트)를 갖는 GM 규격을 따랐지만 이것만으로는 음악제작에 필요한 악기들을 모두 만족 할 수가 없기에 Roland 사의 GS, Yamaha사의 XG와 같이 각 음원 제조사들의 경우 1~128개의 기본패치(악기음색 세트)외에 여러벌의 추가음색 세트를 제공하고 있다. 이러한 세트를 Bank라고 하며 기본 세트를 캐피털 뱅크(Capital Bank) 추가세트를 배리에이션 뱅크(Variation Bank)라 한다.

각 규격의 지원여부는 음원모듈 외부에 표시되어 있는 마크로서 확인할 수 있다.

① GM (General MIDI)

일반적으로 요즘 나오는 음원들은 대부분 GM을 지원하며 사운드카드에 장착된 사운드 모듈의 악기배열은 바로 이 GM규격을 따른다.

다음은 GM의 악기 배열순서이다.

② GS, XG

GS는 Roland에서 만든, GM을 좀더 확장한 규격이다. GM과 마찬가지로 악기 순서와 타악기의 건반배열을 통일하고 악기의 뱅크(Bank)를 추가해서 128개 이상의 악기 순서가 정해져 있다. 또한 음원의 동시발음수와 콘트롤(Control)에 관한 규격, 드럼 채널의 악기 변환 등에 관한 규격이 정해져 있다. 주로 Roland에서 나온 악기들은 이 표준을 지키고 있는데 국내에서 많이 팔린 Sound Canvas 시리즈(SC-55, SC-88 등)가 GS 포맷을 따르는 대표적인 음원들이다.

GS가 Roland에서 만든 표준이라면 XG는 YAMAHA에서 만든 규격이다. GM은 물론이고 Roland의 GS까지도 포함하고 더 확장 시켰지만 GS보다 늦게 나온 탓에 그리 널리 인식되지는 못했다. 사운드카드중에 YAMAHA 724 칩이나 744 칩을 사용한 사운드카드의 MIDI음색은 바로 이 XG 포맷을 지원한다. 음원으로는 YAMAHA의 MU-50, MU-80 등이 있다.

〈그림 8.16〉 GM, GS, XG 미디 규격 마크

5) Mixing Console

믹싱(Mixing)이란 소리를 섞는다는 뜻으로 음악의 경우 여러 가지 필요한 사운드들을 적당히 배분하고 제어하여 전체적으로 조화로운 사운드로 만들어주는 역할을 하는 장비로서 여러 대의 신디사이저, 음원모듈, 마이크, Audio장비들을 동시에 사용할 경우이거나 전문적인 녹음작업에 임할 경우에 사용하게 될 장비이다. 최근에는 주로 디지털 믹싱콘솔이 사용되지만 아날로그방식의 따뜻하고 풍부한 소리를 선호하는 경우 아날로그 믹싱콘솔을 사용하기도 한다. 그러나 각 채널의 슬라이더를 자동으로 조절하는 오토메이션의 기능을 필요로 하는 경우가 많기 때문에 아날로그와 디지털방식이 조합된 제품도 많이 나오고 있다.

믹싱콘솔 사용의 가장 중요한 사항은 음질보정이다. 기본적으로 내장된 이퀄라이저와 Aux 기능을 이용해 최적의 음질과 음량으로 녹음해야 하며 Bus Out을 통해 멀티채널을 운영할 줄 알아야 한다.

게임 BGM(Back Ground Music)의 경우 크게 3가지의 트랙으로 구성되어 있다고 볼 수 있는데 악기를 사용하여 작곡한 뮤직(Music) 트랙과 효과음트랙, 그리고 노랫말 등의 보컬이 들어간 보이스(Vioce) 트랙이 그것이다. 이러한 각 트랙의 사운드가 밸런싱을 이룰 수 있도록 조정하고 전체적 또는 부분적으로 EQ, 리버브등의 효과를 줄 수 있다.

미디 모듈과 같은 전자 악기 뿐만 아니라 리얼 인스트루먼트(Real Instrument) 즉 통기타와 같은 아날로그 악기들의 사운드로 함께 믹싱 할 수 있다. 그리고 이때 앰프와 스피커를 통해 만들어진 사운드를 모니터 하여 전체적으로 수정이 필요한 사운드의 부분을 파악 한다.

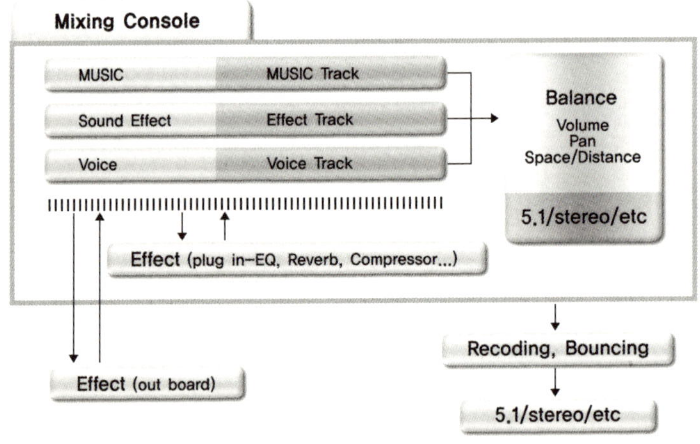

〈그림 8.17〉 믹싱콘솔의 사운드 데이터 처리

다음은 믹싱 콘솔과 미디시스템 장비들과의 연결도이다.

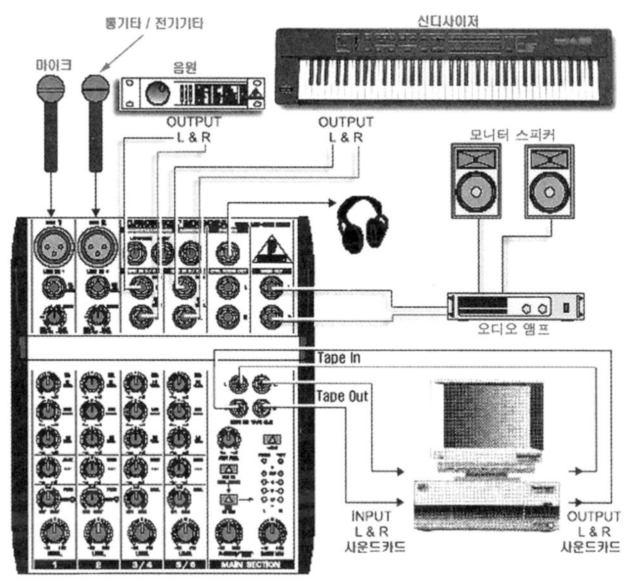

〈그림 8.18〉 믹싱콘솔과 미디시스템의 연결

6) 레코딩 툴

최근의 레코딩 툴은 대부분 하드 레코딩 방식으로 이루어지고 있다. 하드 레코딩은 아날로그 방식 녹음이 아닌 말 그대로 하드디스크나 메모리에 직접 디지털(Digital)로 녹음 하는 것을 의미 한다. 일반적인 카세트테이프와 달리 아무리 되돌려 연주하거나 복제를 하여도 음질의 변화가 없고 몇십분짜리 연주곡이라도 순식간에 앞뒤로 이동하며 필요한 부분만 연주해 줄 수 있는 등 그 편리성과 다양한 기능들로 인해서 대부분 하드 레코딩을 사용하는 추세이다. 하드레코더의 주 기능 중에 하나로 편리하고 다양한 편집능력에 있다. 필요한 부분의 완벽한 루프동기(부분반복) 으로 드럼비트 리듬을 형성해 준다거나 사운드 부분을 리버스(역회전), 주파수 변형가공 등의 기상천외한 작업들도 가능해 지며 복합적인 다량의 복수 멀티트랙(MTR)의 합성 및 분리과정에서 첨단적인 사운드로 변형 시킬 수 있고 일반 녹음기에서는 불가능한 부분 부분의 구간요소로의 즉각 점프(건너뛰는)기능의 완벽한 동기 주행 등의 기능을 가지고 있다.

무엇보다도 디지털로 녹음이 되기 때문에 기존의 아날로그 레코딩에서 생길 수 있는 사운드

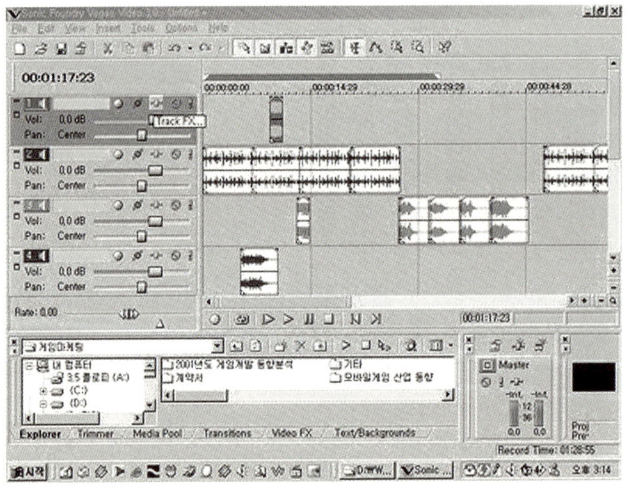

〈그림 8.19〉 멀티트랙 편집기

의 왜곡을 피할 수 있다. 기능도 장비에 따라 2,4,8,16,24,48 트랙 등 매우 다양하게 구비되어 있는 편이다. 기본적인 하드 레코딩은 사운드카드로 하는 것이 아니고 고가의 하드 레코딩 전문 기기를 이용한다.

① 사운드의 모듈화

드럼, 베이스, 멜로디, 보이스 부분을 악기, 조성, 박자, BMP, 등의 기준으로 세분하여 패턴화 시킨다. 패턴화 된 부분은 녹음 과정을 거쳐 웨이브형태의 파일로 저장하게 되는데, 이때부터 사운드카드의 DSP 성능에 따라 출력되는 사운드의 품질이 좌우된다.

만일 외부미디 기기중 샘플러와 같은 신디사이저가 있다면 그 기종에 맞는 사운드 파일로

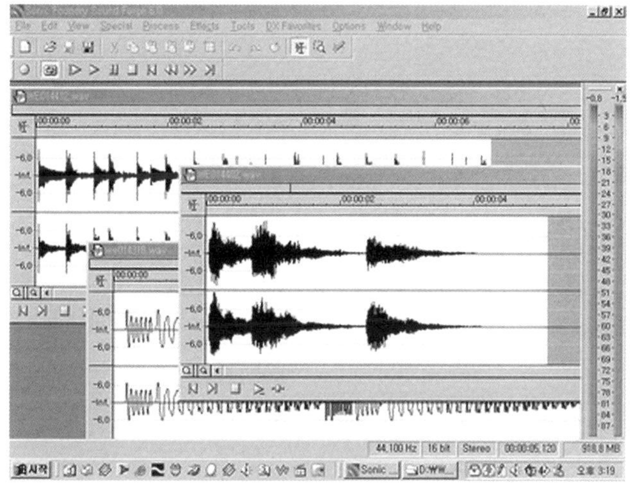

〈그림 8.20〉 디지털 사운드 편집기를 통한 모듈화 작업

변환(Sound Convert)도 가능하다. 이러한 사운드 변환이 가능한 이유는 사운드파일의 주데이터 즉 WAVE부분은 거의 변화하지 않고 파일의 헤더부 만을 각 악기 제조사의 규격에 맞게 변환하기 때문이다. 때문에 외부 신디사이저의 사운드데이터를 손실 없이 PC에서 사용할 수도 있다. 이렇게 저장된 사운드 파일들에 Sound Forge나 Gold wave등의 디지털사운드 편집기를 이용해 게임 분위기를 최대한 살리는 여러 가지 특수효과를 줄 수 있다.

② **멀티트랙 편집** (MutiTract Edit)

모듈화 된 사운드 채널별로 배치하고 믹싱, 재조합 하는 작업을 멀티트랙 레코더에서 하게 되는데, Cool Edit, Vegas Audio등의 프로그램을 이용한다. 이 과정에서 새로운 사운드를 만

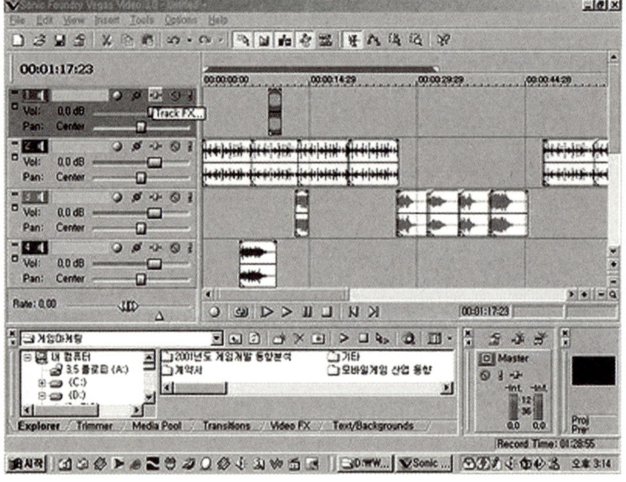

〈그림 8.21〉 멀티트랙 편집기

들어 낼 수 있다. 전체적인 음향의 배분과 강약의 조화, 음악의 도입부와 진행, 하이라이트, 결말부의 구성이 용이해지고, 음악이 지나치게 짧아지거나 길어지는 잘못을 사전에 조정 할 수 있게 된다.

③ 마스터링 사운드의 사운드 포맷

하드디스크 레코딩을 거쳐 생산된 최종적인 사운드의 결과물은 게임하드웨어와 게임 소프트웨어의 지원 여부에 따라 사운드 포맷이 결정되어야 한다. 이 과정은 사운드 데이터의 압축방법과 3D 사운드의 구현방법에 따라 선택되어 지는데 대개 관련 포맷의 엔코딩(Encording) 과정을 통해 사운드 포맷의 변환이 이루어진다.

자 료 출 처

[1] http : //www.gtc.or.kr   게임기술개발지원센터/ Music & Sound Effect 실무제작
　　　과정
　　발표자 : 신소헌, 현덕(이상블루엠)오퍼레이터 : 문장혁(게임기술개발지원센터)
[2] 게임학 개론, 민용식, 이동희 공저 도서출판 정일
[3]http : //www.cyzic.co.kr   Cyzic Entertainment
[4]http : //www.kbench.com   K-Bench
[5]http : //www.pcbee.co.kr   PC-Bee

3. 게임 제작기술(플랫폼별)

플랫폼(platfom)의 사전적 의미는 '기반'이란 뜻을 가진다. 즉 게임에서는 응용 소프트웨어가 동작하기 위한 기반을 의미한다. 게임에의 플랫폼은 일반적으로 기반이라고 하면 게임이 동작되는 하드웨어뿐만 아니라 동작되는 소프트웨어인 OS까지 포함하여 설명된다.

게임의 시스템이 복잡해짐에 따라 플랫폼은 크게 하드웨어와 소프트웨어로 구성되어 있으며 각 단계를 이어주는 여러 인터페이스로 구성된다고 할 수 있다.

게임의 시스템이 복잡해짐에 따라 플랫폼은 여러 단계와 여러 Interface로 구성된다.

• PC 플랫폼

우리가 일반적으로 사용하는 PC 기반의 하드웨어이다. 일반적으로 PC 게임이란 이름으로 불리 우며 스펙이 일정하지 않아 PC별로 성능 차가 나기 때문에 게임 제작 시 이를 고려해야 한다. 또한 다른 플랫폼에 비해 메모리나 하드웨어의 구성이 크다는 면도 고려해야 한다.

• 온라인 플랫폼

게이머가 통신망을 통해 원격지의 서버 컴퓨터에 접속해 게임회사나 ISP의 서버에 있는 게임에 접속해 즐길 수 있는 하드웨어이다. 수십에서 수만 명의 이용자들이 동시에 접속해 게임을 진행한다. 통신 속도와 처리능력 등 통신환경이 좋아지고 인터넷 이용자가 급증 하면서 시장 이 활성화되고 있다. 네트워크로 연결되는 사람들의 상호작용을 통해 게임을 진행하기 때문에 일반적으로 온라인 게임이 네트워크 게임을 포괄하는 개념으로 통용되고 있다.

• 콘솔 (비디오) 플랫폼

일반적인 TV에 연결하여 즐기는 전문적인 게임전용 하드웨어이다. 세계적으로는 가장 큰 시장을 가지고 있는 플랫폼이며, 전반적으로 게임기로서의 성능은 우수하고 해당 플랫폼별로 성능이 일정하지만 메모리나 처리속도의 제한을 고려해야 한다.

• 모바일 플랫폼

모바일은 휴대폰, PDA 등 이동형 기기의 하드웨어이다.

단말기내에 가상엔진을 탑재하여 표준 개발킷에 따라 개발된 게임프로그램을 단말기에 다운로드받아 실행한다. 타 플랫폼과 비교해 간단한 조작으로 게임운용이 가능하므로 일반인들에의 접근성이 높아 다수의 이용자 확보가 가능하다.

• 아케이드 플랫폼

과거에 오락기기를 갖춘 전문업소에 등장했던 게임을 통칭하여 일컫는 용어로 아케이드(Arcade)란 지붕이 덮인 상가 밀집지구를 지칭하는 말로, 북아메리카 지역에서 아케이드에 주로 오락장(게임 Center)이 자리 잡고 있던 데에서 유래하여 고유명사화 되었다.

대개 동전을 넣고 게임을 즐기는 형태를 취하는 오락장은 특성상 고도의 집중을 요구하는 게임보다 간단한 여흥거리가 될 만한 게임을 주로 비치했다. 따라서 아케이드게임은 배우는 데 시간이 걸리지 않고 진행이 단순하여 초보자도 쉽게 도전할 수 있으며, 게임의 진행에 오랜 시간이 걸리지 않는 종류가 주종을 이루었다.

(1) 콘솔(비디오) 게임 [1][5]

일반적으로 콘솔이란 직접 컴퓨터에 연결된 모니터와 키보드 등과 같이 입출력 장치를 뜻하며 통신이나 네트워크로 연결된 터미널과는 구별된다. 보통 보안상의 이유로 터미널을 통해 로그인 할 때는 여러 가지 제약 사항을 두지만 호스트 컴퓨터에 직접 연결된 콘솔을 통해 로그인할 때는 무제한적인 권한을 부여 받는 관리자 전용 공간으로 콘솔을 사용하여 시스템을 제어할 수 있도록 허락한다. 여기서 다루고자 하는 콘솔의 의미는 상업용 비디오 게임기로서의 총칭을 말한다.

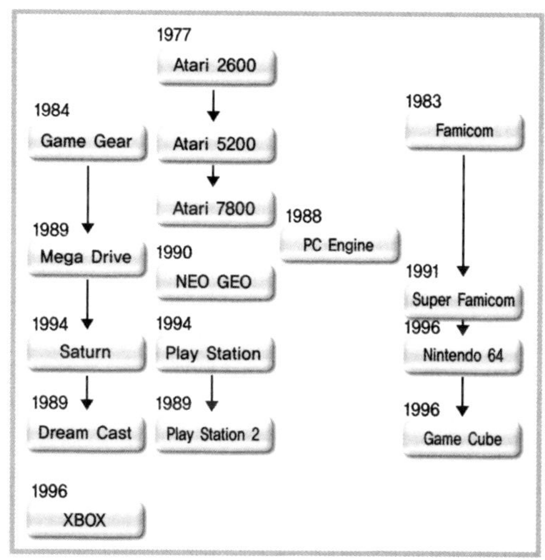

〈그림 1.1〉 콘솔게임의 발전과정

콘솔 게임은 Atari로부터 시작하여 수도 없이 많은 기기들이 개발되었다가 역사의 뒤안길로 사라져 갔다. 그리고 콘솔 게임의 발전과정을 보면 각 시기별로 치열한 경쟁을 하는 업체가 많았으며 예상을 뒤엎고 시장에서 생존하는 경우도 매우 많았다는 것을 알 수 있다.

콘솔 플랫폼의 특징은 PC와 틀리게 모든 하드웨어를 하나의 회사에서 모두 만들어 패키징을 하게 된다. 때문에 콘솔의 경우 새로운 기종이 나오기 전까지는 그 성능이나 특징이 좀처럼 변하지 않는다. 이런 면들은 개발자들에게는 안정된 개발과 최적화를 가능하게 해 준다. 그리고 하드웨어에 대한 많은 노력을 하지 않아도 되는 장점이 있다.

그리고 그 반대로 최신하드웨어가 항상 새로운 기기가 나올 때 통합되어져 나오기 때문에 최신 기능에 대해서 한발 늦게 사용해야 하는 경우가 있다.

콘솔 게임기의 기본적인 하드웨어 및 각 부문 간의 특징을 정확히 파악하는 것은 매우 중요하며 게임의 전체적인 디자인뿐만 아니라 게임 엔진의 구조에도 많은 영향을 미치는 부문이다.

❶ PlayStation

소니(SONY)사의 플레이스테이션2는 비트 개념을 넘어서 독창적인 이모션 엔진을 탑재한 콘솔 하드웨어이다. 강력한 서드파티 지원과 부가 기능으로 DVD 영화와 일반 CD를 재생할수 있다는 점이 특징이다.

플레이스테이션2는 지난 2000년 3월 일본에서 출시했다. 그 뒤로 플레이스테이션2는 소니에서 시장에 내놓는 족족 팔려나가 재고가 부족할 정도였다. 정식수입이 되지 않았을 때도 한국과 동남아, 미국, 유럽 등지의 매니아들을 위해 몰래 팔려나갈 정도였다. 또한 X박스와 게임큐브의 대대적인 홍보활동에도 플레이스테이션2는 가격을 낮추는 정책으로 위기를 모면했다.

플레이스테이션2는 나온 시기에 비하여 강력한 기능으로 주목을 받은 제품이었다. 300MHz급의 CPU를 내장하였으며, 폴리곤의 처리 능력 또한 주목 받기에 충분했다.

그뿐 아니라 4.8GB용량의 DVD가 사용된 최초의 게임기로 기록되었으며, DVD 플레이어의 역할도 충분히 소화해냈다. 게다가 수많은 확장 포트를 담고 있다. 2개의 메모리 카드 슬롯, 2개의 USB 포트, 광출력 단자. PCMCIA 카드 슬롯, IEEE1394포트까지 참으로 다양한 기능을 제공한다. 발매 당시에는 상당히 화려한 사양이었으나, 이후에 출시된 X박스와 게임큐브에 비하면 부족한 사양이다.

〈그림 1.2〉 소니의 플레이스테이션 2

최근 온라인 서비스를 시작했지만, 전용 네트워크 어댑터를 구입해야 하기 때문에 추가부담이 들어가며, 불법 복사칩 장착 시 경우에 따라 온라인 서비스가 불가능하기도하다. 하지만 외국의 경우 우리나라만큼 온라인 게임을 많이 즐기지는 않기 때문에 온라인게임의 비중은 아직은 그리 높지 않은 편이다.

무엇보다 백워드 호환을 통해 기존의 플레이스테이션 타이틀까지 플레이스테이션2에서 실행할 수 있도록 해서, 출시 초기에 부족할 수 있는 타이틀의 숫자를 충분히 갖추었다는 점에서 다른 제품들과는 차별화된 전략이 돋보인 제품이다. 또한 앞으로 후속기종이 나왔을 경우에도 게임 타이틀의 호환성을 계속 유지할 가능성도 크기 때문에 미래는 더욱 밝다고 할 수 있다.

❷ XBOX

마이크로소프트 사의 콘솔 게임기 XBOX는 현존하는 콘솔 게임기 중에서 가장 뛰어난 성능을 자랑한다. 우선 기존에 나와 있는 비디오 게임기 중에서 가장 크다는 특징을 가지고 있으며, 차후 5년 동안 필요한 모든 하드웨어적 요소 또한 가지고 있다. 인터넷 연결을 위한 DSL과 케이블 광대역 장치와 연결 가능한 이더넷포트가 장착되어 있으며 8G의 하드까지 부착되어 있는 콘솔 하드웨어이다. 마이크로소프트 X박스는 2001년 11월에 출시되었고 마이크로소프트에서 콘솔게임시장에 첫발을 내딛게 한 제품이다.

다른 제품의 2~3배에 달하는 733MHz의 CPU를 내장하였으며, 메모리(64MB)와 폴리곤 처리(125M/sec) 또한 월등히 뛰어나다. 플레이스테이션2의 경우 메모리카드에 게임저장이 가능하지만, X박스는 하드디스크를 이용하여 게임저장은 물론, 인터넷을 통해 게임을 다운로드 받을 수 있고, 네트워크 플레이를 가능하게 한다. 또한 비디오 메모리 대역폭은 플레이스테이션2에 비하면 무려 8배나 될 정도이다.

이렇듯 천문학적인 비용을 들여가면 가정용 게임기 시장에 뛰어든 마이크로소프트는 PC와 비슷한 사양을 갖은 게임기의 성공에 대해 회의적인 지적을 받기도 하였다. 물론 마이크로소프트의 가정용 게임기 시장의 진출로 그 동안 가정용 게임기 시장의 부동의 1위를 차지하고 있던 플레이스테이션2와 그 뒤를 쫓고 있는 게임큐브는 어느 정도 긴장을 하게 되었고, 선택의 폭이 넓어져 게임 업계의 전체적인 규모가 커졌다는 점 등은 긍정적인 반응이라고 할 수 있을 것이다.

최근에는 온라인서비스인 X박스 라이브 서비스를 시작하였으며, 이미 하드 드라이브와 이더넷 포트를 내장하여 온라인 게임을 지원할 수 있도록 제작되었기 때문에 콘솔을 업그레이드할 필요 없이 바로 온라인으로 즐길 수 있다는 점에서도 크게 어필되는 제품이다.

또 다른 전략으로 .NET이라는 인터넷 표준안을 제시하였는데, X박스를 통해 인터넷에 연결되고, 거기에 TV, 오디오, 컴퓨터까지 다양한 기기를 연결한다는 것이다. 또한 최근 각광 받고 있는 HDTV에서 말하는 쌍방향 TV 또한 사실상 인터넷 산업을 기반하고 있는데, X박스가 그것의 중계기로 사용이 가능하다는 것이다. 이른바 인터넷 기반의 멀티미디어 홈 라우터인 셈이다. 만일 인터넷기반 기술이 .NET으로 통합되면, PC와 관련한 모든 것들이 모두 마이크로소프트사의 기반 기술로 통합되어 독점하려는 것이다. 따라서 이 .NET 사업이 성공할 경우 X박스도 홈 네트워크의 독점적 성격을 가지게 되는 것이다. 그러므로 마이크로소프트의 X박스 사업은 마이크로소프트사의 큰 사활이 걸려 있는 문제이다.

뛰어난 사양의 화려한 그래픽이 돋보이는 제품이지만, 플레이스테이션2에 비하면 게임타이틀의 수는 1/5정도에 불과하며, 그만큼 매니아층을 보유하고 있는 타이틀 수도 부족하다. 그뿐 아니라 NET 사업의 독점권을 원하지 않는 기업들의 반발도 거세기 때문에 앞으로의 미래가 조금 불안하다. 하지만 PC시장의 쥐고 있는 마이크로소프트의 제품인 만큼 온라인으로 도약하는 콘솔 게임시장의 주도권을 잡게 될 가능성도 크다.

〈그림 1.3〉 마이크로 소프트의 XBOX

❸ Game Cube

닌텐도(Nintendo) 사의 게임 큐브(Game Cube)는 차세대 콘솔 하드웨어로서 작지만 엄청난 능력을 발휘하는 하드웨어이다. 게임 큐브의 특징은 일단 현존하는 콘솔 하드웨어 중에서 제일 작다는 특징을 가지고 있다.

닌텐도 게임큐브는 16비트 게임기시대를 주름잡았던 슈퍼패미콤으로 유명한 닌텐도에서 지난 2001년 10월에 내놓은 제품이다. 이전과는 대세가 많이 바뀌었기 때문에 게임큐브는 일부 매니아층을 제외하고는 매리트가 없다는 판단이 지배적이다. 지속적인 판매량 부진으로 이번 콘솔 게임기 시장에서 물러날 첫 번째 희생양이 될 것이라는 주장 또한 설득력을 얻고 있는 제품이다.

사양으로는 405MHz의 CPU 내장, 43MB의 메모리 내장으로 플레이스테이션2보다 우수하지만, 폴리곤 처리 성능(6~12M/sec)에 있어서는 3D그래픽을 처리하기에 매우 부족해 보인다. 게임큐브는 다른 제품들과는 다르게 DVD 기능을 지원하지 않는데, 미디어의 크기가 다르기 때문이다. 이는 오직 게임만을 위한 기계로 만들기 위한 개발자의 의도 때문이며, 복사방지를 위해 작은 미디어를 사용했다고 한다.

온라인 게임의 경우 네트워크 어댑터를 판매하고 있기는 하지만, 온라인 게임이 가능한 타이틀이 거의 없고, 판매량 부진으로 인해 온라인 서비스 또한 거의 포기한 상태이다.

관련 업계는 닌텐도가 특히 부정적인 이미지를 많이 가지고 있으면서도 개선의 노력이 거의 없다는 점을 지적하고 있다. 소니나 마이크로소프트는 매장에 콘솔 기기의 시연을 하고, 상품 광고에 적극적인데 반해, 닌텐도는 이러한 작업을 게을리 하는 안일함을 비난하고 있다. 국내

정식 수입업체인 대원CI의 경우만 하더라도 마찬가지
이다. 게임 타이틀의 한글화나 정식발매 등에 소홀한 편
이라 소비자들의 비난을 받고 있다. 발매된 게임 타이틀
의 수가 많지는 않은 반면, 각각 게임 타이틀의 질적 수
준이 매우 우수하다는 점은 장점이다.

가격인하 정책으로 인한 낮은 가격이 매력적이며, 슈
퍼 마리오나 포켓몬스터같은 닌텐도만의 게임을 즐기
고 싶어하는 낮은 연령층에게 적합한 제품이다.

다음은 PlayStation2, X-Box, 게임큐브의 사양 비교
분석 표이다.

〈그림 1.4〉 닌텐도의 게임큐브

〈표 1.1〉 대표적인 3대 콘솔 게임기의 스펙 비교

구 분	PlayStation 2	X-Box	게임 Cube
CPU	128 Bit ″Emotion Engine″ 300 MHz	Intel Pentium-3 733MHz	IBM PowerPC ″Gekko″ 405MHz
그래픽 프로세서	″Graphics Synthesizer″ 150MHz	nVidia ″X-GPU″ 250MHz	″Flipper″ 202.5MHz
메모리	64MB UMA DDR SDRAM	32MB Direct Rambus	43MB
메모리	6.4 GB/sec	3.2 GB/sec	3.2GB/sec

폴리곤 처리 성능	66 M/sec	125 M/sec	90M/sec
동시처리 Texture 수	1	4	지원안함
Pixel Fill Rate (No Texture)	2.4 G/sec	4.0 G/sec	지원안함
Pixel Fill Rate (1 Texture)	1.2 G/sec	4.0 G/sec	지원안함
Pixel Fill Rate (2 Texture)	0.6 G/sec	4.0 G/sec	지원안함
Texture 압축	지원안함	지원(6:1)	ST3C Texture 압축(6 : 1)
저장 매체	4X DVD, 8MB 메모리 카드	5X DVD, HDD 8GB, 8MB 메모리 카드	1.5GB Disc, Digicard 사용
I / O	게임 컨트롤러 × 2 USB, IEEE1394, PCMCIA	게임 컨트롤러 × 4 이더넷(10/100Mbps)	게임 컨트롤러 ×4고속 시리얼 포트×2고속 패러럴포트
오디오 채널	48	256	64
H/W 3D 오디오 지원	No	64bit 3D 채널	No
MIDI + DLS 지원	Yes	Yes	No
오디오 필터링, 이퀄라이저	No	Yes	No
광대역 가능	업그레이드 기능	Yes	No
DVD 영화 재생	Yes	리모컨 액세서리 필요	No
HDTV 영화 지원	Yes	Tes(별도 확장팩 구입시 가능)	No

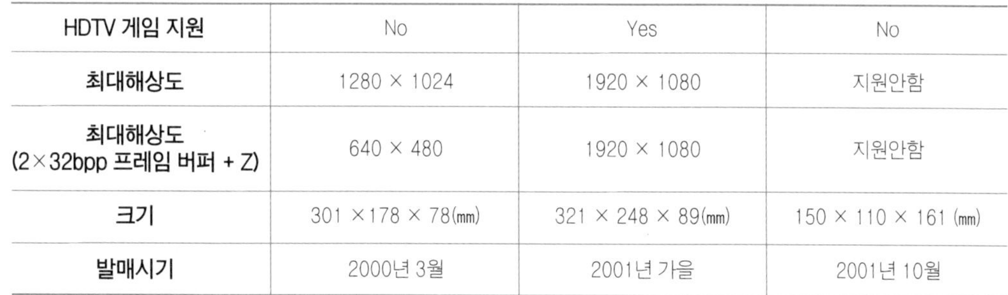

HDTV 게임 지원	No	Yes	No
최대해상도	1280 × 1024	1920 × 1080	지원안함
최대해상도 (2×32bpp 프레임 버퍼 + Z)	640 × 480	1920 × 1080	지원안함
크기	301 × 178 × 78(mm)	321 × 248 × 89(mm)	150 × 110 × 161 (mm)
발매시기	2000년 3월	2001년 가을	2001년 10월

❹ 차세대 콘솔 게임기

가. XBOX 360

마이크로소프트의 차세대 게임기 Xbox 360이 마침내 오늘MTV를 통해서 그 첫 모습을 드러냈다.

이례적으로 뮤직 비디오 방송인 MTV를 통해서 록스타와 같은 대접을 받으며 등장한 Xbox 360은 영화 반지의 제왕의 프로도역을 맡았던 영화 배우 엘리아 우즈가 발표를 맡았다. Xbox 360은 올해 연말에 출시될 예정이다. 한편 경쟁 업체인 소니의 경우 플레이스테이션3를 5월 16일 발표한다.

Xbox 360은 원조 Xbox가 다소 투박한 검정색 외형을 가지고 있던 것에 비해서 곡면의 날씬

한 디자인으로 백색의 외형 케이스에 단순미를 강조한 모습을 가지고 있다.

Xbox 360은 게임기를 넘어서 미디어 센터 PC와 같은 기능을 구비할 것으로 이미 알려진 바 있다. 여기에는 3.2GHz의 클럭으로 동작하는 3 코어의 IBM의 PowerPC 기반 프로세서가 장착되며 512MB의 GDDR3 메모리를 주 메모리로 사용하고 10MB의 엠베디드 DRAM을 사용한 ATI의 그래픽 코어 (500MHz 코어 클럭)가 사용된다.

〈그림 1.5〉 XBOX 360

Xbox 360에는 12배속의 듀얼 레이어 DVD-ROM드라이브, 3개의 USB 2.0 포트, 2개의 메모리 슬롯을 구비하고 4개의 무선 게임 컨트롤러를 지원한다. 프로그레시브 방식의 DVD 영화 타이틀 재생을 지원하며 윈도우 XP PC나 휴대용 기기에서 미디어 스트리밍이 가능하고 Xbox의 탈착식 20GB 하드 드라이브로 음악을 전송할 수도 있다. 네트웍으로는 이더넷 포트를 포함하고 802.11a/b/g를 지원한다.

Xbox 360은 이전 오리지널 Xbox가 리모콘을 별도로 구매해야만 DVD 재생이 가능했던 것에 비해서 바로 구매후 DVD 재생이 가능하다. 마이크로소프트는 Xbox 360을 출시하면서 온라인 게임 서비스인 Xbox Live에 무료 접속을 허용할 예정이다. 유료 사용자의 경우 온라인 게임 상대 찾기와 각종 옵션 기능을 추가로 사용할 수 있다.

Xbox 360은 미국과 유럽에서 올해 추수 감사절 시즌에 출시되며 일본에서는 연말에 출시될 예정이다. 예상보다 마이크로소프트가 Xbox 360의 출시를 앞당김으로써 이와 경쟁할 플레이스테이션3에 비해서 시장 선점 효과를 어느 정도 볼 수 있을 것으로 예상된다.

아직 출시 가격과 Xbox 360 게임 타이틀의 출시 계획은 공개되지 않았다.

나. PS3

마이크로소프트의 Xbox 360이 선보인지 수 일만에 소니도 차세대 게임기 플레이스테이션3를 선보였다.

2006년 봄에 출시될 플레이스테이션3는 현재 플레이스테이션2와 비슷한 크기를 가지고 있지만 곡선미를 강조한 디자인으로 실버와 화이트 2가지 색상이 선보였다. 소니는 셀 프로세서 기반의 PS3가 영화와 같은 실감을 게임에서 느끼도록 할 것이며 HD 영화와 기타 멀티미디어 기능을 제공하게 된다고 밝혔다. 플레이스테이션의 아버지 켄 쿠타라기는 "PS3가 거실의 중앙에 놓이게 될 진정한 시스템"이라고 밝혔다.

판매 가격이나 출시될 게임 타이틀은 언급되지 않았지만 현재 개발중인 다수 게임을 소니는 시연해 보였다.

〈그림 1.6〉 PlayStation 3

307

플레이스테이션3는 블루레이 디스크를 미디어로 사용, 50GB의 데이터를 저장할 수 있으며 메모리 카드용 슬롯, 착탈식 하드 드라이브용 슬롯과 최고 7개의 무선 컨트롤러를 연결할 수 있는 블루투스 무선기기용 슬롯도 제공한다. 또한 PS2와 PS1용 게임 역시 구동할 수 있다. PS3의 발표는 E3 게임쇼의 개막 이틀전에 행해진 것으로써 이는 지난주에 발표된 마이크로소프트의 Xbox 360을 겨냥하여, Xbox 360에 몰리는 관심을 분산시키기 위한 것으로 보인다. 마이크로소프트는 올해 말부터 북미지역을 필두로 Xbox 360의 판매를 개시할 예정이다. 한편 닌텐도 역시 차세대 게임기 레볼루션을 공개할 예정이어, 차세대 게임기 시장을 놓고 벌써부터 경쟁이 매우 치열하다.

한편 미국 시장을 대상으로 주피터 리서치가 조사한 결과는 작년 소니 PS2가 43%의 점유율로 1위, Xbox가 19%로 2위, 게임큐브가 14%로 3위였는데 주피터는 2010년이면 Xbox 360이 38%로 1위, PS3가 32%로 2위를 차지할 것으로 전망하고 있다.

〈표 1.2〉 차세대 게임기의 하드웨어 스펙

구 분	XBOX 360	PlayStation 3
CPU	IBM PowerPC 기반 3.2GHz 클럭 3개 코어 코어당 2개의 하드웨어쓰레드 (총 6개) 코어당 1VMX-128 벡터유닛 하드웨어 스레드당 128 VMX-128 레지스터 1MB L2 캐쉬	Power PC 기반 코어 @3.2GHz 코어에 1VMX 벡터 유니트 512KB L2캐시 7개의 SPE @3.2GHz

그래픽 프로세서	커스톰 ATI 프로세서 10MB 엠베디드 메모리64 way 동적 스케쥴 쉐이더 파이프라인 Unified Shader 아키텍쳐 16개 텍스쳐 동시 바이리니어 필터링 압축 텍스쳐 지원	RSX @550MHz 1.8 TFLOPS 부동소수점 연산 성능 풀 HD(최대 1080p)×2 채널 멀티웨이 프로그래머블병렬부동소수점 쉐이더 파이프라인 초당 1천억회의 쉐이더 연산, 510억회의 도트 연산
메모리	512MB GDDR3 RAM 700MHz 통합 메모리 아키텍쳐	256MB XDR 메인 RAM @3.2GHz 256MB GDDR3 VRAM @700MHz
메모리 대역폭	엠베디드 렌더링 메모리 256GB/s 21.6 GB/s FSB	메인 RAM 25.6GB/s VRAM 22.4GB/s
폴리곤 처리 성능	초당 5억개	
저장 매체	20GB 착탈식 HDD 12X DVD-ROM 64MB 이상의 분리형 메모리 지원	착탈식 2.5인치 HDD 슬롯
I / O	4개 무선 게임 컨트롤러 3개의 USB 2.0 포트 2개의 메모리 슬롯	USB 전면 4개, 후면 2개(USB 2.0) 메모리스틱 스탠다드/듀오, 프로×1 SD 스탠다드 / 미니×1 CF 메모리 타입 I , II ×1
HDTV 게임 지원	멀티채널 서라운드 사운드 48KHz 16bit 오디오 지원 320개의 독립 디컴프레션 채널 32비트 오디오 처리 256개 오디오 채널 지원	Dolby 5.1ch, DTS, LPCM, etc. (cell-base processing)

HDTV 게임 지원	16 : 9, 720p/1080i 앤티앨리어싱 지원 HD 비디오 출력 지원 최대 해상도 1920×1080	스크린 사이즈 : 480i, 480p, 720p, 1080i, 1080p 2개의 HDMI 출력, 1개의 아날로그 AV 멀티 아웃 1개의 광학 디지털 오디오 단자
네트워크	무선랜 : 802.11 a/b/g 이더넷 포트 내장	이더넷(10/100/1000BASE-T)×3(입력1,출력2) Wi-Fi IEEE 802.11 b/g 블루투스 2.0(EDR)

❺ 콘솔게임 개발시 주의사항

PC 게임과 콘솔 게임은 게임이라는 점에서 분명 공통점이 있다. 그러나 실제 개발에선 확연히 다른 환경을 갖고 있다. 따라서 어떤 형태의 게임을 개발하든지 해당 개발진이 그 개발 환경에 대한 충분한 기술적 이해를 하고 있어야 한다. 기획 단계에서부터 그래픽 프로그램의 선택과 프로그래머의 하드웨어 소프트웨어에 대한 이해가 없다면 이로 인해 발생하는 막대한 시간과 비용의 손실은 개발사의 경영 지표에 악영향을 미칠 것이다.

일반적으로 지적할 수 있는 PC 게임과 콘솔 게임의 기술적 차이와 주의할 점은 다음과 같다.

• PC 게임과 달리 콘솔 게임은 패치를 통한 버그의 수정이 불가능하므로 PC 게임처럼 치명적 버그(시스템 다운 등)가 있을 경우 출시 자체가 어렵다. PC 게임처럼 디버깅에 소요되는 기간을 짧게 잡으면 계획대로 프로젝트를 완성하지 못할 수도 있다. 게임의 용량마

다 약간 다르겠지만 항상 디버깅 시간을 충분히 잡아야 한다. 사내 디버깅이 끝난다 하더라도 콘솔 회사의 디버깅을 통과해야 비로소 출시할 수 있으므로 이 기간도 제작 기간에 꼭 포함시켜야 할 것이다. 해외에서도 게임은 완성했는데 콘솔 회사의 디버깅 작업을 통과하지 못해 프로젝트가 취소되거나 출시가 지체된 경우가 종종 발생한다.

- PC 게임은 사용자들마다 각각 하드웨어적 특성이 다르기 때문에 권장사양과 최소 사양이 있으나, 콘솔 게임은 플랫폼별로 사양이 고정돼있다는 면에서 PC 게임처럼 그래픽 카드를 비롯한 하드웨어의 호환성문제를 고려해야 하는 수고는 상대적으로 줄어든다. 하지만 이런 과정이 없는 반면 PC보다 품질이 더 높고 세련된 그래픽과 완성도를 보여줘야만 시장에서 경쟁력을 확보할 수 있다. 따라서 이에 대한 노력을극대화시켜야 한다. 예를 들어 PS2의 경우 CPU가 400MHz이고 메인 메모리 32MB, 비디오 메모리 4MB이지만 개발자들은 PS2만의 기계적 성능을 잘 살리기 때문에 이보다 높은 사양의 PC 게임들보다 화려한 그래픽을 보여줄 수 있는 것이다. 자신이 개발할 콘솔 게임기의 A부터 Z까지 상세히 이해할 수 있도록 프로그래머와 아티스트 모두 만반의 준비를 해야 할 것이다.

- 장르에 관계없이 프로젝트 중에도 게임 수정이 가능한 PC 게임과 달리 콘솔 게임은 시작 단계부터 장르마다 하드웨어에 맞도록 최적화 작업을 진행하기 때문에 충분한 준비 작업을 거쳐야 한다. 중간에 시장상황 등의 이유로 게임을 수정할 경우 새로운 프로젝트를 다시 시작하는 것과 맞먹는 제작비가 소요되는 만큼 프로젝트에 들어가기 이전에 철저한 게임 디자인을 해야 할 것이다. 어떤 프로젝트이건 시행착오는 있을 수 있으나, 콘솔 게임은 전용 게임기에서 직접 실행되는 게임이기 때문에 조그만 수정을 하더라도

전체적으로 영향을 끼치는 경우가 대부분이다. 이 부분을 최소화하지 않으면 사업성에 있어서 치명적인 문제가 생길 수도 있다.

- 해외 제작사들이 프로젝트를 계약할 때 콘솔 게임 개발 경험에 많은 점수를 주는 경우가 많다. 이는 콘솔 게임의 개발 경험이 있어야 앞서 언급한 문제들을 사전에 잘 차단 관리해 무리 없이 개발 일정을 지킬 수 있다고 생각하기 때문이라고 생각된다. 콘솔 게임 개발 프로젝트를 진행하기에 앞서 발생할 수 있는 문제점들을 조심스럽게 고민하여 해결할 수 있는 방법을 미리 찾는 것이 무엇보다 필요할 것이다.

다음으로 콘솔 게임을 보다 쉽게, 그리고 비교적 짧은 시간에 개발할 수 있도록 실제로 제작 과정에서 겪게 될 문제점들에 대한 대처 방법을 간단하게 짚고 넘어가자. 각 개발 환경별로 사양의 고정화 때문에 문제점이 생길 수 있으며, 서비스 과정에서 문제가 발생할 수도 있을 것이다.

- 한정된 메모리와 CPU 성능, 그리고 새로운 시스템에 대한 적응 문제가 생길 수 있으므로 이를 최대한 줄일 수 있는 상용 엔진의 사용을 권한다. 모든 상용 엔진은 시스템 최적화를 위한 그들만의 툴이나 시스템이 있으므로 엔진 개발 기간을 최대한 줄이고 작업 효율을 높일 수 있다. 현재 모든 콘솔에 적용 가능한 엔진이 몇 가지 있지만 해외에서는 이중에서 Alchemy, Renderware, NetImmerse, Jupitar(Lithtech) 등이 가장 애용되고 있다.

- 각 상용 엔진마다 개발 툴에서 참조하는 CPU 사운드 입출력 등 프로그램 전반에 관련된 함수 부분이 각각 다르다. 해당 분야의 전문가가 아니라면 이를 사전에 충분히 파악

하지 못하는 경우 프로젝트의 지연은 불가피하다. 그러므로 상용 엔진을 구입하기 전에 많은 부분을 고려해서 결정하여야 하는데, 첫째 장르에 관계없이 프로그래머의 역량을 최대한 살릴 수 있는 환경을 제공하고 있는지, 둘째 게임을 빠르게 개발할 수 있는 툴과 컨버터를 제공하는지, 셋째 문제가 생겼을 때 기술지원을 신속하게 받을 수 있는지 등을 기준으로 선택하는 것이 좋을 것으로 판단된다.

- PS2 같은 경우엔 리눅스 환경으로 돌아가기 때문에 윈도우 환경에 익숙한 국내 프로그래머에게 PS2 게임의 개발만을 위해 리눅스 개발 환경을 고집하기엔 무리가 따른다. 따라서 윈도우 환경에서 리눅스용으로 컴파일이 가능한 컴파일러와 코드 관리 시스템을 도입하는 것이 편리할 수도 있다. 이를 도와주는 별도의 프로그램은 현재 코드 워리어와 SN 시스템 등이 있다.

- PC 게임의 경우 네트워크 서버 기술이 이미 충분히 성숙돼 있으나 콘솔 게임은 아직 프로그램이나 서비스 분야에서 모두 시도 단계라고 볼 수 있다. 따라서 개발사가 책임져야 할 부분이 많으므로 네트워크나 온라인 부분에 대해선 사전에 최대한 많은 준비를 하고 기획할 것을 권한다.

이외에도 플랫폼별 개발 라이선스를 받아야 하는 점, 각 회사별 제품출시 규정이 약간씩 차이가 난다는 점. 이에 따른 마케팅 전략과 인력소요 계획이 유동적으로 변한다는 점 등도 콘솔 게임을 처음 개발하는 회사가 겪어야 하는 애로사항이라고 할 수 있다. 또한 써드파티 회사는 각 개발 툴에 대한 비밀유지협정(NDA)을 준수해야 할 의무가 생기므로 이러한 보안 요소들도 충분히 고려해야 한다. 이로 인해 많은 회사들이 충분한 경험을 보유한 개발자들을 확보하는데 어려움이 따르기 때문에 충분한 사전 준비를 통한 시행착오를 최소화하는 것이 무엇보다 중요하다.

(2) 모바일 게임[4]

모바일이란 말뜻 그대로 '이동성을 가진것'이라는 뜻이다. 최근에 소비자들에게 큰 관심을 보이고 있는 제품들은 대부분이 집안에서 모셔두고 사용하는 제품이 아니라 집밖에서 사용하는 제품, 즉 모바일 기기들이다. 멋진 디자인과 뛰어난 성능을 가진 모바일 기기들은 한마디로 막강하다. 최근 인터넷 업계의 키워드가 e에서 M으로 바뀌고 있는 추세이다. 이와 함께 무선 인터넷 혹은 M커머스(M-Commerce)라는 말이 인터넷 업계의 새로운 화두가 될 정도이다.

사용자가 휴대단말기(휴대폰,PDA)에서 즐길 수 있도록 제작된 모바일게임은 일반적으로 무선네트워크를 통하여 제공받으며 시간적 공간적 제약을 받지 않고 사용자가 즐길 수 있는 모바일 컨텐츠의 한 종류라고 정의할 수 있다.

모바일 컨텐츠 수요는 휴대단말기의 고사양화 와 무선네트워크 속도의 증가로 인하여 사용자들의 양적인 면과 질적인 면에서 급격히 팽창하고 있는 상황이며 특히 모바일게임은 벨소리 서비스와 함께 모바일 컨텐츠 시장의 성장을 견인하고 있어 이통사들 또한 포화상태에 있는 통화수익의 한계를 극복하기위해 적극 육성하고 있는 상황이다.

모바일게임은 이용자의 컨텐츠 향유방식에 따라 스탠드 얼롱(Stand-alone) 게임, 세미네트

워크게임, 네트워크게임으로 구분된다. 이용자들이 즐기는 게임의 대부분은 아직까지 스탠드
얼롱(Stand-alone) 게임이며, 이통사들이 패킷당 요금제 뿐 아니라 월정액 요금제를 제공하
고 있지만 무선인터 넷 이용요금 부담으로 인하여 네트워크게임은 수요가 크게 증가하지 못하
고 있는 상황이다.

<표 2.1> 모바일게임의 분류

구 분	특 징
Stand-alone	- 플레이어 혼자서 즐기는 게임 - 다운로드 정보이용료와 패킷당 요금 이외에 추가 요금 부담이 없음
세미네트워크	- 이용자의 선택에 따라 Stand-alone과 네트워크를 선택적으로 이용가능 - 부분적으로 네트워크 접속을 통한 진행방식을 갖는 게임
네트워크	- 다수가 무선인터넷을 통하여 서버에 접속하여 진행하는 게임 - 이용시간 만큼 요금이 가산되므로 이용자에게 부담

이러한 모바일게임은 타 게임군과 다른 몇 가지 제약을 가지고 있는데

첫째, 휴대단말기 특성으로 인한 구동환경 제약,

둘째, 짧은 제작기간,

셋째, 구현플랫폼 및 폰사양의 다양성,

넷째, 짧은 이용자 사용주기 등이다.

휴대단말기는 화면이 작고 조작이 불편하므로 간단하면서도 창의적인 내용을 포함하고 있

어야 한다. 이러한 속성은 게임개발업체의 딜레마를 야기시키는데 플랫폼과 폰사양의 다양성으로 인하여 개발기간은 길어질 수 밖에 없지만 개발기간이 길어질 경우 시장에 빠르게 적응할 수 없게 되고, 개발기간을 단축하면 어쩔 수 없이 서비스 대상 플랫폼이 줄어들게 되어 개발대비 수익성이 낮아지기 때문이다. 따라서 개발업체들은 연속적으로 수익이 발생하기 힘든 상황이기 때문에 게임장르의 측면에서 창의적이고 모험적인 게임보다는 안정적인 컨텐츠를 선호하고 있다. 하지만 이는 라이센스 비용의 부담을 야기 시킬 수 있다.

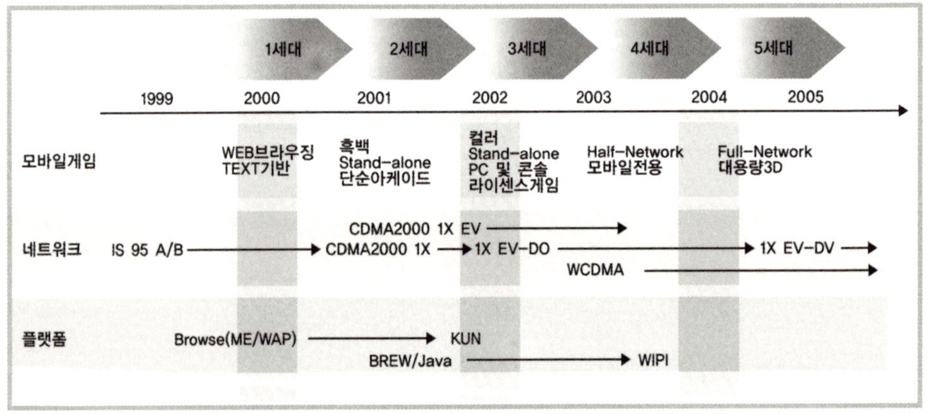

〈그림 2.1〉 모바일 게임의 진화 추이

게임별 평균 개발 기간으로 보면 모바일 게임은 평균 3.7개월로 가장 짧고, 또한 평균 예상 수명도 타 게임플랫폼에 비하여 상대적으로 낮기 때문에 지속적인 신규 게임의 기획과 시장의 수요에 적합한 타임 투 마켓(time to market)공략을 잘해야 성공률이 더욱 높은 게임군 이라고 볼 수 있다. 즉 짧은 개발기간으로 인하여 투자 자본의 회전율은 빠를 수 있지만, 반대로 짧은 게임수명으로 인해 안정적인 수익원의 지속적인 확보가 어렵다는 점이 타 게임플랫폼에 비하여 약점이라고 할 수 있다.

<표 2.2> 게임당 평균 개발 기간 및 예상수명 (단위 : 개월)

구 분	온라인게임	아케이드게임	PC게임	콘솔게임	모바일게임
평균 개발기간	8.9	8.1	9.0	6.0	3.7
평균 수명	25.1	14.1	12.7	6.0	9.9

이동통신환경이 2.5세대 CDMA2000 1x EV-DO환경으로 진화되면서 그래픽/동영상 등의 다운로드가 가능해졌고 이는 모바일게임이 텍스트 기반 또는 단순한 아케이드성 게임의 형태를 벗어나 보다 화려한 그래픽의 구현이 가능한 환경으로 진화할 수 있는 기반을 마련해 주었다. 모바일 게임은 세미네트워크나 휴대단말기전용 게임의 형태를 벗어나 기존 PC 및 콘솔에서 유행했던 대용량의 게임이나 3D로 구현된 게임을 실행시킬 수 있는 수준까지 진화하고 있으며 이용자들이 수요도 네트워크게임 형태로 이동하고 있는 상황이다.

❶ 모바일 플랫폼 시장현황

이동통신 서비스 시장의 움직임이 음성통신 위주에서 데이터통신 위주로 변화함에 따라 무선인터넷 시장의 흐름은 서비스의 문제점으로 지적되었던 일반 사용자들의 통신비용 절감에 따른 다양한 부가서비스의 제공을 유도하는 것이었다. 다양한 부가서비스의 제공을 통한 무선 인터넷 활성화를 위해 WAP방식의 문제점을 개선한 다운로드 방식의 새로운 실행 플랫폼이 필요했으며 일본의 이동통신 사업자, 국내 이동통신 사업자들은 그 대안으로 java 기술을 이용한 VM(Virtual Machine) 방식의 플랫폼 도입을 시작하였다. 표 1과 같이 VM 방식의 모바일 플랫폼 기술을 최초로 상용 서비스에 도입한 것은 LGT로 Sun Microsystems사의 모바일 Java(또는 Kjava) 기술을 채택하여 2000년 9월에 서비스를 시작하였다. 이 후 SKT는 신지소프트에서 독자개발한 C기반의 인터프리터(Interpreter) 방식의 플랫폼인 GVM을 채택하여 2000년 10월부터 서비스를 시작하였으며, Java 기반의 새로운 플랫폼인 XCE가 독자개발한 XVM을 채택하여 독자적인 SKVM 플랫폼으로 2001년 8월부터 서비스를 시작하였다. 두 회사와 전혀 다른 개념의 플랫폼 성격을 도입한 KTF는 C 언어 기반의 바이너리(Binary) 방식 플랫폼인 MAP (모바일Application S/W Plug-in)을 채택하여 2001년 3월부터 서비스를 시작하였으며, 본격적인 서비스를 위해 2001년 11월부터 Qualcomm사의 BREW를 채택하여 서비스를 시작하였다.

〈표 2.1〉은 현재 무선인터넷 시장에 나와 있는 플랫폼과 관련 개발언어 및 수행방식을 중심으로 나타낸 것이다. 컬러 디스플레이, 고기능 프로세서 등 다양한 멀티미디어 기능을 구비하는 차세대 모바일 멀티미디어 디바이스로 이동하고 있는 시점에서 표 〈표 2.3〉에 나타낸 플랫폼은 개발 언어적 분류와 수행방식에 따라 분류할 수 있다.

〈표 2.3〉 모바일 플랫폼 현황

플랫폼	개발언어	수행방식	추 진 사	비 고
KVM	Java	Interpreter(VM)	LGT(SUN)	서비스
키티호크	Java	Interpreter(VM)	LGT(아로마)	서비스
SK-VM, XVM	Java	Interpreter(VM)	SKT(XCE)	서비스
GVM	C/C++	Interpreter(VM)	SKT(신지)	서비스
MAP	C/C++	Binary(Navtive)	KFT(모빌탑)	서비스
BREW	C/C++	Binary(Navtive)	KTF(퀄컴)	서비스
WIPI	Java, C/C++	Binary, Complier	무선인터넷표준화포럼 (이통3사),TTA	국내표준
WI-TOP	Java, C/C++	Interpreter(VM)	SKT	
CLI	C#	Complier(JIT)		
I-application	Java	Interpreter(VM)	NTTdocomo	서비스
J-Sky	Java	Interpreter(VM)	jphone	서비스
Ezplus	Java	Interpreter(VM)	KDDI	서비스
I-den	Java	Interpreter(VM)	Motorola(Nextel)	서비스

❷ 모바일 플랫폼 기술현황

　최근 모바일 플랫폼 설계의 주요 부분을 담당하는 프로그램 언어중 Sun사가 개발한 java 기반의 J2ME(Java2 플랫폼 Micro Edition)는 MID(모바일 Information Device) Profile과 CLDC (Connected Limited Device Configuration)로 구성되어 있다. 〈그림 1〉에서와 같이 기존의 J2EE 및 J2SE 기반을 바탕으로 마이크로 시스템에 적합하게 설계된 J2ME를 이용하여

개발한 KVM (Kilobyte VM)은 기존 유선환경의 콘텐츠 전환이 용이하다는 장점과 다수의 자
바 개발자로 인한 콘텐츠 생산 및 확보가 편리하며 자바 특성상 유선과의 연동이 유리해 유무
선 연계서비스가 가능하다는 장점이 있다. 이런 요소기술은 일반적인 모바일 환경 이외에도 임
베디드 솔루션(imbedded solution) 전반에 걸쳐 용이하게 적용할 수 있어 포스트PC, 정보가전
등으로 확대적용이 가능하며, JAVA의 언어 구조적 특성상 우수한 보안기능을 가짐으로 전자
상거래 분야에까지 활용 할 수 있다. 그러나 java의 구조 특성상 인터프리터 방식과 순차적인
콘텐츠의 해석으로 인해 여전히 시스템의 성능을 급격히 저하시키고 매우 제한적인 성능에 따

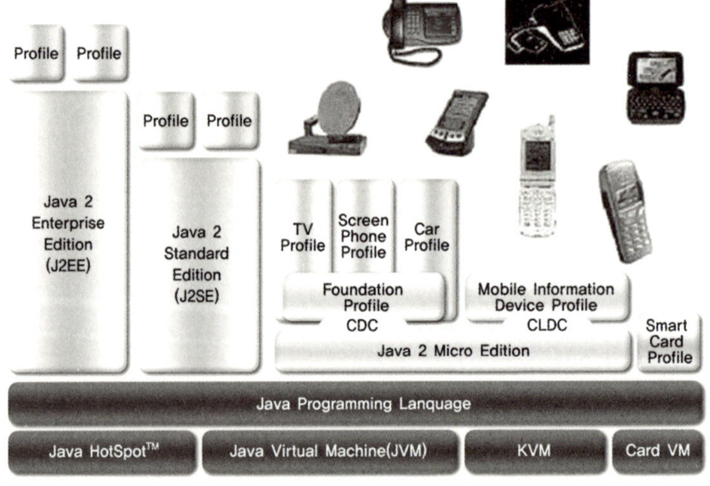

〈그림 2.2〉 Java 언어의 구조

른 효과적인 모바일 환경구축에 아직도 많은 제약을 주고 있다. 이러한, 최근 이용되고 있는 대표적인 플랫폼의 기술적 현황과 새롭게 시도되고 있는 기술적 발전방향에 대해 알아보았다.

가. XCE의 XVM(또는 SK-VM)

(주)XCE가 Java의 J2ME의 clean room 형태로 자체 개발한 XVM은 〈그림 2〉와 같은 Real time OS위에 SK-VM을 올려놓은 구조로, Script 형식으로서비스하는 플랫폼이다.

초기 2001년 8월부터 삼성전자 SCH-X350에 탑재되어 서비스된 XVM은 J2ME의 KVM을 구현한 것으로 CLDC를 구현한 M-Configuration(최근C-Configuration으로 변경), MID Profile, 그리고 SKT API로 구성되어 있다. 또한 JAM Xbrowser등을 포함하는 Micro Browser(WAP Browser)를 개발하여 Nate 서비스를 하고 있다.

XVM의 개발동향은 지속적인 XVM의 확장 개발과 WITOP이라는 SKT의 새로운 플랫폼 지원 개발이 진행중이다. 지속적인 XVM 개발의 경우 현재, 게임 등 엔터테인먼트에 치중된 서비스를 비즈니스 분야로 확대 추진중이며 지속적인 bandwidth의 향상, 디바이스의 성능 향상 등을 통해 새로운 서비스를 실현하고 있으며 Agent Application의 허용, 자바 엔진의 성능향상, 인터프리터 및 기기최적화를 통한 연산속도 향상을 시도하고 있다. Romized Java bytecode를 점진적으로 Nativecode로 전환할 계획이며, 향후 JIT 방식, Java Accelerate Chip 등의 도입을 고려하고 있다. 또한 모바일 단말기에 국한하지 않고 Smart Phone과PDA Porting, Palm OS, Window CE 포팅(완료), Cellvic OS포팅으로 확장하고 있다.

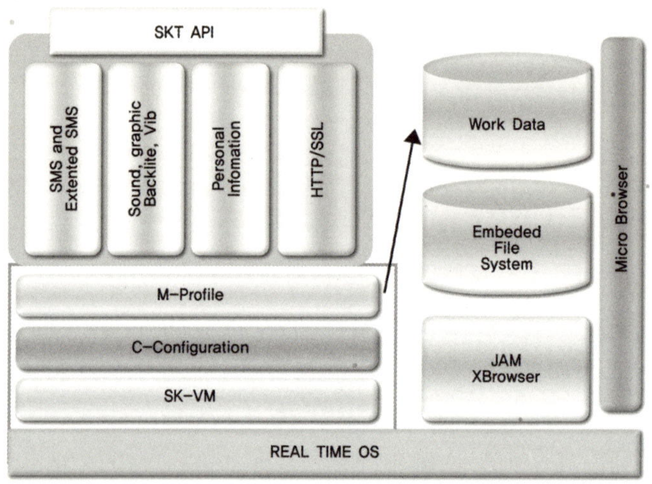

〈그림 2.3〉 XCE의 XVM(SK-VM) 플랫폼 구조

나. GVM

GVM(General VM)은 신지소프트가 국내 순수 기술로 개발한 mini C(모바일 C) 기반으로 설계된 VM형 플랫폼이다. 2000년 10월부터 SK 텔레텍의 IM-2000 단말기에 탑재되어 SKT의 n.TOP 서비스를 시작으로 현재까지 무선인터넷 사용자 중 가장많은 콘텐츠와 사용자, 개발자를 확보하고 있으며 현재까지 우리나라 단말기 중 가장 많은 단말기에 채택되어 있다. 순수 우리기술로 개발되어 해외 로열티 부담이 없으며 자체적인 평가에 의하면 적은 메모리 사용에 따라 모바일 단말기에 적합하며 TCP/IP에 직접 연결되어 브라우저(Browser)에 관계없이 서비스를 제공할 수 있다.

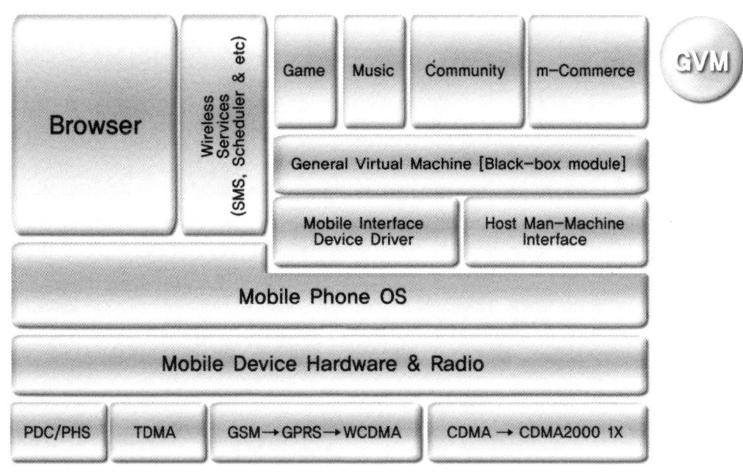

〈그림 2.4〉 신지소프트의 GVM 플랫폼 구조

다. MAP

모빌탑이 순수 국내기술로 개발한 MAP(모바일 Application S/W Plug-in Service)은 C 기반의 개발환경으로 구현되어 있으며, 2001년 3월에 KTF, 한국통신 엠닷컴에서 처음 서비스를 시작하였다.

VM이 가지고 있는 느린 속도와 그래픽 사운드 등 한정된 표현의 웹브라우저 게임 한계를 극복하려는 시도로 스크립트 방식의 다운로드에서 바이너리 형태의 다운로드를 실행할 수 있도록 하였다. 또한 온라인이나 오프라인 등 어떤 형태의 콘텐츠 운영도 가능하며, 단말기 고유의 소프트웨어와 밀착된 형태로 상대적으로 빠른 연산속도를 갖도록 개발하였다.

라. BREW(Binary Run-time Environment for Wireless)

퀄컴이 CDMAOne 단말기 개발자의 효율적인 소프트웨어 개발을 목적으로 만든 핸드폰 응용개발 플랫폼으로 세계적으로 2001년 11월 KTF의 매직멀티팩 서비스를 시작으로 새롭게 서비스를 시작하였다. 2002년 3월에는 미국의 최대 통신사업자인"버라이즌 와이어리스"도

관련 플랫폼을 채택 서비스하고 있다. 또한 일본의 ezplus 라는 VM 플랫폼을 제공하고 있는 KDDI도 BREW를 서비스 준비 중이며 중국 등 여러 나라 로의 확대를 추진하

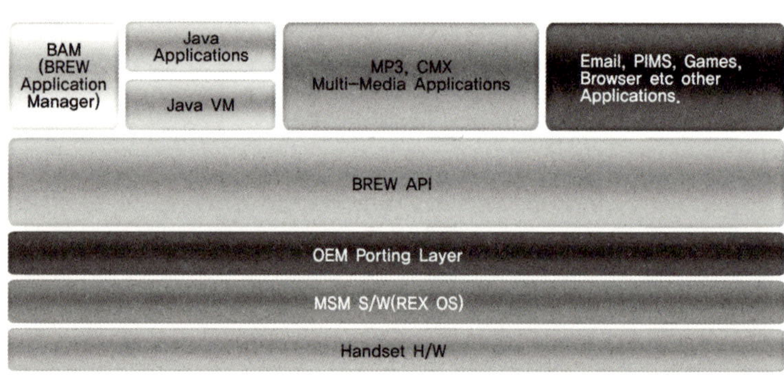

〈그림 2.5〉 퀄컴의 BREW의 구조

고 있다. 퀄컴의 협력업체로 등록된 개발업체만 모듈을 개발해 등록할 수 있도록 구성하고 있으며, CDMA 칩을 사용하는 전 세계 어디서나 통용되는 장점을 가지고 있다.

마. MIDP(Mobil Informaiton Device Profile)

MIDP는 CLDC(Connected Limited Device Configuration)와 함께, 이동전화 휴대단말기

양방향 페이저 등 오늘날 사용되는 대부분의 저가 무선 정보기기를 지원하는 완벽한 J2ME 애플리케이션 런타임 환경을 제공하는 일련의 자바 API이다.

MIDP 2.0에서는 표준 플랫폼을 사용하는 MIDP 애플리케이션에 톤, 톤 시퀀스, WAV 파일과 같은 오디오를 추가할 수 있기 때문에 개발자가 각 기기의 오디오 능력을 충분히 활용하는 것이 가능하다. 그리고 다양한 게임 개발을 위한 표준 기반을 제공하는 게임 API가 추가되었다. 기기 본래의 그래픽 능력을 이용함으로써 개발 과정이 단순화되고 그래픽과 성능 제어가 용이하다. 또한 HTTPS, 데이터그램, 소켓, 서버 소켓, 직렬 포트 통신 등 HTTP 이외의 대표적인 연결 표준에 대한 지원이 추가되었다. 따라서 애플리케이션이 다양한 방식으로 백엔드 서비스와 데이터를 교환할 수 있다.

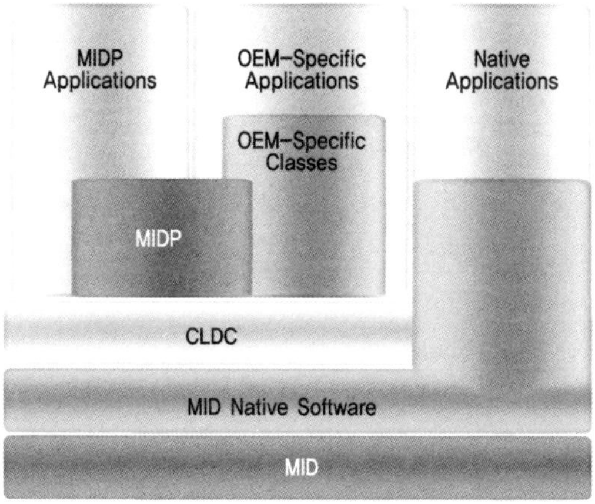

〈그림 2.6〉 MIDP 구조

바. WIPI(Wireless Internet 플랫폼 for Interoperability)

이동통신사별로 서로 다른 개발환경으로 인해, 개발자는 게임이나 응용프로그램을 각 통신사 플랫폼에 맞추어 중복 작업해야 하는 불편함이 있다. 애초에 서로 다른 그릇을 가진 탓에 그 안에 담을 음식 역시 그 그릇에 맞도록 만들어야 하는 셈이다.

처음부터 개발환경이 다른 탓에 같은 게임이라도 기능이나 속도, 컬러, 심지어 길이(용량)도 다를 수 밖에 없는데, 이는 소비자뿐 아니라 개발자에게도 상당한 불편을 준다.

이러한 불편함을 해소하기 위해 2001년 5월에 정보통신부, 이동통신 3사, 한국 전자통신 연구원(ETRI), 정보통신 기술협회(TTA)가 주관하며 SK텔레콤, KTF, LG텔레콤이 공동대표로 하는 한국 무선 인터넷 표준화 포럼(KWISF)이 창립되었고, 2002년 5월 공식적인 모바일 플랫폼 표준 규격으로 확정되었다. (2003년 2월 모바일 표준 플랫폼(위피) V1.1 발표)

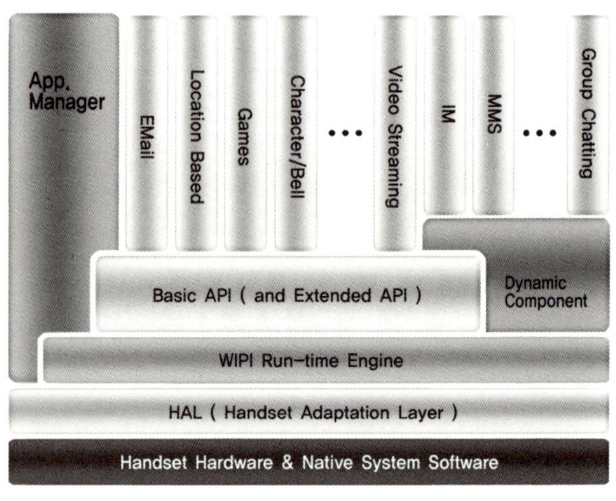

〈그림 2.7〉 WIPI의 구조

사. WI-TOP

SK 텔레콤이 기존 플랫폼들의 애플리케이션 호환성을 유지하고 무선데이터 서비스의 모든 비즈니스 멤버들의 이익 극대화라는 목적하에 WI-TOP(Wireless Internet Terminal Open 플랫폼)이라는 seim-open 방식의 플랫폼을 개발하였다.

WI-TOP의 특징은 콘텐츠의 Downloadable Application이 가능하고 Machine Binary Downloadable Application/Library 구조를 가지고 있으며 현재 Phone S/W 구조아래, WI-TOP 엔진은 UI task상에서 동작, Single Threaded, Event Driven, Shared Library 지원, GVM, SK-VM, Thin Multimedia를 WI-TOP Application으로 수용하고 있다. 하드웨어 의존적인 부분을 추상화시키는 PAL 레이어 또한 지원한다.

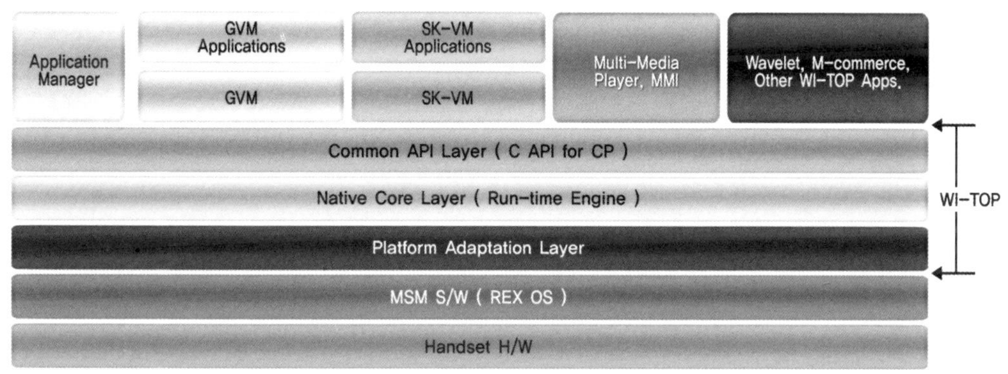

〈그림 3.2.8〉 WI-TOP의 구조

아. 모바일 플랫폼의 문제점

- 다양한 플랫폼으로 인한 복잡한 서비스 형태
- 이동통신사의 가입자 유치경쟁 → 서비스 차별화 추구 → 비용증대
- 각각의 플랫폼에 맞추어 개발해야 함 → 중복 개발, 비용증가.
- 개발 역량 분산
- 단말기 제공업체 : 중복 투자, 대외 경쟁력 저하.

(3) 온라인 게임 개발 환경

온라인 게임 이란 다수의 사용자가 PC통신과 인터넷에 동시 접속, 주어진 역할에 따라 임무를 수행, 최종 목적에 이르도록 하는 게임으로 크게 텍스트 머드와 그래픽 머드로 구분된다. 온라인 게임은 지난 80년 영국의 바틀 트룹소(Bartle Trubshaw)가 처음으로 텍스트 머드 게임을 선보인 게 효시이며 88년 영국의 알랜 콕스(Alan Cox)가 〈AberMUD〉를 개발, 서비스하면서 일반에 널리 알려졌다. 국산 온라인 게임의 효시는 지난 93년 개발된 텍스트 머드 게임인 〈쥬라기 공원〉이다. 텍스트 머드는 이후 〈퇴마요새〉, 〈단군의 땅〉 등이 마니아층을 양산하면서 큰 인기를 누렸으며 95년에는 넥슨이 세계 최초로 캐릭터와 배경 등을 그래픽으로 구현한 〈바람의 나라〉를 개발, 그래픽 머드 게임의 세계를 열었다. 현재 온라인 게임시장은새로운 통신 기술의 개발과 인프라의 개선으로 이미 그래픽 머드가 온라인 게임시장을 주도하고 있는 상황이다.

온라인 게임프로그래밍은 크게 서버 프로그래밍과 클라이언트 프로그래밍으로 크게 나눌 수 있고, 각 파트는 다음과 같이 더욱 세분화 되어진다.

다음은 온라인 게임 제작 시 프로그래머의 분류 및 역할, 요구사항이다.

〈표 3.1〉 온라인 게임 프로그래머의 분류 및 역할 [3]

번호	구 분	역 할	필요한 능력
1	클라이언트 프로그래머	유저가 다운 받아 사용하는, 말 그대로의 게임을 제작한다.	Visual C++, Direct X, Network Programming
2	3D 엔진 & 3D 툴 프로그래머	3D 데이터를 불러서 화면을 구성하고 동작을 셋팅하고 효과를 만들고 주로 3D 화면구성과 관련된 각종 3D 툴과 라이브러리를 만드는 역할을 갖는다.	Visual C++, 3D에 대한 구현능력(행렬, 역학 등 수학적 사고가 요구된다)
3	서버 프로그래머	유저간의 데이터 교환하고 게임 서버를 만든다.	시스템 하드웨어 전반에 대한 폭넓은 지식, C++, Networking Programming, MultiTasking Programming, 서버 OS(NT, UNIX, Linux 등)에 대한 지식, DBMS(오라클, MS-SQL, MySQL 등) 및 SQL에 대한 지식
4	웹 프로그래머	유저간의 커뮤니티 조성을 위한 홈페이지를 제작한다.	Web Programming (PHP, ASP, CGI, PERL 등) DBMS(오라클, MS-SQL, MySQL) 및 SQL에 대한 지식
5	툴 프로그래머	각종 데이터 관리 및 분석툴을 제작하고 운영자의 운영툴 및 고객 서비스 DB 프로그램 등을 제작한다.	Virsual C++ MFC, Networking Programming

클라이언트 프로그래머가 실제로 일반적인 사람들이 생각하는 게임 프로그래머에 가깝다. 3D 엔진 프로그래머의 경우 3D게임이 대세를 이루면서 새롭게 생긴 직종이라고 보면 되며, 서버 프로그래머는 온라인 게임을 제작하기 위해 필요한 직종이다.

웹 및 툴 프로그래머도 기존에 다른 쪽 프로그램을 하는 분류의 사람들이 게임 제작에 필요하게 된 경우라고 보면 된다.

다른 분야도 마찬가지지만 특히 프로그래머라는 직업이 1등과 꼴찌만 있는 파트이다. 잘하는 사람 한 명이 그렇지 못한 사람 10명보다 훨씬 작업 능률이 높으며, 여러 파트에 걸쳐 두루 지식을 겸비한 사람은 좋은 대우를 받는다.

또한 다른 파트보다 더욱 경력자를 선호하는 직종이다.

또한 하드웨어가 발전하고 기술 발전이 빠른 파트이기 때문에 어느 누구보다 많은 공부량과 다방면에 걸친 지식을 필요로 한다. 어느 분야든 프로그래머가 되기 위해선 무엇보다 기초적인 공부가 필수적이다. 즉 컴퓨터 공학과의 수업들(DB, OS 등등……), 기초가 약하면 발전에 한계가 있기 때문에 수학, 물리적인 기초과학 지식은 고급 프로그래머가 되기 위해 필수적으로 마스터를 해야 하는 부분이다.

온라인 게임에서 실질적인 게임을 진행시켜 주는 것이 게임 서버이다. 우리는 게임서버의 구조는 게임의 진행과 시스템의 효율성에 많은 영향을 미치는 부분이다. 물리적으로 한정적인 시스템 자원을 효율적으로 사용하기 위해서 다양한 분산 처리는 필수적인 요소이다. 분산처리 구조를 익힘으로써 우리는 좀 더 세련되고 뛰어난 성능을 발휘할 수 있는 게임서버를 만들 수 있다. 온라인 게임 서버 프로그래밍의 핵심인 게임 서버의 구조에 대해 알아 보도록 하자.

❶ 일반적인 게임 서버 구조 [2]

게임 서버는 실질적인 게임을 진행하는 역할을 담당한다. 게임 서버는 유저간의 동기화, NPC의 인공지능, 아이템 시스템 등 게임 시스템의 총 집합이라 할 수 있다. 게임 진행에 필요한 모든 게임의 요소들을 총괄하여 진행시켜주는 작업을 하기 때문에 가장 많은 일을 담당한다. 게임을 진행하는 요소는 방대하기 때문에 하나의 서버에서 처리하는 데는 많은 부담이 된다. 게임 서버를 제작하고 테스트를 하는 과정에서 수십 명의 유저를 처리하는 것은 그리 문제가 되지 않는다. 더욱이 하드웨어의 눈부신 발전에 힘입어 게임에서도 고성능 서버를 사용하기 시작하면서 서버 쪽의 부담이 덜어져 가는 것도 사실이다. 하지만 접속 유저가 늘어나면서 서버 쪽에서 느끼는 부하는 그 수치가 급격하게 증가한다. 그렇기 때문에 서버를 제작하면서 게임 서버의 부하를 분산시키려는 노력이 필요하다.

가. NPC 서버의 분리

구성에 따라 게임 서버에 많은 부하를 줄 수 있는 것이 NPC[26]의 인공지능 부분이다. 보통 게임에서 NPC의 인공지능은 상당히 단순하게 느껴진다. 하지만 수많은 NPC의 인공지능을 구성하는 코드는 상당히 복잡하며 처리량도 만만치가 않다. 따라서 〈그림 1-10〉과같이 NPC의 인공지능 부분을 따로 분리하여 게임 서버에서 부하를 줄이게 된다.

---

26. NPC Non-Player Characters의 약자이다. 게임에서 유저 캐릭터가 아닌 서버에 의해 조종되는 캐릭터를 총칭하는 말이다. 온라인 게임에서는 보통 상점주인, 경비병, 몬스터 등이 이에 속한다.

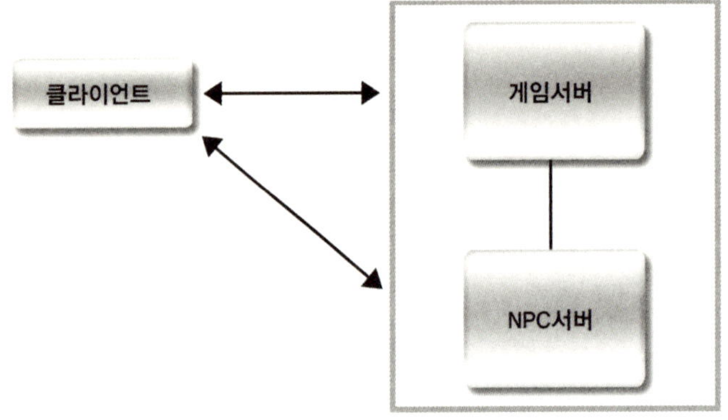

〈그림 3.1〉 NPC서버의 분리

NPC 서버와 게임 서버가 분리되면 게임 서버에서는 NPC 오브젝트만 생성하게 된다. NPC 서버에서는 게임 서버에서 생성된 NPC 오브젝트의 인공지능을 처리한다. NPC 서버에서는 인공지능 부분만 처리하여 게임 서버에 있는 NPC 오브젝트에게 소켓 통신 등을 이용하여 명령한다. 게임 서버 입장에서는 소켓 통신을 하는 비용은 지불하게 되지만 많은 서버 리소스를 절약하는 효과를 볼 수 있다. 또한 NPC서버에서는 인공지능 부분을 전담하기 때문에 더욱 복잡하고 똑똑한 인공지능을 만들어 낼 수도 있다. 사실 게임 서버에 인공지능 부분까지 처리하게 되고, 처리할 NPC의 숫자도 많다면 복잡하고 세련된 인공지능은 서버에 많은 부담을 주게 될 것이다.

온라인 게임을 하다보면 서버가 다운되어 다시 접속을 하였는데 NPC들이 필드에서 하나도 없는 경우를 몇몇 게임에서 발견할 수 있다. 이러한 상황은 NPC 서버와 게임 서버간의 동기화가 안된 상황에서 클라이언트가 게임 서버에 접속하였을 때 발생하는 현상이다. 이런 경우 잠시만 기다리면 갑자기 NPC들이 생겨나는 것을 볼 수 있을 것이다.

나. 동기화 서버의 분리

게임 서버에서 제일 기초적인 동작은 캐릭터간의 동기화 작업이다. 동기화 작업은 게임 서버가 시작되고 유저들이 접속하면서 부터 처리하게 된다. 동기화 작업은 제한된 공간에서 유저들의 행동을 상호간에 인지시키게 하기 위한 작업이다. 유저들의 행동을 상호간에 인식시키기 위해서는 모든 캐릭터의 행동을 근처의 모든 캐릭터들에게 알려 주어야 하기 때문에 많은 부하를 발생시킨다. 따라서 동기화 작업만을 전담하는 서버를 분리하여 준다면 게임서버의 퍼포먼스를 향상시킬 수 있다.

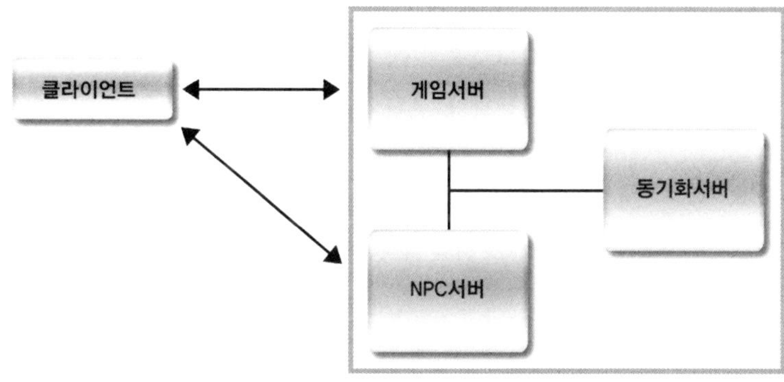

〈그림 3.2〉 동기화 서버의 분리

　　PC/NPC간의 동기화 작업은 각각의 오브젝트 단위로 이루어지기 때문에 동기화 서버를 따로 두어 캐릭터들의 동기화 부분만 전담시켜 부하를 분산시키는 구조를 택할 수 있다. 동기화 서버는 NPC와 PC의 동기화 작업만 전담한다. 게임 서버에서 클라이언트의 움직임 등의 요청을 받는다면 동기화 서버로 명령을 전달하게 되고 동기화 서버에서는 명령에 따른 결과를 게임 서버에 전달하게 되어 게임 서버에서는 결과를 각색하여 클라이언트로 전달하게 된다. 동기화 서버가 분리되는 방식은 게임 서버가 해야 할 일을 물리적으로 다른 서버와 분담하여 처리하는 방식이기 때문에 많은 유저가 접속하였더라도 서버의 성능을 일정하게 유지시켜줄 수 있는 구조이다.

다. 채팅 서버의 분리

　　MMORPG는 다른 측면에서 보았을 때 커뮤니티의 일종으로서 유저 상호간 액션에 의해 게임이 진행된다. 커뮤니티에서 빠질 수 없는 것이 의사소통이며 게임에서는 채팅을 통해 상호간의 의사전달을 하게 된다. 따라서 게임 서버에서는 유저들의 많은 양의 채팅 메시지를 처리하게 된다. 또한 채팅 메시지는 유저간의 동기화 문제와도 연관되어 많은 부하를 발생시킬 수도 있기 때문에 채팅 서버만을 따로 두어 게임 서버의 부하를 분산시키기도 한다.

　　채팅 서버를 분리하게 되면 대부분 클라이언트와 채팅 서버간의 1 : 1 통신을 하게 된다. 즉, 클라이언트는 게임 서버와 채팅 서버에 각각의 연결을 만들어 통신을 하게 된다는 것이다. 따라서 게임서버에서 클라이언트의 PC가 동기화 영역을 움직인다면 채팅 서버에서도 마찬가지로 해당 채팅 동기화 영역으로 움직여 채팅 메세지 동기화를 하게 된다. 게임 서버에서 할일이 분산되기 때문에 좀더 안정적인 게임서버를 만들수 있게 되지만 채팅 서버에서도 캐릭터의 이동에 따른 기본적인 동기화 작업이 필요하기 때문에 채팅 메시지를 게임 서버에서 처리하는 것보다 좀더 많은 작업량이 필요하게 된다.

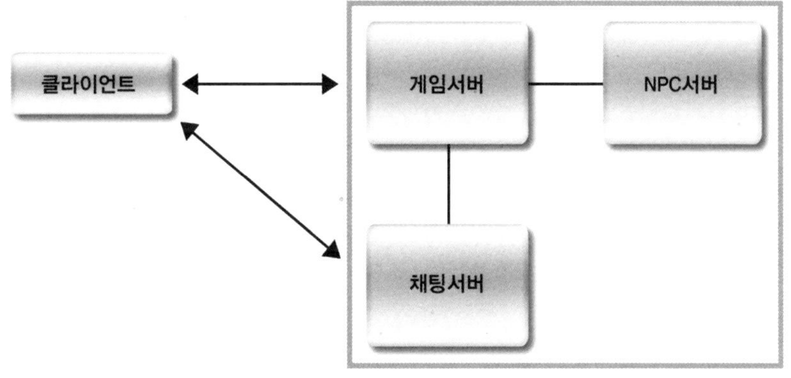

〈그림 3.3〉 채팅서버의 분리

　참고로 서버 기능 분리 시에는 많은 사항을 고려해야 한다. 서버의 기능을 나누어 부하를 분산시키는 것은 좋지만 서버를 나누어서 새롭게 생겨날 수 있는 취약점이나 또다른 부하를 고려해야 하기 때문이다. 예를 들어 NPC 서버가 분리된다면 게임 서버와 NPC 서버간의 동기화 NPC 서버와 게임 서버간의 통신으로 인한 네트워크 오버헤드를 고려해야 한다.

　동기화 서버가 분리되면 역시 동기화 서버와 게임 서버간의 통신으로 인한 네트워크 오버헤드와 게임서버와 동기화 서버의 권한을 명확히 해야 한다. 채팅 서버가 분리된다면 채팅 서버와 게임 서버간의 동기화 문제를 고려해야 한다.

❷ 분산 게임 서버의 구조

서버 프로그래밍을 하다 보면 분산 서버 또는 클러스터링에 많은 관심을 갖게 된다. 그 이유는 온라인게임 서버 프로그래머라면 누구라도 기술적 한계를 뛰어넘어 수 만에서 수십 만명이 하나의 월드에서 자유롭게 게임을 즐기는 환경을 만들어 주는 것을 바라기 때문이다. 현재 국내 온라인 게임을 살펴보면 월드에는 일정한, 내부에서 정하는 유저 제한치가 존재하게 되며 이러한 제한치가 넘어가게 되면 더 이상의 유저를 수용하기보다는 다른 서버군을 오픈하여 유저의 이동을 권하게 하는 게 대부분이다. 일반적으로 서버 군에 따라 각각 물리적으로 분리된 데이터베이스를 사용하게 된다. 때문에 서버 군을 이동하게 되면 데이터베이스가 바뀌기 때문에 개발사에 따라 기존의 캐릭터를 그대로 옮겨 갈 수 없거나 아니면 새로 만들어야 하는 문제가 생기곤 한다. 개발사에서는 새로 오픈하게 되는 서버군에서 캐릭터들의 형평성을 위해 특별한 이유가 없는 한 이전에 사용하던 캐릭터를 다른 서버군으로 옮기지 못하게 한다. 대부분의 온라인 게임이 이러한 구조를 택하고 있고, 하나의 캐릭터가 서로 다른 서버군을 옮겨 다니며 게임을 할 수 있게 만든다는 것은 분명 쉬운 일이 아니다.

통합된 월드의 게임 서버를 만드는데 가장 문제가 되는 것으로 첫 번째는 통합된 월드 내 수많은 유저의 정보를 실시간으로 저장할 수 있는 데이터베이스가 가장 문제가 된다. 서버군의 유저수를 통제하는 것도 데이터베이스의 문제가 주요인이다. 그 이유는 데이터베이스가 실시간으로 동시에 처리할 수 있는 능력은 시스템에 따라 한계치가 있기 때문이다. 두 번째는 데이터베이스의 부하를 분산하기 위해 리플리케이션(replication) 기능을 생각해 볼 수도 있다. 하지만 리플리케이션(replication)[27] 기능도 상황에 따라 한 쪽 데이터베이스에서 오류가 발생할

27. replication 데이터베이스의 복제 기능이다. 똑같은 정보를 가지고 있는 데이터베이스들끼리 연결되어 한 쪽 데이터베이스에 정보가 입력된다면 입력된 데이터를 다른 데이터베이스에도 똑같이 입력되게 하는 데이터베이스 기능이다.

경우 처리문제는 상당히 까다롭다. 실시간으로 오류 발생 즉시 다른 한 쪽으로 데이터베이스 커넥션을 바꾸어야 하는데 이 또한 임시적인 방책이지 해결책은 될 수가 없다. 부하가 심해 오류가 발생되었다고 오류가 없는 데이터베이스로 커넥션을 옮긴다면 한 쪽으로 부하가 집중되어 역시 오류가 발생할 문제가 다분해지기 때문이다. 세 번째는 실시간으로 부하를 분산해야 하는 문제가 있다. 갑자기 하나의 지역에 많은 유저가 몰리게 된다면 시스템의 한계에 의해 서버의 처리 속도가 현저하게 느려지거나 심할 경우 OS가 다운이 될 수 있기 때문이다. 부하를 실시간으로 분산시킬 수 있는 것은 상당히 까다로운 문제이다.

　다음 그림은 동기화 서버(1대)+게임 서버(여러 대)의 구조이다.

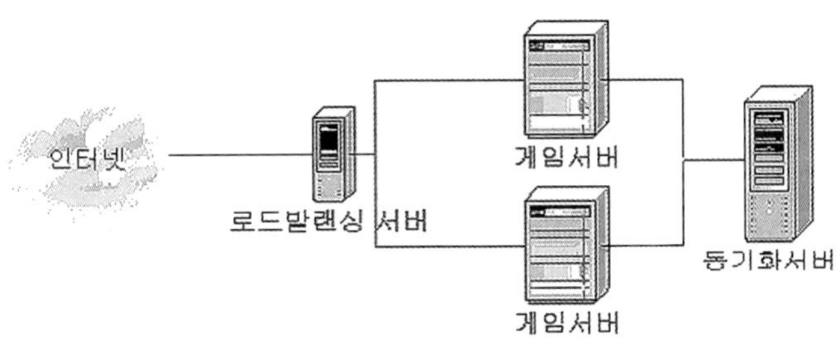

〈그림 3.4〉 게임 서버의 분산 구조

　동기화 전문 서버를 한 대 두고 그에 여러 대의 동일한 맵서버가 연결되어 부하를 분산시켜 주는 구조이다. 동기화 서버와 맵서버간에는 UDP를 이용하여 데이터를 송수신 한다. 예를 들어 동기화 서버에 2대의 게임 서버 1, 2를 붙이게 된다면 유저들은 게임 서버 앞단에 있는 로드밸런싱 서버에 의해 적은 수의 유저가 있는 게임 서버를 알 수 있도록 하여 게임 서버 1, 2에 분산되어 접속하고 게임을 하게 되지만 같은 섹터에 있는 캐릭터는 동기화 서버에 의해 동기화가 되는 구조이다.

물리적으로는 분리되어 있는 게임 서버 1, 2이지만 동기화 서버에 의해 논리적으로는 같은 서버에 존재하게 되는 것이다. 동기화 서버는 오직 캐릭터들의 동기화 작업만 수행하기 때문에 디스크 I/O가 없어 부하를 적게 차지하여 여러대의 동일한 공간의 게임 서버를 동기화 시킬 수 있는 구조이기 때문에 많은 유저들을 수용할 수 있다.

❸ 서버간의 통신

MMORPG의 서버군의 구성은 다음과 같다. 〈그림 3.5〉를 보면서 서버간의 통신에 대해 이야기 해보자.

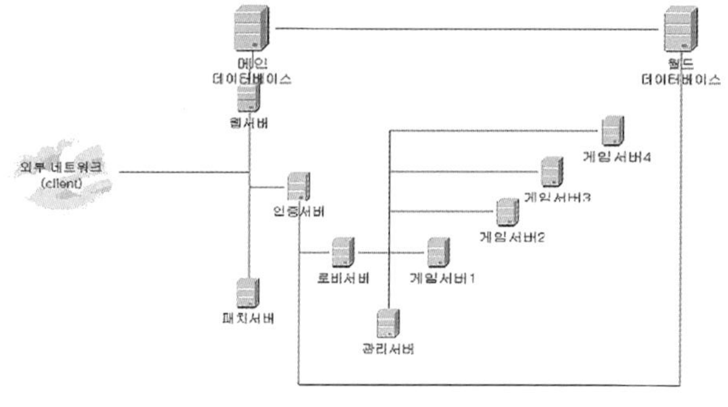

〈그림 3.5〉 서버군

〈그림 3.5〉의 서버군은 패치+로그인+로비+맵+관리 서버의 구조로 되어 있다. 서버간의 통신은 UDP 프로토콜을 이용하며 관리 서버를 중간에 두어 월드의 모든 접속자 리스트를 가

지고 접속자 관리, 전체 메시지 전송, 타 서버에 있는 캐릭터에 귓속말 전달 등의 일을 담당한다. 유저가 인증에 성공을 하게 되면 최초 인증 서버에서 관리 서버로 유저의 기본 데이터를 송신하여 유저의 연결 리스트에 추가를 하게 된다. 유저가 월드를 선택하고 캐릭터를 선택하여 게임 서버에 접속을 하게 되면 게임 서버에서 관리 서버로 관련 정보를 송신한다. 관리 서버에서는 데이터를 수신하여 연결리스트의 해당 유저 노드를 잘라내어 월드 트리의 해당 서버 브랜치에 노드를 추가하게 된다.

각 게임 서버들은 2개의 네트워크 인터페이스(랜카드)를 사용하여 각각 외부/내부 네트워크 전용으로 사용하였다. 특히 데이터베이스의 경우 외부 네트워크와 차단하여 혹시 있을 수 있는 해킹에 대비하였다. 내부 네트워크와 외부 네트워크로 구분하기 위해 각각의 네트워크 인터페이스 카드(랜카드) 하나(랜카드1)에는 공인 IP를 또다른 하나(랜카드2)에는 사설 IP를 부여하였다. 사설 IP는 B클래스 172.16.0.0 - 172.31.255.255 영역을 사용하였다. B클래스를 쓴 이유는 네트워크당 65000개의 호스트를 수용하기 때문에 서버가 많이 늘어나도 아이피가 부족할 일이 없기 때문이다. [표1-2]는 내부 네트워크에서 사용하는 클래스의 IP대역과 네트워크당 수용 가능한 호스트의 수이다.

〈표 3.2〉 클래스대역폭 및 수용 호스트수

클 래 스	IP 대역	네트워크당 수용 호스트수
A class	10, 0, 0, 0 ~ 10, 255, 255, 255	16777214개
B class	172,16,0,0 ~ 172, 31, 255, 255	65534개
C classa	192, 168, 0, 0 ~ 192, 168, 255, 255	254개

　각 서버들의 정보는 데이터베이스에 저장되어 있기 때문에 처음 서버가 구동될 때에는 전체 서버군에 있는 서버들의 정보를 적재(load) 시킨다. 적재된 서버의 정보는 서버 인덱스와 내부 아이피 정보인데, 각각의 서버들은 다른 서버와의 통신을 위해 서버 정보들을 사용한다. 통신이 필요한 서버에 메세지를 송신하고 수신받은 서버에서는 메세지에 따른 처리를 한 후에 다시 응답 메세지를 보내주면 하나의 통신이 완료되는 것이다.

　서버간에 전송되는 메세지는 주로 캐릭터가 게임 서버를 이동할 때 사용되는 패킷과 귀속말 패킷이 주로 사용된다. 유저가 게임서버를 이동할 때에는 캐릭터가 위치하고 있는 포탈 인덱스에서 이동하려는 서버의 인덱스를 알아내어 클라이언트에게는 이동하려는 서버의 아이피, 접속 포트번호, 인증 키 등을 전송하고, 캐릭터가 현재 위치하고 있는 서버에서는 이동하려는 서버로 인증키 등을 전송한다. 클라이언트에서는 현재 서버로부터 받은 아이피와 포트로 새로운 서버로 접속을 하고 인증키를 통해 인증을 받게 된다. 서버간 통신은 랜카드2를 통해서만 송/수신(서버간의 패킷은 사설아이피로 수신된 패킷만 인정하고 공인아이피로 온 패킷은 무시) 하기 때문에 혹시 있을수 있는 사용자의 해킹을 방지한다. [표1-3]은 IP address 별 사용 용도와 특징을 정리한 내용이다.

〈표 3.3〉 IP address 사용

	IP 대역	네트워크당 수용 호스트수
차 이 점	클라이언트와의 통신	서버간의 통신
	서버간 통신 사용불가	클라이언트간 통신 사용불가
공 통 점	서버간의 통신에서 네트워크 대역폭 확보 및 물리적인 보안	

외부로부터의 보안을 위해 서버는 TCPWRAPPER[28]를 사용하여 관리자 IP외의 접근을 막았다. 게임 산업이 발전함에 따라 게임 서버의 보안 문제가 이슈가 된지는 오래이며 유명 게임 서버들의 경우 해커의 공격 목표가 되기도 한다. 해킹에 의해 소스나 데이터베이스가 유출되기도 하기때문에 개발사들은 보안에 만전을 기해야 한다. 시스템의 해킹은 자칫 큰 문제가 되어 게임의 흥망에도 큰 영향을 미칠 수 있기 때문에 중요한 문제이다.

(4) 아케이드게임 [6]

❶ 아케이드의 하드웨어 구성

가. 기판

ROM, RAM, CPU 각종 전자부품이 붙어있는 기판을 의미한다. 흔히 기판이라고 부르는 것들이PCB기판이다. PCB는 아무런 부품이 붙어있지 않은 기판 그 자체를 의미하는 것이지만 흔히 단품 기판을 PCB라고 통칭한다.

기판은 크게 마더보드와 서브보드로 나뉘는데 마더 보드란 서브 보드를 교체하면 다른 게임을 즐길 수 있게 되는 시스템 기판에 있어 하드웨어 부분에 해당하는 주기판이다. 시스템 기판의 경우 이 마더 보드 하나만 있으면 그 시스템 기판의 서브 보드만 구입하면 그 게임을 즐길 수 있게 되므로 비용절감의 효과가 있다.

서브 보드는 시스템 기판에 삽입하는 또 다른 기판을 말한다. 이해하기 쉽게 말하자면 게임기와 롬팩같은 것으로 서브 보드를 교체하는 방식으로 서브 보드마다 다른 게임을 즐길 수 있다.

---

28. TCPWRAPPER Wietse Vanema에 의해 제작된 TCPwapper 는 호스트레벨에서 특정 프로토콜과 포트, 네트워크 IP 에 따른 접속허가를 내줄 것인지 거부할 것인지 결정하는 packet dropper이라고 볼 수 있다

나. 컨트롤 박스&컨트롤 패널

일단 기판으로 게임을 즐기려면 기판외에도 컨트롤 박스가 필요하다. 케이스에서 모니터 아래쪽에 있는 레버와 버튼이 설치된 조작부를 의미한다. 대개 4방향 레버와 버튼 3개+스타트 버튼1개의 콘트롤러 2세트로 구성되어 있지만 게임에 따라 트랙볼 방식이나 트윈 스틱, 루프 레버, 마작 컨트롤러 등이 설치된 것도 있다. 컨트롤 박스는 전원공급과 각단자의 신호입, 출력을 중계해주는 역할을 수행한다. 그리고 컨트롤 패널은 레버와 버튼이 달린 패널, 말 그대로 게임을 조작하기 위한 장치이다. 위에서는 따로 분류해 놓았지만 대개 컨트롤 박스하면 컨트롤 박스와 컨트롤 패널이 일체화된 것을 의미하고 이것이 주류를 이루고 있다.

조이스틱의 입력 데이터는 그림과 같이 방향을 처리하는 4개의 비트와 게임 시작을 처리하는 1개의 비트, 게임 진행에 사용되는 3개의 비트로 총 8개의 비트로 처리된다.

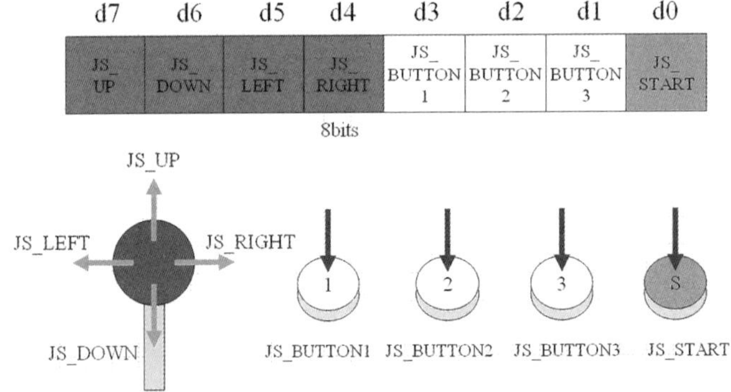

다. 하네스

하네스는 기판과 컨트롤 박스 또는 케이스의 각부를 연결해 주는 청색의 배선다발로 한쪽 끝에는 청색 단자, 한쪽 끝에는 카드 형태의 엣지 커넥터가 달려 있다. 1986년 이전 게임들은 기판마다 이 하네스의 규격이 틀렸지만 1986년에 [JAMMA]로 규격이 통일되면서 모든 기판 (극히 일부분 제외)에 동일한 규격의 하네스를 쓸 수 있게 되었다.

[JAMMA]란 [사단법인 일본 어뮤즈먼트 공업협회]의 약자로 어뮤즈먼트 업계의 총연맹이다. 통칭 오퍼레이터나 기판 사용자들이 사용하는 '잠마'라는 단어는 JAMMA규격을 의미한다. 1986년에 의해 통일된 아케이드 게임 어뮤즈먼트 업계의 제품규격을 의미한다. JAMMA 규격은 56핀(28핀X2)으로 구성된 청색 커넥터(하네스)를 통해 기판과 모니터, 컨트롤 패널, 전원공급을 수행하는 방식으로 현재 사용되고 있는 하네스 규격 그 자체이다. 신 JAMMA 규격이 2000년부터 사용되고 있지만 아직도 JAMMA 규격이 많이 사용되고 있다. 1986년 이전에 규격이 통일되기 이전에는 각 게임마다 다른 하네스를 사용해야 했기 때문에 비용이 많이 들고 호환되지 못했다.

라. 모니터

게임화면을 표시하기 위해 사용하는 모니터이다. 기판으로 게임을 즐긴다면 아무래도 게임센터에서 사용하는 모니터를 사용하는 것이 가장 이상적인 환경을 갖출 수 있다. 현재 시판되는 컨트롤 박스는 기본적으로 AV신호와 RGB신호 단자를 함께 갖추고 있기 때문에 일반 가정용 TV에 연결해서 플레이하는 것도 가능하다. 다만 이 경우 범용성이 높고 편리하기는 하지만 RGB입력에 비해서는 화질이 떨어진다.

마. 케이스

게임센터에 설치되어 있는 게임기 그 자체를 의미한다. 동전을 넣고 즐기는 게임기 그 자체가 케이스이다. 초기 아케이드 게임기는 탁자 모양의 형태였기 때문에 테이블 케이스라고 불렀고 최근의 게임센터에서 주류를 이루고 있는 모니터가 누워있는 타입을 업라이트 케이스라고 부른다.

바. 코인 카운터

케이스를 보면 동전을 투입할 수 있도록 되어 있는 부분이 있는데 이것이 코인 슈터이다. 이 코인 슈터의 내부에는 동전이 지나가면 그것에 반응해서 크레딧이 올라가도록 기판에 신호를 보내는 장치가 있는데 그것이 코인 카운터이다. 흔히 코인 슈터가 동전을 먹어버리는 경우는 동전이 지나가면서 코인 카운터를 건드리지 못하기 때문에 발생한다.

다음 그림은 아케이드 케이스 내부의 구성도이다.

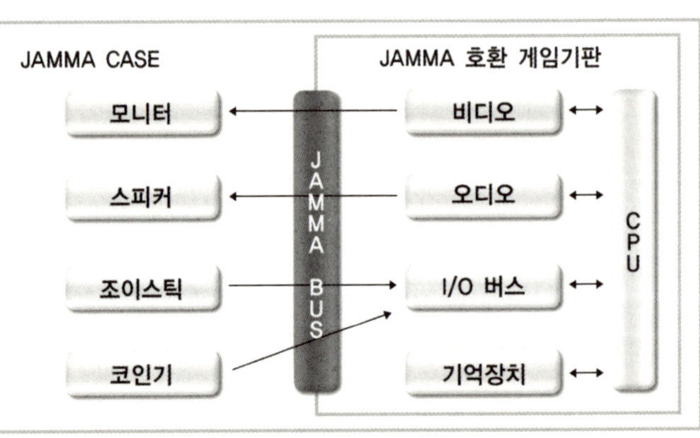

〈그림 4.1〉 아케이드 게임기 내부 구성도

❷ 아케이드의 특징

가. 다운로더

아케이드의 운영체제의 주 기능은 시스템 버스제어, 메모리관리, 입출력관리, 디버거를 통한 디버깅 등 일반적인 컴퓨터의 운영체제의 그것과 크게 다르지 않다. 때문에 아케이드 게임의 프로그래밍이나 그래픽, 사운드 구현도 다른 플랫폼의 게임제작과정과 크게 다르지 않다.

가장 큰 차이점은 아케이드 게임의 데이터는 대개 ROM과 같은 메모리에 저장되어 작동되기 때문에 이를 수행하기 위한 다운로더가 필요하다.

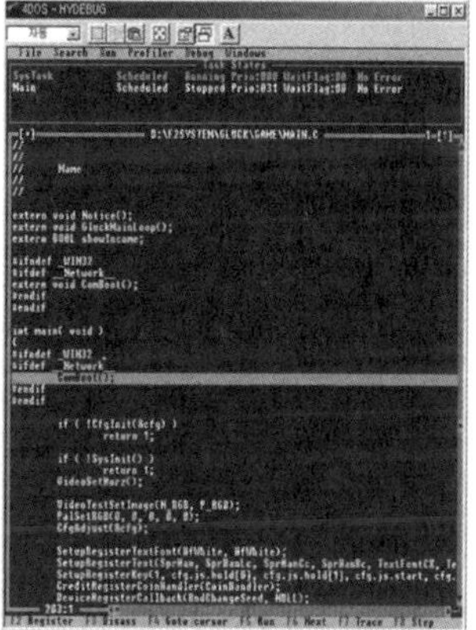

〈그림 4.2〉 다운로더와 디버거를 통한 디버깅

주기억장치는 ROM과 RAM으로 구성되어 있고 ROM은 Flash 메모리, EPROM을 사용한다. 주로 ROM의 내용이 RAM에 복사된 후 사용되며 실행코드 및 초기화된 데이터가 저장되어 있다. RAM은 SRAM, DRAM을 사용하며 ROM에서 복사된 코드 및 스택, 할당된 데이터를 이용하여 실행한다.

보조 기억장치로는 Serial EEPROM과 SRAM이 주로 사용되는데 Serial EEPROM은 저속으로 동작하며 저용량이지만 10년 가량의 장기 보존이 가능하다. 기록횟수는 10만~100만 회 정도이다.

배터리로 유지되는 SRAM은 고속으로 동작하지만 배터리 수명에 따라 데이터 보존기간이 제한적이다.

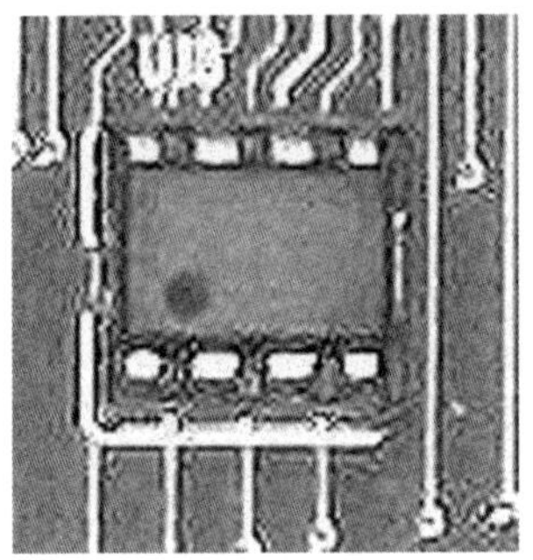

Serial EEPROM 93C46

Battery & SRAM

〈그림 4.3〉 아케이드 게임 보조기억장치

나. EPROM 포맷(패키징)

패키저란 아케이드 기판의 ROM에 저장될 Image file을 생성하는 일을 말한다.

ROM에 게임 프로그래밍 데이터를 저장하는 과정으로 실행 파일은 다운로더를 통해서 전송 후 실행한다. 바이너리 파일(*.bin)으로 변환하고그 내용으로는 아케이드 게임 시스템 구동에 필요한 부트로더와 OS, 게임 자체에 해당하는 User프로그램과 형식 커맨드 파일이 포함된다.

다. 그래픽

게임 그래픽 디자이너가 제작한 그래픽을 게임에 적용하기 위해서 그래픽의 변환과 최적화 가 이루어져야한다.

다음 그림은 포토샵과 같은 그래픽 편집 프로그램으로 생성된 .PCX, .BMP와 같은 이미지 파일을 게임 화면에 맞게 크기를 조절하고 배치하여 게임 프로그램에 적용하는 과정을 보여준 다. 여기서는 그래픽 변환 도구로 WOW라는 그래픽 프로그램을 사용하였다.

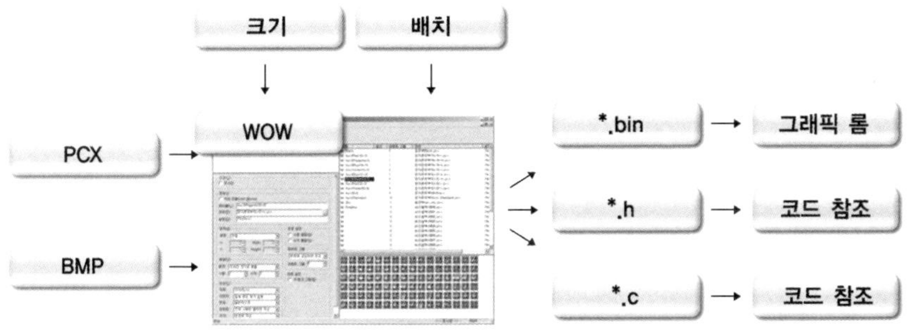

〈그림 4.4〉 그래픽 배치과정

그래픽 최적화에서는 주로 색상의 최적화와 투명키의 생성이 주로 이루어진다.

라. 사운드

게임에서 사용되어지는 사운드는 크게 WAV사운드와 MID 사운드로 나눌수 있는데 WAV 사운드는 주로 효과음에 사용되어지고 MID 사운드는 음악 부분에 사용되어진다. WAV는 Sound Forge나 CoolEdit 같은 샘플링 데이터 편집프로그램에서 생성되어지고 MID파일은 Sonar, Cubase와 같은 전문 시퀀서로 만들어진다.

사운드 제작과정의 자세한 내용은 전 장의 사운드 부분을 참고하기 바란다.

다른 플랫폼의 최종적인 사운드 변환이 파일로 생성된다면 아케이드에서는 ROM 이미지로의 변환 과정을 한번 더 거쳐야 한다. 이때 MID 데이터의 내용 중에서 실제 연주 데이터가 아닌 태그 부분은 제거하여 데이터의 크기를 최적화 한다.

❸ 아케이드 프로그래밍

프로그래밍 도구로는 비주얼 C/C++ 프로그래밍 도구와 기판에 사용된 칩셋에 최적화된 Assembler 프로그래밍 도구 (여기서는 HYPERCHIPS TECHNOLOGY 사 HyperStone Assemble), SDK,그래픽과 사운드를 편집, 변환하는 도구가 필요하다.

• 코딩

게임 로직을 구현한 후에 ANSI-C 언어의 문법에 맞는 텍스트 파일 즉 C source file과 tone assemble 문법에 맞는 assembly file로 저장한다.

• 컴파일 및 어셈블

Compile은 HyperStone용 Cross C-compiler를 이용하여 PC에서 HyperStone용 assemble 코드(*.s)와 Compile중 심볼 리스트 파일 생성(*.lst)한다.

Assemble은 assembler를 통해 assemble code로 작성된 텍스트 파일을 object 파일(*.obj)을 생성한다.

• 링크

Link시 각 심볼의 주소에 대해 맵 파일 (*.map)을 생성하고 실행 예외시 맵 파일 참조하여 발생 위치 검색한다.

실행 가능한 파일 생성하고 링크 커맨드 파일(*.lnk) 작성이 필요하다.

• 링크시 주의사항

다음 그림은 HyperStone 프로그래밍 도구와 Visual C/C++ 로 작성된 코드를 Link 하는 과정으로 HyperStone Assembler와 Macro assembler의 오브젝트 파일이 충돌을 일으킬 수 있음을 보여준다.

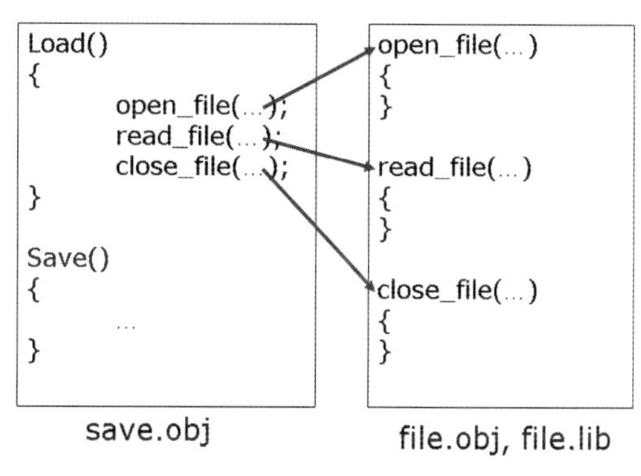

〈그림 4.5〉 링크

이를 방지하기 위해 예를 들어 다음 그림과 같이 .obj 파일에서 다른 .obj파일과 .lib 파일을 로드하는 방식을 사용할 수 있다.

자 료 출 처

[1] http : //game.connect.or.kr 사이버 게임 아카데미 / 게임기술개론 / 조상현

[2] http : //network.hanbitbook.co.kr 남재욱 / (주)지스퀘어 3D 캐주얼 게임
서버프로그래머

[3] http : //www.sonyart.co.kr 게임월드아카데미 / 3D 온라인 게임 제작 프로그래머
분류 및 역할, 요구사항

[4] 모바일 플랫폼 표준화 동향 및 향후 발전방향표준화 논단
배석희 TTA AD HOC Group – 모바일 표준 플랫폼 의장
전파연구소 전파자원연구과 공업연구사 /TTA저널 제82호

[5] http : //www.xbox.com

http : //www.playstation2.com

http : //www.nintendo.com

[6] 호서대 게임 프로젝트 교과과정 / 박상규 / 에프투 시스템

4. 생활 속의 게임

　퇴근시간 지하철역을 가만히 살펴보면 핸드폰을 뚫어져라 쳐다보면서 계속해서 버튼을 눌러대는 사람들을 쉽사리 찾을 수 있다. 이런 사람들이 하는 일은 둘 중의 하나이다. 하나는 지하철이라는 장소적인 특성 때문에 전화통화 대신 문자메세지(SMS)를 날리고 있거나 아니면 모바일 게임을 즐기고 있는 것이다. 혹은 핸드폰이 아닌 휴대용게임기를 가지고 게임을 즐기고 있는 것이다. 현대의 게임은 언제 어디서나 접할 수 있는 심심풀이 땅콩과도 같은 의미를 갖는다. 지루하지 않게 누굴 기다리는 시간을 보낼 수 있다거나 출퇴근 시간에 혹은 긴장감을 풀기위해 게임은 다양한 형태로 현대인의 정신적인 카타르시스를 추구하는 도구로써의 사명을 다하고 있다.

　아이들과 엄마는 게임을 하는 시간을 놓고 옥신각신 의견충돌을 일으키고 회사에서는 점심 내기며 커피내기며 쉬는 시간 짬짬이 과거의 놀이거리를 대신하여 컴퓨터 게임이 그 역할을 하고 있다. 현대인의 생활 속에 컴퓨터 게임은 이미 깊숙이 자리 잡고 있으며 그 존재 자체에도 무감각해져서 늘 손목에 차고 다니는 손목시계처럼 항상 그 곳에 있는 그런 생필품으로 인식하고 있다.

　컴퓨터 게임을 발명함으로 인해 인간은 생활에 많은 변화를 가져왔고 인류문화의 여러분야에 지속적으로 영향을 받고 있다. 고부가가치 산업을 발생시켰으며 그로 인해 많은 일자리를 창출하였고 여러종류의 신종 직업을 탄생시키기도 했다. 오프라인에서의 올림픽과 같은 의미인 월드 사이버 게임즈에서(WCG)는 각국의 게임 대표 선수들이 모여서 우열을 가리기도 한다. '게임은 이미 게임이 아니다. 게임은 스포츠다'라는 말이 거부감 없이 다가올 정도로 게임은 우리생활에 큰 부분을 차지하고 있는 것이다.

현대사회가 점점 더 개인적인 성향을 띄어가고 생활패턴과 방식 또한 그런 성향을 부추기고 있다. 때문에 오프라인에서의 대인관계와 온라인에서의 대인관계의 비중이 점점 온라인 쪽으로 높아지고 있으며 이러한 상황에서 게임을 통한 여러 가지 새로운 현대인의 생활방식이 생겨나고 있다. 새로운 게임기들이 쏟아지고 있고 새로운 게임들이 매일같이 런칭되고 있다. 어떤 게임을 어떻게 선택해야하고 어떤 게임을 어떻게 즐겨야 하는지 게임업계에 속해있다는 사람들도 조금만 등한시하면 감을 잃기가 십상이다.

지난 몇 년 사이 게임은 비약적인 발전을 거듭했고 그 영향력이 미치는 범위를 넓혀가고 있다. 처음엔 기술적인 분야로 시작해서 이젠 문화, 예술, 교육 등 모든 문화콘텐츠로 뻗어나가고 있다. 21세기의 문맹은 게임을 모르는 '게임치'가 되지 않을까 하는 생각을 해보면서 현재의 생활 속에 게임이 어떤 의미로 어떤 형태로 우리의 삶에 관여하고 있는지 알아보도록 한다.

(1) Online Game

온라인 게임속의 새로운 세상은 누구에게나 공평한 기회를 제공하고 누구에게나 공평한 규칙을 적용한다. 현실세계에서는 평범하기 그지없는 자신이 온라인 게임 속에서는 누구나 부러워하는 능력과 권력을 가진 사람이 될 수 있는 것이다. 현실세계에서 찾아볼 수 없는 자신의 모습을 온라인게임 속에서 찾을 수 있다. 내성적이고 소극적인 자신이 온라인 게임에서는 누구보다도 적극적이고 사교적인 모습을 보여줄 수 있다. 평소에 동경하던 판타지 세계로의 모험을 즐기며 악에 맞서 위험한 전사의 길을 걷는 자신을 발견할 수도 있다. 영화 속에 등장하는 멋진 캐릭터와 함께 광활한 대지를 누비며 사냥을 하는 자신을 발견할 수도 있다. 그것이 온라인 게임의 세계이다.

우리의 신세대들은 시간적, 공간적인 제약을 초월하는 초자연적인 존재로서의 온라인세계를 동경한다. 한계를 뛰어넘을 수 있으며 행동을 규약하는 구태의연한 제도도 파괴할 수 있으며 죽음마저도 초월하는 초자연적인 존재로 온라인 게임을 인식하고 있다. 반사회적인 영향이나 도덕적, 상식적 가치관에 위배되는 현상이 나타나기도 하지만 이미 그것을 막을 수는 없다. 다만 새로운 세계에 대한 올바른 이해와 분석 그리고 현대사회에 적합한 방향으로의 인도가 바람직하다고 할 수 있다. TV가 처음 등장했을 때에도 그 반사회적인 영향력에 대해 커다란 이슈가 되었던 것처럼 온라인게임도 그 과도기를 겪고 있을 뿐이라 생각할 수 있다. 이를 어떻게 우리 생활에 올바르게, 자라나는 청소년들에게 어떻게 정서적으로나 사회적으로 좋은 영향을 줄 수 있을지에 대한 지속적인 연구를 통해 반드시 해결해야하는 문제라고 판단된다.

❶ 온라인 게임이란?

온라인 게임은 디지털 게임의 한 종류에 속하며 '컴퓨터 게임이 인터넷이나 LAN과 같은 컴퓨터 통신망에서 작동할 수 있도록 구현된 것'이라고 정의할 수 있다. 구체적인 정의를 내리자면 게임을 작동하는 프로세스와 데이터를 처리하는 게임서버에 네트웍망을 통해 여러대의 단말기가 연결되어 게임을 즐기는 것을 의미한다. 현재까지는 대부분 PC기반으로 이런 온라인게임이 구현되어 왔지만 가정용 비디오 게임기가 통합멀티미디어 기기를 표방하면서 동시에 네트워크 단말기 기능을 부각시키고 있어서 콘솔게임기용 온라인 게임도 속속 발표되고 있

다. 즉 PC나 콘솔 혹은 다른 네트워크 기능이 장착된 멀티미디어 기기를 통해 멀티플레이가 가능한 게임이라고 할 수 있다.

온라인 게임에도 다양한 장르와 형태가 존재한다. 초기의 온라인 게임에서는 텍스트형식으로만 이루어진 MUD게임이었다. MUD게임은 과거의 텍스트 기반 어드벤처 게임에서 그 영감을 얻어왔으며 〈Zork〉와 같은 게임을 인터넷을 통해 게이머 혼자가 아닌 여러 사람이 동시에 즐길 수 있도록 제작한 게임이다. 다시 말해 '동사+명사'로 게임진행이 이루어지는 모험의 세계를 나 혼자가 아닌 다른 사람과 함께 협력 혹은 경쟁하는 것이라 보면 맞다. 이러한 텍스트 기반의 MUD게임이 컴퓨터 테크놀러지가 발전함에 따라 게임을 즐기는 사람이 좀 더 인지하기 쉽도록 텍스트를 이미지로 바꾼 것이 바로 오늘날 알려진 MUG게임인 것이다. 게이머가 모험을 펼치는 게임월드에 대한 설명도 '당신의 눈앞에는 광활한 사막이 펼쳐져 있습니다. 눈앞을 가로막는 모래바람이 쉴 새 없이 불고 있고 나 뒹구는 바싹 마른 나무덩굴이 사막임을 확인시켜주고 있습니다.'에서 이를 그대로 표현한 그래픽 이미지로 바뀌게 되었다. 게임을 즐기는 게이머의 모습도 자신이 원하는 이미지로 고스란히 표현이 되었다. 텍스트가 전해주는 서사적 감동이나 피드백은 이미지가 전해주는 그것과는 비교할 수 없었다. 때문에 많은 사람이 MUG게임에 열광했고 온라인 게임은 현재의 성공을 가져올 수 있었던 것이다.

이후에 평면적인 이미지에서 좀 더 가상현실과 가까운 삼차원적인 이미지를 사용해서 게임월드와 캐릭터 그리고 그 세계에 존재하는 모든 것들을 표현하기 시작했다. 그것이 오늘날의 3D온라인게임이 된 것이다. 초기에 어드벤처 게임으로 시작했던 온라인 게임은 시간이 지날수록 RPG쪽으로 그 주요 장르가 옮겨가게 된다. 국내에서 처음 시도되었던 세계최초의 MUG

게임인 〈바람의 나라〉가 바로 온라인 RPG게임이며 뒤이어 출시된 〈리니지〉, 〈뮤〉등이 RPG장르의 형태를 취하면서 비로소 MMORPG라는 장르가 온라인 게임의 대명사로 자리하게 된다.

근래에는 MMORPG뿐 아니라 새로운 장르들이 온라인 게임의 세계로 발을 내딛고 있으며 상당부분 성공을 거두고 있다. 중독성이 강하며 학습과정이 필요하고 게임월드의 시스템 자체가 비교적 복잡하고 어렵다는 특성 때문에 컴퓨터와 친숙하지 않은 기성세대들의 외면을 받아왔던 것이 기존의 온라인 게임이었다. 그러나 게임을 쉽게 접할 수 있도록 게임의 소재와 실행방법 등을 모두 쉽고 단순하게 설계한 '캐주얼 게임'이 등장하면서 이러한 일반적인 현상이 깨지고 초등학생은 물론 기성세대까지도 함께 즐기고 열광할 수 있는 온라인 캐주얼 게임들이 속속 성공을 거두고 있다. 간단한 레이싱 게임이나 FPS게임 등 특별한 학습과정 없이도 쉽게 즐길 수 있는 게임들이 MMORPG가 점유하고 있던 온라인 게임 시장에 성공적으로 안착한 것이다.

이는 장르의 다양화와 유독 RPG장르에 편식하던 국내 온라인 게임시장에 새로운 변화를 가져왔다는 데에 큰 의의가 있고 또한 바람직한 현상으로 받아들여지고 있다.

❷ 온라인게임과 현대사회

온라인 게임에 대한 독특한 신문기사나 뉴스가 심심치 않게 우리의 귀에 들려오곤 한다. 게임방 주인이 〈리니지〉에서 사용하는 가상의 투구와 갑옷, 무기 등을 도둑맞았다고 경찰서에 신고를 했다는 뉴스도 이 중 하나이다. 처음엔 단순한 신고로 받아들였던 관할 경찰서에서는 이 거래가 무려 200만원의 현금 가치가 있다는 사실에 놀라서 수사에 적극 착수, 두 명의 고등학생을 형사 입건하기에 이르게 되었다.단순히 게임이라고 여기기에는 심각한 상황인 것이다. 이 뿐 아니라 서울에 살던 한 고등학생이 온라인게임에서 다른 캐릭터를 공격해서 숨지게 했다. 그 과정에서 심한 욕설과 언어폭력이 오고 갔고, 결국 사이버 세계의 싸움이 현실의 싸움으로 번져 실제 대구에 사는 유명폭력배였던 피의자가 조직 폭력배를 이끌고 상경하여 급기야는 그 고등학생을 찾아내 폭력을 행사하고 가지고 있던 모든 아이템들을 빼앗아버린 사건이 있었다. 단순히 게임 안에서 벌어졌던 일로 보기에는 결코 간과할 수 없는 심각한 무엇인가가 존재하는 것이다.

물론 사회적으로 심각한 문제를 일으키는 소식만 들려오는 것은 아니다. 온라인 게임에서 만나 실제로 결혼을 하게 되는 사랑스런 커플들의 이야기도 들여오고 이 들을 위해 온라인 게임을 서비스하는 회사에서 여러 가지 혜택과 선물을 증정한다는 소식도 들을 수 있다. 동시에 단일 온라인 게임에 몇 십만씩 접속하는 가공할 만한 커뮤니티를 통해 급히 수혈을 요구하는 게시물이 올라와 빠른 시간에 정보가 퍼져서 생명을 구할 수 있었다는 가슴이 따뜻해지는 소식들도 들을 수 있다.

이러한 것들은 과연 우리 현대인에게 무엇을 시사하는 것일까. 그저 막연히 '사이버세상이라는 또 하나의 새로운 세계가 있다더라'가 아니라 컴퓨터를 켜고 온라인게임서버에 접속하여 로그인을 하는 순간 내 앞에 실제로 존재하는 또 하나의 세상이 펼쳐지는 것이다. 나는 아바타라는 또 하나의 나와 완전히 일치되어 스크린에 펼쳐지는 세계를 고스란히 경험하고 웃고 즐기며 화를 내고 성취감을 느끼기도 한다. 육체적으로 직접적인 체험을 못했을 뿐 그것은 이미 게임을 즐기는 나에게 살아있는 경험이 되고 지식이 된다. 그것이 온라인 게임이다.

대중문화를 선도하고 있는 매체 중에서 가장 영향력 있는 것을 꼽자면 영화, TV, 음반 등을 들 수 있다. 이들은 문화의 새로운 트렌드를 형성하며 대중들의 눈과 귀를 이끌고 새로운 형식과 아름다움을 창조해 낸다. 이러한 영역에 온라인 게임도 한 자리를 점유하기 시작했고 이미 그 영향력도 상당한 수준에 도달해 있다. 코스프레[29]라는 행위를 통해 온라인게임에서 등장하는 캐릭터의 모습을 흉내 내거나 소품 등을 실제로 만들어 지니고 다니는 행위 등이 이에 속하며 온라인게임의 캐릭터가 여러 가지 형태의 문화상품으로 날개 돗힌 듯 팔려나가는 것도 이를 잘 설명한다.

온라인 게임의 뿌리를 찾아보면 초자연주의 세계에서 출발하였음을 알 수 있다. 물론 대부분의 컴퓨터 게임들이 신화, 영웅, 지하 동굴, 마법, 괴물 등을 표상하는 초자연주의가 주요한 배경이 되어왔지만 온라인 게임의 대명사 격인 MMORPG를 살펴보면 근래에 등장하고 있는 몇몇 독특한 게임을 제외하고는 J.R.R 톨킨의 '반지전쟁'에서 그 모티브를 찾고 있다는 것을 쉽게 알 수 있다. 이는 게임에서 제공하는 새로운 공간은 일종의 '영적 공간(occult space)'임을 의미 한다. 최첨단의 테크놀러지 세계를 아인슈타인의 시공간이 아닌 전근대의 초자연주의가 지배하고 있다는 것은 정말 아이러니가 아닐 수 없다.

초자연주의 세계는 원래 1920년대와 1930년대에 등장한 에드가 라이스 버로즈(Edgar Rice Burroughs)와 로버트 하워드(Robert E. Howard)의 공상 소설에 그 기반을 두고 있으며 이들은 톨킨(J.R.R Tolkien, 1892~1973)에 의해 발전하게 되는데, 중세 유럽을 배경으로 한 그의 소설 「반지전쟁(The Load of the Ring)」은 1970년대 초에 최초의 MUD형 게임으로 알려진 〈Colossal Cave〉에 큰 영향을 미치게 된다. 이후 이런 초자연적 세계관(일반적으로 중세판타

---

29. '복장'을 뜻하는 코스튬(costume)'과 '놀이'를 뜻하는 '플레이(play)'의 합성어로 청소년들이 좋아하는 대중스타나 만화주인공과 똑같이 분장하여 복장과 헤어스타일, 제츠처까지 흉내 내는 놀이이다. 만화와 게임캐릭터를 친구로 삼아 성장한 캐릭터세대의 대표적 문화이다.

지라고 부른다)은 이후 컴퓨터 게임의 세계관 설정에 지대한 영향을 미치게 된다.

1970년대 초반이후 〈던전 앤 드래곤스(Dungeon & Dragons)〉와 같은 게임이 큰 성공을 거둔 이후 '검과 마법(sword & sorcery)'과 같은 신비적인 요소는 RPG의 필수적인 장치가 되었다. 〈Zork〉와 같은 게임이 쇠퇴하고 〈Ulitima〉 시리즈와 같은 그래픽 게임들이 등장한 이후에도 초자연주의적인 세계는 지속되어 현재의 거의 모든 온라인 RPG에서 영적이고 신비적인 내용을 담고 있다.

〈그림 1.1〉 Dungeon & Dragons

이와 같이 초자연주의적인 세계가 지속되고 있는 것은 부분적으로 상업주의적인 관성 때문이다. 즉, 게임 제작자는 기존의 내러티브나 캐릭터 체계에 안주하게 되는데 그와 같이 검증된 틀은 별도의 구상이나 노력이 필요 없기 때문이며 새로운 세계를 창조해내는 게임개발 작업의 특성상 여러 가지 이점을 제공하기 때문이다.

나아가 초자연주의와 같은 신비적 사고방식과 컴퓨터 사이에는 묘하게도 상통하는 면이 있다. 컴퓨터의 세계 속에서 우리는 논리적 사고와 0과 1의 배열을 이용해 실제적인 변화를 일으키는 힘을 갖게 되는데, 이런 코드와 상징행위는 기본적으로 판타지세계의 마법사, 주문, 환생 등과 같은 신비적인 행위와 흡사하다. 키보드 위를 두드리는 단순한 행위를 통해 엄청난 결과를 가져올 수도 있는 컴퓨터 테크놀로지와 마법지팡이(wand)를 휘두르며 주문을 외우면 천둥번개가 치고 괴물이 소환되는 것과 바를 바 없는 것이다.

이런 초자연주의 세계관을 형상화시킨 온라인 게임은 빠르게 변해가는 현대세계에서 논리적인 사고와 과학적 추론으로 이루어진 디지털정보에 익숙해있는 현대인들에게 또 하나의 주술과 같은 존재로 다가오고 있는 것이다. 컴퓨터는 마법사가 들고 다니는 마법지팡이가 되어 현대인의 상상과 공상을 현실화 시켜주는 새로운 마법도구가 되는 것이다. 이런 현상들이 나 혼자만의 제한된 세계가 아닌 전 세계의 모든 사람들과 함께 공유할 수 있는 세계 속에 구현되므로 그 어느 매체보다도 더 강력한 체험을 제공하게 된다.

새로운 세계에 대해 현대인은 매우 빠르게 적응해가고 있으며 특정 연령층이나 특수한 직업을 가진 특수 직업군에 제한된 것이 아니라 컴퓨터에 익숙한 사람이라면 누구나 이런 현상에 동참하고 있다. 새로운 커뮤니케이션 방법을 만들어내고 새로운 유희방법을 만들어내고 끊임없는 도전과 모험의 세계를 넓혀가고 있다. 즉 새로운 문화를 만들어 가고 있는 것이다. 온라인 게임을 통해 새롭게 등장한 여러 가지 문화형태들이 어느 새인가 우리들 입에 오르내리기 시작했다.

가. 가상공동체

길드(guild)의 원래 의미는 서유럽의 중세도시가 성립되고 발전되는 과정에서 중요한 역할을 한 상공업자의 동업자 조직을 의미한다. 이후 정치적인 길드나 상인길드 및 수공업자들의 동직(同職)길드 등으로 발전하게 된다. 하지만 게임에서는 게임을 즐기는 게이머들의 모임이다. 길드는 베틀넷과 같은 온라인 공간에서 이용자 ID를 통해서만 서로를 알고 지내던 게이머들이 게임 공간이 아닌 실재 세계에서 자신을 공개하여 구성하거나 미리 알고 지내던 친구나 직장 동료들이 구성하기도 한다. 일반적으로 게임을 수행하는 능력을 키우거나 게임에 대한 정보를 공유하기위한 목적으로 결성되지만 조직원간의 결속력과 유대감이 매우 크게 작용한다는 특징을 보인다. 클랜(clan)은 길드와 유사하지만 구성원간의 결속력이 상대적으로 약하다는 점에서 차이가 있는데, 미국의 경우 게이머들의 모임은 대체로 클랜이라 불린다. 주로 FPS와 같은 게임 장르에서 결성되는 조직을 가리켜 클랜이라 부른다.

길드는 구성원의 수, 참여 조건, 전통 등에 따라 다양한 모습을 보이는데 전통 있는 길드의 경우 구성원들 간의 결속력이 강해 자신의 ID에 자신의 길드를 표시하여 개개인이 길드를 대표하고 있다고 생각하며 불명예스런 행위를 하지 않도록 서로 규제하기도 한다. 길드는 대체로 하나의 조직으로서 가입조건을 명시하고 구성원들의 행위를 규제하는 강령이나 규약을 갖고 있는 것이 보통이다. 그리고 게임 공간에서뿐만 아니라 실재 세계에서 정기적인 모임을 통해 조직 결속력을 강화시켜 나가며 특정 게임방을 자신들의 기지로 삼아 연습을 하기도 하고 시합을 하기도 한다.

이외의 특정게임에서 적용되는 고유한 조직체가 결정되기도 하는데 대표적인 예가 〈리니지〉의 혈맹이다. 〈리니지〉의 혈맹은 추천이나 홈페이지를 통해 구성원(혈원)을 모집하지만 기본적으로 게임 공간 내부의 조직이며 혈맹의 군주와 구성원들 간의 관계는 게임 공간 내부에서도 절대적인 관계로 작용한다. 혈맹전이라는 기본적인 게임 시스템의 구조상 강한 혈맹을 만들기 위해 일정 레벨 이상의 '고수'들만이 가입할 수 있다는 가입조건도 걸고 있다. 강한 혈맹일수록 혈원을 보호하기 위해 조직 폭력배 수준의 엄격한 행동 강령을 가지고 있으며 조직력을 강화하기 위해 정기적인 만남(online 상의 만남)을 갖는다.

사이버 공간상에서 이러한 가상공동체가 형성되고 있는 것은 새로운 개척지라고 할 수 있는 가상공간에 일종의 '요새화'현상이 일어나고 있는 것이라 할 수 있다. 각각의 공동체는 자신들만의 고유 영역을 구획해 두고 자신들의 조직에 속하지 않은 이들의 접근을 제한하고 있다. 또한 이러한 공동체는 그것을 구성하는 각각의 구성원들에 의해 그 성격이 규정되는 동시에 각각의 게이머들은 자신들이 속한 조직에 의해 자신들의 정체성을 확인받게 되는 것이다. 이에 유명하거나 구성원이 많은 공동체에 속한 구성원들은 다른 이들에 대해 차별적 우월감을 느끼게 된다. 각각의 공동체는 자신들의 조직을 다른 조직과 차별화시키고자 노력하는 동시에 새로운 구성원들의 접근에 대해 선별적인 자세를 취하기도 한다.

이러한 공동체의 선택적 폐쇄성은 포함되지 못한 게이머들에게 진입의 욕구를 발생하게 만들고 배제된 게이머들에 의해 또 다른 공동체의 공간이 생성되는 과정을 거듭하게 되는 것이다.이 공동체의 영향력이 미치는 범위가 가상의 새로운 공간에만 한정된 것이 아니라 공동체의 강령에 따라 오프라인에 까지 그 규약이 적용되고 있기 때문에 공동체 자체는 가상의 공간에서 발생하고 존재하나 그 영향력은 현실세계에까지 미치고 있는 초월적인 존재로 게이머들 위에 군림하고 있다고 할 수 있다. 이러한 현상은 온라인 게임의 발전과 함께 생겨났으며 온라인 게임의 사회성이 현실세계를 모델로 하기 때문에 지극히 자연스러운 현상이라고 할 수 있겠다. 다만 가상의공동체의 영향력이 현실세계에까지 미치고 있기 때문에 그 방향성이나 파급효과에 대해서는 신중하게 고려해야할 필요가 있다.

나. 게임방

온라인 게임이 활성화 되면서 더불어 발전하게 된 것이 바로 PC방이라고 불리 우는 게임방이다. 게임방 문화는 국내에서 가장 먼저 활성화 되었으며 점차로 중국, 일본 등 동남아시아로 펴져나갔고 현재에는 미국을 비롯한 북유럽 쪽에도 게임방이 서서히 들어서고 있다. 게임장(오락실)이 초기 컴퓨터 게임을 주도했던 게임의 산실이라면 1997년 이후 온라인 게임의 발전을 가능하게 했던 인프라가 바로 게임방, 즉 PC방이다.

국내에 IMF 경제 한파가 몰아닥칠 무렵 기성세대의 눈을 피해 마음껏 게임을 즐기기 위한 공간으로 선택했던 신세대들과 경제위기로 직장에서 내몰린 후 재기의 꿈을 키우기 위한 공간으로 선택했던 기성세대들에 의해 PC방은 급속도로 전파되었고 때마침 〈StarCraft〉라는 걸출한 킬러게임(killer Game)이 등장하여 PC방 붐을 가져오게 된다. 현재는 대중적인 공간으로 빠른 속도의 인터넷 전용선으로 연결된 고급 PC들을 갖추고 있어서 기술적으로나 경제적으로 안정적인 이용이 가능한 시설을 제공한다.

초기의 PC방은 초고속 통신망을 접할 수 있고 인터넷 정보검색이나 문서 작업등 발전된 형태의 오피스의 개념이었으나 초고속 통신망의 보급이 확산되면서 온라인게임을 즐기는 게임방이라는 개념으로 바뀌게 된다. 게임방은 자신들과 같은 관심을 가진 다른 게이머들과의 접촉 기회를 제공하며, 게이머들은 게임방이라는 공간에서 현실 세계의 인간관계를 바탕으로 새로운 즐거움을 누리고 있는 것이다. 대작 온라인 게임들이 등장할 때마다 많은 수의 길드나 혈맹, 그리고 게임에 관련된 정보를 교환하기 위해, 게임의 전략과 전술을 연마하고 함께 연구하기 위해 이러한 게임방을 자신들의 거점으로 삼고 활동하고 있는 것이다.

 게임방은 이러한 과정을 거치면서 독특한
사회적 의미를 갖게 되었다. 먼저 게임방은 현
실 세계와 게임 세계를 연결해 주는 하나의 장
소적인 인터페이스가 되어주고 있다. 물론 각
각의 가정에서 직접 온라인 게임에 접속하여
즐기는 사람들도 많지만 다양한 게임을 접할
수 있으며 한 달에 2~3만원씩 하는 온라인 게
임 사용료를 전부 지불하고 즐기기에는 부담
이 되는 청소년층에게는 아주 매력적인 곳인

〈그림 1.2〉 PC방의 모습

것이다. 게임방은 온라인 게임을 즐기는 사람들 사이에 이루어지는 커뮤니케이션과 상호작용
속에서 새로운 문화의 공간으로 자리 잡고 있다.

 항상 최고의 컴퓨터 사용과 빠른 속도 그리고 쾌적한 환경을 요구하는 게이머들을 위해 정
기적인 시스템 업그레이드와 다양한 서비스를 준비해야 하는 어려움이 있는 것도 사실이다.
따라서 게임방은 끊임없이 자본과 기술이 투입되는 그리고 게임 산업의 한 축인 프로 게이머
나 게이머 리그와 연계되는 새로운 경제 공간이 되어야 한다. 이에 게임방도 전국적인 규모의
협회를 구성하고 체인화 함으로써 총체적인 발전을 모색하고 있다. 막대한 자본력으로 게임
시장을 장악하고 있는 거대 퍼블리셔와 개발사들에 맞서 게임서비스에 대한 문제로 여러 가지
어려움을 겪고 있으나 분명 게임방이 게임을 통해 발생한 새로운 문화공간이며 청소년들의 또
다른 담론의 공간이 되고 있다는 것은 사실이다.

다. 프로 게이머와 게임 리그

프로 게이머(professional gamer)는 일반적인 프로 선수들과 마찬가지로 상금이 걸린 컴퓨터 게임 대회에 출전하여 그 상금으로 소득을 올리는 직업적인 게이머를 일컫는다. 프로게이머가 최초로 생겨난 것이 우리나라라고 보통 알고 있으나 프로 게이머가 정식인정된 것은 1997년 미국에서 시작되었다. 국내에서는 1998년에 등장했으며 1999년 3월부터 신문 및 방송을 통해 대중에 알려지면서 초등학생부터 일반인들에게까지 전문직으로 인식이 되고 있다. 이후 (사)한국e-sports협회에서 문화관광부로부터 2000년 8월 '프로게이머 등록제도'를 승인 받아서 정식으로 선정 및 교육을 거쳐 협회에 등록하고 지속적으로 프로게이머를 관리하고 있다. 최근 들어 각종 인터넷 게임리그가 수천만 원의 상금을 걸고 매월 열리고 있으며 매스미디어 또한 이러한 경기를 고정적으로 중계하면서 프로 게이머들의 활동을 상세히 보도하면서 그들에 대한 관심이 더욱 증가하고 있다. 초등학생들의 장래희망 선호도 1위가 프로게이머라는 통계자료가 말해주듯이 그 인기에 대해 짐작할 수 있다.

게임 리그는 원래 1997년 11월 3일 미국에서 PGL(Professional Gamers' League)라는 이름으로 처음 결성되었다. 온라인 게임 서비스 업체인 TEN이 주관한 이 리그는 처음 170만 달러의 상금 및 상품을 걸고 세 달에 한 시즌을 주기로 게임 대회를 시작했다. 게임 종목으로는 〈Quake〉, 〈Doom〉 등과 같은 3D FPS게임이나 〈Red Alert〉과 같은 전략 시뮬레이션 게임이었다. 국내에서는 1999년 1월 인터넷 게임 업체인 아이팩네트사가 KPGL 정기 게임 대회를 매달 열면서 시작되었다. 최근에는 여러 개의 프로게이머 구단까지 등장하여 게임리그를 이끌고 있으며 게임 산업이나 정보 통신 산업의 마케팅에 있어서 중요한 수단으로 활용되고 있다.

　프로 게이머 내지 게임 리그의 등장은 비디오 게임과 아케이드 게임이 보편화된 1980년대와 게임 산업이 영화 산업을 누르고 하나의 문화산업으로 자리 잡은 1990년대를 거쳐 2000년대에는 게임 제작이나 게임 서비스 제공에 이어 '게임플레이' 자체가 게임 산업의 한 축이 될 것임을 보여주는 것이다. 이러한 프로게임대회와 프로게이머의 등장은 현실의 세계가 게임의 세계에까지 깊숙이 관여하게 됨으로써 나타난 현상이다. 프로 게이머에게 게임은 단순한 오락, 재미거리가 아니며 그들은 돈을 번다는 현실의 목적을 위해 가상의 세계에서 싸운다. 현실의 규범, 논리가 모두 무의미한 가상 게임 속의 세상이 이제 하나하나 현실의 잣대에 의해 재구성되기 시작하는 것이다.

　이렇게 현실이 게임세계에 간섭하는 것과 마찬가지로 게임세계도 현실에 간섭하고 있다. 프로 게이머에게 게임에서의 승패는 곧 '돈'이라는 현실적 가치로 환산되고 명성이나 지위와도 직결된다. 게임세계에서의 게이머 활동은 자신의 인생을 결정하는 무시 못 할 영역이며 어쩌면 그들에게는 현실에서의 생활보다 게임에서의 활동이 더 큰 의미를 지닐 수도 있다. 결국 이러한 프로 게이머의 등장으로 현실과 가상세계의 경계선이 모호해지고 가상세계와 현실 세계가 상호 영향력을 가지게 된 것이다.

❸ 온라인 게임의 미래

　게임의 미래가 온라인 게임에 달려있다는 것은 부인할 수 없는 사실이다. 플랫폼에 상관없이 모든 게임은 네트워크화 되지 않으면 경쟁력을 갖출 수 없고 따라서 살아남을 수 없다. 죽은 컴퓨터와 대결하지 않고 독립적으로 살아 숨 쉬고 사고하는 또 다른 지적인격체와의 사이

〈그림 1.3〉 Ultima Online, Origin

버 공간에서의 대결은 게임을 즐기는 모든 게이머들이 바라는 바이고 그 속에서 새로운 즐거움을 추구하는 것이다. 게임의 온라인화 네트워크화는 게임의 궁극적인 도달점인 것이다. 네트워크 게임의 장점은 분명하다. 거의 무한한 분기를 가진 다채로운 진행, 끊임없이 생겨나는 새로운 전략들, 게다가 게임 중 상대방과 대화를 할 수도 있으며 함께 협력하여 가상의 몬스터를 해치울 수도 있다. 한계가 없는 새로운 세상. 네트워크 게임은 게임의 미래이다.

온라인 게임에서의 '자유도'는 그 게임의 현실세계와 얼마나 흡사한가를 대변하는 또 하나의 척도라고 할 수 있다. 현재의 게임들은 화려한 그래픽과 웅장한 사운드를 무기로 게이머들의 절대적인 지지를 받고 있다. 컴퓨터 하드웨어의 발전에 힘입어 실사에 가까운 삼차원 이미지를 실시간으로 스크린에 뿌려낼 수 있으며 영화에서나 들을 수 있었던 환상적인 음악과 효과음들을 5.1채널 스피커를 통해 입체적으로 뽑아낼 수도 있게 되었다. 말 그대로 가상현실과 흡사한 환경을 제공하고 있으며 나아가 촉감인터페이스를 통해 실제의 느낌을 그대로 전달할 수도 있게 될 것이다. 물리적인 환경은 이미 놀랄만한 수준에 다다랐으며 남은 것은 물리적인 환경에서 살아 움직이는 모든 생명체들을 어떤 시스템 속에 담아둘 것이냐는 문제이다. 자유도는 가상의 세계를 움직이는 기본적인 구조를 어떻게 설계할 것인가와 그 안에서 움직이는 모든 객체들을 얼마나 유기적으로 관계를 성립시킬 것인가의 문제이다.

게임 속에서 게임을 즐기는 게이머들의 의지가 얼마나 잘 반영되는 것인가에 대한 척도이기도 한 자유도는 치밀하게 조직된 질서와 규칙이 있어야만 가능하다. 이는 다시 말해 현실세계를 얼마나 잘 복제했느냐는 말과 같은 의미를 갖는다. 〈울티마 온라인〉은 자유도가 높기로 유명하며 또 하나의 세상이라는 말이 잘 어울리는 게임으로 알려져 있다. 〈울티마 온라인〉은 게임이라기보다는 새로운 삶이다. 현실에 존재하지 않는 공간에서 여러 사람들과 어울려서 새로운 삶을 만들어간다. 처음에는 잠깐 현실을 잊고 새로운 경험을 한다는 기분이지만 점점 플레이 시간이 길어진다. 시간이 지날수록 많은 사람들을 사귀고 사용하는 기술도 능숙해지다 보면 이곳이 현실보다 오히려 더 현실같이 느껴지기도 한다. 그러다가 애인을 사귀고 결혼도 하고, 현실에서는 할 수 없는 여러 가지 일도 하면서 현실과 사이버 공간이 역전되는 특별한 경험을 하기도 한다. 별 볼일 없는 현실에 비해 다채롭고 흥미로울 뿐 아니라, 모두가 나를 인정해주는 곳. 현실에서 살다가 잠깐씩 사이버 공간으로 들어오는 것이 아니라 게임을 계속하고 최소한의 생활을 유지하기 위한 돈만 벌면 곧장 게임으로 돌아온다. 즉 현실은 게임 생활을 유지하기 위한 최소 비용이 되어버린다.

이런 현상이 가능할 만큼의 몰입은 어디에서 오는 것일까? 바로 현실세계에 대한 초월이 가능한 새로운 주술이기 때문이다. 현실에서는 절대 이룰 수 없는 꿈을 실현할 수 있기 때문이다. 현실에서 만족하지 못하는 자신의 삶에 대한 보상을 넘치도록 받을 수 있기 때문이다. 꼬리표처럼 따라다니는 학벌이나 외모 등은 아무런 문제가 되지 않는다. 내가 원한다면 전설속의 용사가 될 수도 있으며 박식한 학자가 될 수도 있다. 현실보다 네트워크상에서 살고 싶어

하는 사람들이 있는 건 바로 이와 같은 현실세계로부터의 도피가 가능하며 현실을 초월할 수 있는 주술적인 성격 때문이다.

하지만 아이러니한 것은 이런 네트워크 속의 신세계는 너무나도 현실세계와 흡사하다. 새로운 질서와 도덕이 이루어지는 게 아니라 현실의 것들이 그대로 복제된다. 목숨을 걸고 몬스터와 싸우는 사람의 등 뒤에 숨어 있다가 결정적인 순간에 뛰어나가 아이템과 경험치를 훔쳐가고 때로는 다친 사람을 죽이고 물건을 빼앗아가는 사람도 있다. 도시 중심가에는 거지와 소매치기가 득실거리고 남이 집을 털다가 주인에게 맞아죽는 사람도 있다. 단지 이름을 날리기 위해 유명한 사람을 암살하는 사람도 있다. 실제로 〈울티마 온라인〉의 개발자 '로드 브리티쉬'가 미사를 드리다가 암살당해 울티마 온라인의 브리타니아 전 대륙을 떠들썩하게 한 일도 있다(울티마 온라인에서 발생한 사이버 테러사건).

문제는 너무도 똑같이 복제하고 있다는 것이다. 사회적인 구조를 유지하기 위한 시스템뿐만이 아니라 그 속에 존재하는 추한 욕망과 거짓, 범죄와 악한 의지까지도 고스란히 복제가 되고 있다는 것이다. 더군다나 사이버 세상이라는 특수성으로 인해 양심적이거나 도덕적인 가치가 적용되지 않고 거부감 없는 행위로 확대된다. 무한한 복제가 가능한 디지털세계라는 것 때문에 일어나는 현상인 것이다. 내가 칼로 상대방을 찔렀을 경우 느껴지는 몸의 저항감도 없으며 다시 복제되어 부활하는 상대방에 대한 양심의 가책도 느껴지지 않기 때문이다. 환상과 꿈의 세상이었던 게임세계가 현실의 세계에 잠식당하고 있는 것이다.

그렇다면 온라인 게임의 미래는 암울하기만 한 것일까? 다가올 미래의 세계는 존재하는 모든 정보가 공유되고 원하는 곳에서 원하는 시간에 언제든지 그 정보를 열람하고 사용할 수 있는 유비쿼터스(Ubiquitous)의 시대이다. 네트워크 게임이 이 시대에 얼마나 큰 영향력을 행사할 것인가에 대한 예견은 이미 끝났다. 더 이상 지역이나 학교, 가정이 사회의 중심이 되지는 못할 것이며 개인의 생활은 더욱 세분화될 것이므로 개인들의 관심이 집중되는 곳으로 공동체를 형성하고 이 공동체를 중심으로 점차 세력을 넓혀 나가는 현상이 일어날 것이다.

인간의 생활은 시간이 갈수록 풍요로워질 것이며 과학의 발전으로 인해 인간의 수명도 점차 늘어날 것이다. 또한 로봇공학의 발전으로 인해 과거에 인간이 수행하던 상당부분의 노동과 역할을 로봇이 대신할 것이며 복잡하게 수작업으로 진행되던 업무가 단순한 몇 번의 클릭으로 해결될 것이다. 인간은 늘어난 여가시간을 소비하기 위해 자기 발전을 위한 학습에 좀 더 몰두할 것이고 한편으로는 놀이문화에 좀 더 집중할 것이다. 놀이나 문화의 분야는 단순히 즐기는 단계를 넘어 참여형 놀이나 문화가 주류를 이룰 것으로 보이며 이에 가장 적합한 인터렉티브 미디어가 게임인 것이다.

미래에는 게임이 놀이문화의 대표적인 형태가 될 것이며 그 중에서도 온라인 게임이 소비해야할 인간의 여가시간에 대한 즐거운 대안으로 자리 잡을 것이다. 온라인 게임이 현실의 어두운 면까지 복제한 덕택에 현실에서의 오류들이 고스란히 게임 속 세상에 재연되는 현재의 이런 현상은 아마도 과도기적인 시기에 나타나는 한시적인 현상으로 볼 수 있다. 온라인 게임 속에서 발생하는 반사회적이고 비도덕인 행위에 대한 원천적인 근절수단이 강구될 것이다. 물론 그 속에서도 예상하지 못한 어떤 돌출행위들은 여전히 존재하겠지만 시스템 자체를 뒤흔들만한 세력은 아닐 것이다.

미래에는 구현에 대한 문제가 아닌 어떤 컨텐츠를 제공할 것인가에 대한 문제가 게임개발자들이 고민해야할 궁극적인 목표가 될 것이다. 게임을 즐기는 사람들에게 어떤 메시지를 전달할 것이며 게이머들의 카타르시스를 얼마만큼 이끌어 낼 것인가에 대한 고민으로 몇 달을 밤을 새워가며 개발에 전념할 것이다. 남은 것은 수단이 아니라 본질적인 의미에 대한 현대인의 인식이다. 과연 온라인 게임이 왜 존재하는 것이며 그것을 통해 무엇을 얻을 수 있느냐에 대한 올바른 인식이 다가올 미래에 지금보다도 더 사실적이고 구체적이며 초자연적인 게임을 인류의 문화유지에 도움을 줄 수 있는 바른 매체로 남아있을 수 있게 할 것이다.

(2) PS2 와 XBOX

가정용 비디오 게임기는 게임의 시작과 함께 했다. 최초의 비디오 게임기는 랄프베어의 '마그나복스 오딧세이(Magnavox Odyssey)'였다. TV수상기를 개발하던 랄프 베어는 비디오 게임기를 TV에 연결해서 즐길 수 있겠다는 아이디어를 얻고 마그나복스 오딧세이를 만들어 낸다. 그것이 가정용 비디오 게임기(이후 콘솔게임)의 시작이다. 이후 Atari의 VCS(Video Computer System)시리즈를 비롯하여 양배추 인형을 만들었던 콜레코사의 Colecovision 등의 초기 8비트 게임기로 그 계보가 이어졌다. 하드웨어의 빠른 발달에 힘입어 8비트 게임기는 점점 더 성능이 우수해졌으며 닌텐도의 NES와 세가의 Sega Master 그리고 Atari 7800 등의 비디오 게임기가 등장했다.

이후 16비트 게임기 시대를 열면서 게임기는 본격적으로 발전하기 시작했으며 가정용 비디오 게임기 혹은 콘솔게임기라 불리며 게임시장을 이끌어 가는 중요한 분야로 성장하였다.

1983년 7월 발매된 닌텐도의 '패밀리 컴퓨터(패미컴)'은 세계적인 히트를 치면서 닌텐도를 게임왕국으로 성장시켰으며 차기 버전인 '슈퍼 패미컴'은 그 입지를 확고히 하면서 전 세계적으로 콘솔게임기의 가능성을 확인하게 된다. 물론 닌텐도가 독주를 하고 있기까지 여러 게임기 개발사들이 다양한 성능과 디자인으로 콘솔게임 시장을 주도하려 노력했으나 결국 왕좌자리는 닌텐도가 차지하게 된 것이다.

이후 플레이스테이션이라는 명품이 등장하기 전까지 오랜 기간 닌텐도는 콘솔게임시장을 주도하는 역할을 하게 된다. 32비트 게임기가 등장하고 오늘날의 개인용 컴퓨터와 그 성능에 있어 뒤지지 않는 게임기들이 등장하기까지 많은 콘솔게임기들이 등장하였으며 그에 대응하는 게임들도 개발되었다. 그 중에는 종전에 없던 히트를 친 작품들도 있었으며 엄청난 자금은 투자한 것에 비해 형편없는 흥행실적을 올리기도 한 작품도 많았다. 그 성공요인으로는 뛰어난 성능을 가진 콘솔게임기와 이 성능을 최대한 게이머에게 보여줄 수 있는 게임 콘텐츠 모두에게 있다. 그러나 가장 큰 성공이 요인을 들자면 역시 게이머들의 요구를 얼마나 충족시켜주었느냐 하는 것이다.

컴퓨터 테크놀로지가 빠른 속도로 발전함에 따라 콘솔게임시장도 함께 발전하였다. 현재 콘솔게임기의 대표적인 제품으로 꼽는 PS2나 X-Box 같은 게임기들은 그 성능만으로 볼 때 개인용 컴퓨터에 뒤지지 않는 훌륭한 제원을 갖추고 있다. 하드웨어의 성능은 최고점으로 달리고 있다. 다만 게이머들이 목말라 하는 그 무엇인가를 게임으로 구현해내는 과정은 8비트 게임기의 시절이나 지금이나 크게 다를 바 없다는 것이다. 물론 시대가 변하면서 혹은 유행이 변하면서 게이머들의 요구도 다양하게 변화하였다. 게임 역시 대중문화이기 때문에 대중들의 트렌드에 따라 게임콘텐츠도 변화해야한다.

현제의 대표적인 콘솔게임기인 PS2와 X-Box가 갖는 의미를 제대로 알고 있어야만 미래의 콘솔게임시장에 대한 예측과 분석이 가능해진다. 따라서 이번 장에서는 PS2와 X-Box의개발 배경과 제원 그리고 발전방향에 대해서 살펴보기로 하자.

❶ PS2

대부분의 사람들이 세계에서 가장 많이 팔린 콘솔 게임기를 꼽으라면 소니컴퓨터엔터테인 먼트(SCE)의 Play-Station을 말한다. 하지만 정작 세계에서 가장 많이 팔린 제품은 Nintendo 사의 슈퍼패미콤이다. 이는 PS에 대한 사람들의 인지도가 얼마나 확고한 가를 대변하는 것이라 할 수 있겠다. 콘솔 게임기 하면 먼저 PS를 떠올리는 것은 그 만큼 PS가 게임을 즐기는 게이머들에게 만족감을 주었다는 것이다.

〈그림 2.1〉 Play-station, SCE

1994년 12월 일본에서 SCE의 PS가 발매되었다. 함께 출시된 Namco의 〈릿지레이서(Ridge Racer)〉의 인기에 힙 입어 비교적 순조로운 출발을 보였다. 소니의 PS는 과거의 16비트 게임기에 비해 현실감 넘치는 3차원 그래픽을 사용하여 기존의 게임들에게 큰 자극이 되었다. 16비트 게임기 시절에는 화면의 축소와 확대, 그리고 회전 기능만을 이용하여 일종의 착시현상을 유발하는 3차원 그래픽 게임들이 주로 발매되었으나 PS는 리얼한 3D 게임을 구현하여 게이머들을 매료시켰다. 이후

〈투신전〉이라는 3차원 격투게임과 아케이드 게임용으로 출시되었던 〈철권(Tekken)〉을 PS용으로 출시하면서 PS의 인기몰이가 시작되었다.

당시에 콘솔 게임기 시장을 석권하고 있던 것은 SEGA의 새턴이었다. 새턴이 일본 내 판매량 100만대를 돌파하면서 시장의 구도가 새턴쪽으로 완전히 기우는 듯하였다. 이런 추세에 대응하여 SEC는 게이머들이 새턴으로 편중되는 것을 막기 위해 세가의 인기 게임들이 출시되면 그와 비슷한 타이틀로 맞대응을 하는 전략을 펼쳤다. 물론 아류작이라는 한계 때문에 세가의 게임들을 뛰어넘지는 못했지만 최소한 게이머들이 새턴으로만 완전히 편중되는 현상은 막을 수 있었다. 이후 다양한 전략과 노력으로 인해 SEC는 콘솔 게임기 시장의 왕좌를 거머쥘 수 있게 된다.

〈표 2.1〉 플레이스테이션 (PS) 하드웨어 스펙

구 분	내 용
CPU	R3000 커스텀 칩, 33.86Mhz
Memory	메인 RAM : 2Mb, 비디오 RAM : 1Mb, 사운드 RAM : 0.5Mb
색상	최대 1677만색
사운드	ADPCM 24채널
해상도	256*224-640*480
CD-ROM	2배속
동영상	MDEC 동화상 재생
폴리곤처리	최대 36만개 처리
스프라이트	최대 4000개 처리
미디어	2배속 CD-ROM(오디오 CD, 싱글 CD 호환)

　PS가 성공할 수 있었던 가장 큰 원인을 꼽자면 바로 중소 게임 제작자들을 위한 열린 정책 때문이었다고 할 수 있다. SEC는 PS를 발매하기 전부터 게임 시장의 동향을 면밀히 검토하고 분석하여 다양한 해결책들을 모색하고 있었다. 그 중 하나가 유통, 광고, 그리고 중소 타이틀 제작사를 위한 지원정책이었다. 당시의 콘솔 게임기 개발시장은 철저하게 하드웨어 개발사가 유리한 구조로 형성되어 있었다. 특히 패미콤 시절부터 계속된 롬 카트릿지 제작에 대한 부담이 32비트 게임기 시장으로 전환되면서 더욱 증가하였던 것이다. 용량의 상승으로 인한 카트리지 제작비용의 증가와 32비트에 걸 맞는 그래픽을 보강하기 위해 인건비와 개발 툴이 비싸진 것도 중소게임 개발업체에게는 큰 부담으로 작용했던 것이다. 더군다나 중소 게임 제작사들은 토이쇼 등을 비롯한 전시회 참가비용과 TV CF등에도 직접적인 비용지출이 요구되었기 때문에 제작비에 큰 부담을 느낄 수밖에 없었다.

　하지만 SCE는 이러한 써드파티(Third Party)[29]들의 고충을 정확하게 간파하고 철저하게 이들을 위한 정책을 펼쳤으며 이로 인해 PS용 게임타이틀의 질적인 개선은 물론 양적인 확충까지 얻게 된다. 그 당시에는 스퀘어나 에닉스, 즉 닌텐도의 양대 써드파티를 당장 PS진영에 참여시킬 수는 없었지만 PS게임을 개발하고 싶어 하는 신생 제작사들을 흡수하기 위한 방안을 마련한 것이다. 그래서 SCE는 중소 게임 제작사들을 위해 게임을 직접 매입하여 자신들이 유통에 참여하였으며 자사 광고와 함께 중소 게임 제작사들의 타이틀도 함께 광고를 했다. 특히, SCE는 토이쇼와 95년부터 개최된 토쿄 게임쇼(TGS)를 비롯하여 미국의 E3(Electronic Entertainment Expo), 영국의 ECTS(European Computer Trade Show) 등의 세계적인 게임쇼에 자사와 협력하고 있는 중소제작사들의 게임도 함께 전시하는 등의 홍보활동을 적극 지원

---

29. 판매자와 구매자 이외의 관계에 있는 회사를 말한다. 게임업계에서는 하드웨어 개발사(비디오 게임기 개발사)와 게임구매자 이외의 소프트웨어 개발사를 일컫는다. 게임업계에서 써드파티의 개념이 처음 등장했을 당시에는 대부분의 소프트웨어 개발사들은 중소게임개발사들 이었다.

했다. 덕분에 PS가 발매된 이후에는 상당한 실력을 가진 중소 게임 제작사들이 눈에 띄게 성장하기 시작했고, 그 중에는 현재 유명한 게임 개발사로 발돋움한 성공사례가 많이 있다.

PS2는 1995년 이후 PS의 성공에 힘입어 가정용 비디오 게임기 시장을 독점하다시피 해온 SCE가 차세대 게임기로 2001

〈그림 2.2〉　Play-station2, SCE

년 야심차게 발표한 제품이다. PS가 시장을 장악하고 있던 시절 차세대 콘솔 게임기를 표방하며 몇몇 게임기들이 발표가 되었다. 미국의 실리콘 그래픽스(Silicon Graphics)와 그 자회사인 밉스(MIPS)와의 업무제휴를 발표하며 64비트 게임기 개발을 공표했던 닌텐도의 '닌텐도64'가 그 하나이다. 또한 PS가 등장하기 이전의 콘솔 게임기 시장을 지배하던 세가에서 재기를 노리며 야심차게 준비한 작품이 '드림캐스트'이다. 드림캐스트는 윈도우CE와 Direct-X를 사용하였고 비교적 간단한 하드웨어 구조를 갖고 있었기 때문에 개발자들이 쉽게 다룰 수 있는 장점이 있었다.

드림캐스트의 발매초기에는 당시 세가의 전무직을 맞고 있었던 유가와 전무를 광고의 모델로 내세우며 대중들에게 인기를 얻었고 동시 발매 타이틀이었던 〈버추 파이터 3TB〉가 큰 인기를 얻으면서 대박을 예감하여 좋은 출발을 하였다. 그러나 부품의 부족으로 인한 제품생산이 늦어졌고 버추 파이터의 인기를 이어갈 대작 타이틀이 없어서 그 열기가 점차 식더니만 결국 2000년 세가는 가을부터 드림캐스트 생산을 포기하고 게임 제작사로의 방향전환을 감행하게 된다.

드림캐스트의 인기가 시들해질 무렵 SCE는 PS2에 대한 정보를 조금씩 대중들에게 흘리기 시작했고 마침내 1999년 3월 PS2라는 새로운 하드웨어를 발표하기에 이른다. PS2는 기존의 게임기에 비해 상당히 많은 장점을 가지고 있다. DVD재생이 가능하고 기존의 PS 타이틀과도 완벽하게 호환이 가능했다. 일반적으로 PC의 경우 같은 기본적인 구조는 같고 소프트웨어와 하드웨어가 발전해 나가는 형태인데 반해 게임기는 후속모델이라도 아키텍처가 다르기 때문에 호환성이 없었다. 그러나 SCE는 PS2에서 PS의 타이틀을 사용가능하게 함으로 새로운 게임기 발매 초기에 나타나는 킬러타이틀 부재라는 문제점을 해결할 수 있었다. 이 후 많은 인기 게임을 발매하면서 PS2는 게임기 시장에서 오랫동안 왕좌자리를 차지할 수 있었다.

국내 시장에 콘솔 게임기가 본격적으로 등장한 것은 1980년대 후반부터다. 초창기에는 개인이나 중소 무역업자들이 소규모로 미국과 일본의 콘솔 게임기를 소개했으나 닌텐도의 패미컴을 시작으로 콘솔 게임기가 일본에서 붐을 일으킨데 자극을 받은 대기업이 수입사업에 경쟁적으로 나서서 90년대 초반까지는 비교적 시장이 활기를 띄었다. 하지만 국내에서는 게임과 일본문화에 대한 부정적인 정부의 견해로 인해 콘솔 게임기에 특별소비세를 부과하였고 국내 시장은 침체되기 시작했다. 더군다나 1994년부터 일본어 자막과 음성이 들어간 게임 타이틀은 사전심의를 통과하지 못하여 국내 가정용 게임시장은 급격히 냉각되었고 상대적으로 타이틀 제작이 손쉬운 PC게임이 활성화되기 시작했다.

〈표 2.2〉 PS2의 하드웨어 스펙

CPU	개발업체	도시바, SCE
	아키텍처	SuperscalarMPS-Ⅲ
	동작주파수	294.912MHz
	메인메모리	32Mb
그래픽 칩셋	개발업체	소니, SCE
	동작주파수	294.192MHz
	폴리곤 성능	초당 6600백만
	비디오 메모리	4Mb
입 · 출력	게임콘트롤러	지원(2포트)
	USB	지원(2포트)
	IEEE1394	지원(S400i,Link)
	모뎀	옵션
	이더넷	옵션
	A/V	멀티/옵티컬 아웃
	PCMCIA	지원
	최대해상도	1280*1024 지원
저장장치	CD-ROM	지원(24배속)
	DVD-ROM	지원(4배속)
	HDD	옵션
	게임데이타 저장	8Mb메모리카드

이후 정부의 대일 문화개방정책과 맞물려 2002년 2월 드디어 국내에 PS2가 정식발매되었다. 그 이전까지는 음성적인 시장을 형성하여 용산전자상가를 중심으로 게임기의 불법적인 개조와 복제 등이 만연하였다. 몇몇 특정 게이머들만이 일본에서 직접 공수한 게임을 즐길 뿐 대

부분은 용산에서 카피한 불법복제 게임을 대신해야만 했다. 그럼에도 불구하고 PS2에 대한 추종자 층은 날로 확대되었고 정작 정식 수입절차를 거쳐 발매된 PS2는 예상에 훨씬 미치지 못하는 판매실적을 올리게 되었다.

하지만 시간이 지날수록 PS2용 타이틀이 국내 사용자들을 고려한 훌륭한 한글화 작업과, 저가격정책 등으로 게이머들에게 좋은 평을 받고 있다. PS2는 초당 7,000만개 이상의 폴리곤을 처리할 수 있는 고성능의 그래픽 처리시스템을 갖추었고 128비트의 CPU와 DVD를 플레이할 수 있는 기능까지 갖춘 당시로써는 '슈퍼컴퓨터에 준하는 게임기'라는 모토를 내 걸 만큼 훌륭한 하드웨어 스펙을 자랑했다. 일례로 PS2 백여대를 병렬 연결하여 슈퍼컴퓨터를 만드는 등의 퍼포먼스를 보여 그 성능을 과시하기도 했다. SCE의 국내 시장점유를 위한 노력으로 그 가능성을 보이고 있으며 〈귀무자2〉, 〈위닝일레븐 시리즈〉, 〈데빌 메이 크라이〉, 〈철권 태그토너먼트〉 등 인기를 끌고 있는 게임 타이들이 지속적으로 발표되고 있기 때문에 국내 시장점유율도 점차 높아질 것으로 예상하고 있다.

물론 PC게임 개발분야처럼 개발구조 자체가 개방적이지 못하고 하드웨어 제작사와 게임소프트웨어 개발사간의 계약이후에 게임을 개발할 수 있는 SDK를 사용할 수 있는 닫혀진 구조를 가지고 있기 때문에 필연적으로 발생하고 있는 콘솔 게임 개발사와 개발인력의 부족현상은 국내 콘솔 게임시장이 안고 있는 매우 큰 취약점이라고 할 수 있다. 또한 국내에서 매우 강세를 보이고 있는 온라인게임과 PC방등이 점유하고 있는 게이머들을 어떻게 콘솔 게임으로 전환시키느냐에 대한 문제도 해결해야할 과제로 남아 있으며 하드웨어 불법개조를 통한 음성적 시장의 팽배에 대한 구체적인 대처방안을 마련해야 한다.

❷ X-Box

　세계 최고의 기업인 마이크로소프트는 MS-DOS와 Windows의 성공으로 지난 20여년간 PC시장을 이끌고 있다. 하지만 마이크로소프트의 빌 게이츠는 오래전부터 가정용 TV와 네트워크의 연결에 대한 비전을 갖고 있었다. 미래의 TV는 고화질TV(HDTV)의 대중화와 네트워크의 접속으로 인해 인터넷 사용 등 기존의 TV와는 비교할 수 없는 커다란 역할을 할 가능성이 높다. 빌 게이츠는 이를 예측하고 1990년 초반부터 '미래에는 TV가 멀티미디어 기기가 될 것이다'라고 주장하였다. 현재까지도 멀티미디어가 무엇인가에 대한 정확한 개념이 정립되지 않았으나 PC에서 제공하는 e-mail이나 인터넷 서핑, 게임, 동영상 및 음악감상 등 거의 대부분의 장점들은 점점 가정용 게임기의 그것과 충돌하고 있다. 가정용

〈그림 2.3〉 X-Box

게임기의 성능이 발전하면서 게임만 즐기는 목적이 아니라 종합멀티미디어 기기로 변신해가고 있기때문이다.

　특히 1980년대 중반부터 급격히 성장하기 시작한 게임 사업은 마이크로소프트마저 PC게임 시장에 참가하게 만든다. 항상 주장해오던 TV의 가능성에 대한 사업을 동시에 시작한 마

이크로 소프트는 PC보다는 TV와 연결해서 사용하는 콘솔 게임기에 대한 가능성을 인정하고 주력으로 쌓아왔던 PC의 OS기술을 콘솔 게임기에 적용하게 된다. 이미 96년부터 빌 게이츠는 일본 게임 업계에 아케이드 및 콘솔 게임기 하드웨어의 규격화와 함께 Direct-X의 사용을 권유해 왔고, 그 결과 세가의 드림캐스트에 윈도우 CE와 Direct-X 기술을 채용하게 된다. 하지만 드림캐스트에서 윈도우 CE와 Direct-X를 사용한 게임은 〈세가 랠리 챔피언쉽 2〉와 〈북으로〉등 겨우 몇 타이틀에 불과해 사실상 마이크로소프트의 윈도 침투전략은 일단 실패로 돌아간다.

이후 1999년 8월 런던에서 개최된 ECTS(European Computer Trade Show)에서 MS사는 비공식적으로 코드명 X-box라는 명칭의 복합게임기를 시연했다. X-Box는 기본적으로 PC와 흡사한 구조를 가지고 설계되었으며 MS의 축적된 윈도기술을 바탕으로 기존의 PC게임을 개발하던 개발사들이 쉽게 전용 타이틀을 제작할 수 있는 장점을 내세웠다. 윈도우 CE와 Direct-X의 사용 그리고 PC그래픽 카드업계의 강자로 떠오른 nVIDIA의 최신 그래픽 칩셋을 장착했으며 8GB의 하드디스크와 네트워크 어댑터를 내장하는 등 막강한 스펙을 갖추고 있다.

문제는 경쟁상대인 SCE의 Play-Station과는 비교가 안 되는 턱없이 부족한 게임소프트웨어를 확보하는 일이었다. 당시 닌텐도와 세가, EA, 스퀘어 등 대형 게임회사들을 매수하기 위해 MS는 많은 노력과 돈을 퍼부었지만 결과적으로 모두 실패에 그치고 말았다. 하지만 X-box는 PC와 같은 기반의 OS를 사용한다는 점과 게임개발 구조가 개방적인 구조를 취하고 있다는 점, 그리고 Play-Station 보다 월등한 하드웨어 성능 때문에 개발자들로부터 많은 관심을 끌어냈다.

〈표 2.3〉 X-Box의 하드웨어 스펙

CPU	개발업체	인텔
	아키텍처	Pentium-III
	동작주파수	733MHz
	메인메모리	64Mb
그래픽 칩셋	개발업체	nVIDIA
	동작주파수	300MHz
	폴리곤 성능	초당 1억5000만
	비디오 메모리	-
입 · 출력	게임콘트롤러	4포트
	USB	지원
	IEEE1394	-
	모뎀	지원
	이더넷	지원(10/100Mbps)
	A/V	전용포트
	PCMCIA	-
	최대해상도	1920*1080(HDTV지원)
저장장치	CD-ROM	지원
	DVD-ROM	지원(5배속)
	HDD	8GB
	게임데이타 저장	8Mb메모리카드

현재까지는 SCE의 PS2에 비해 시장점유율 부분이 매우 저조하지만 세계굴지의 기업인 MS가 기업의 사활을 걸고 대규모의 자본을 바탕으로 공격적인 마케팅과 투자를 감행하고 있기 때문에 SCE는 결코 안심할 수 없는 상황이다. 특히 차세대 콘솔 게임기로 2005년 E3에서 발

381

표된 X-Box360의 뛰어난 성능과 지금까지 PS2 게임만을 고집하던 일본의 주요 게임개발업체들이 속속 X-Box360용 게임을 개발하겠다는 의사를 밝히면서 또 한 번 게임기 시장에서 대단한 격돌이 예상되고 있다. 이에 SCE에서는 Playstation3를 준비하고 있으며 이 두 가지 게임기에 대한 전문가들의 예상도 엇갈리고 있다. 과연 21세기를 지배할 통합멀티미디어 기기라는 타이틀을 걸고 벌이는 이 전쟁 아닌 전쟁에서의 승자가 누구일까에 대해 귀추가 주목되고 있다.

〈그림 2.4〉 X-Box 360, Microsoft

〈그림 2.5〉 Playstation3, Sony

분명한 것은 구체적인 구현에 필요한 하드웨어나 시스템도 무척 중요하지만 게임기를 사용하는 게이머들의 요구를 얼마나 충족시켜 줄 수 있느냐가 더 중요하다. 양질의 콘텐츠가 요구되는 것도 이러한 이유에서이며 단순히 게임기로써의 역할 뿐 아니라 가정용 통합멀티미디어 기기로써의 역할을 훌륭히 수행할 수 있어야 할 것이다.

❸ 콘솔 게임의 온라인화

'온라인 게임 강국'이라는 말에 우리는 너무도 익숙해져 있다. 온라인 게임이라면 무조건 우리나라가 최고이며 세계의 온라인 게임 시장을 이끌고 있는 선두적인 위치라는 것에 추호의 의심을 하지 않는다. 그러나 실상 게임업계에 종사하고 있는 개발자들은 이미 위기를 느끼고 있으며 우리의 자존심으로 내세우고 있는 온라인 게임마저 미국이나 일본 같은 게임의 선진국에게 그 자리를 내주지 않을까 하는 우려의 목소리들이 높아져가고 있다. 특히, 북미쪽에서는 이미 온라인게임의 플랫폼을 PC가 아닌 콘솔게임으로 그 방향을 맞추고 있기 때문에 현재까지는 네트웍 기능이 콘솔에 비해 비교적 손쉽게 개발 가능한 PC 플랫폼 기반의 온라인 게임이 성행하였으나 앞으로는 그를 장담할 수 없게 된 것이다.

물론 콘솔게임기가 네트웍 기능면에 있어서는 PC플랫폼에 비해 여러 가지로

〈그림 2.6〉 SOCOM, SECA / Zipper Interactive Inc

불편한 점이 많다는 것은 사실이다. 특히 온라인게임에서 매우 중요하게 작용하는 '가상공동체'의 유지요건이 지속적인 커뮤니케이션인데 PC플랫폼에서는 키보드를 통한 매우 자연스러운 커뮤니케이션이 가능하다. 반면에 콘솔게임은 기기의 특성상 사용자간의 커뮤니케이션에 상대적으로 어려운 방식을 취하고 있다. 부가적인 장치의 개념으로 전용 키보드를 장착할 수도 있으나 이는 다시 부가장치를 구입해야한다는 부담이 작용하며 네트웍 모뎀과 함께 끼워서 판매되고 있는 헤드셋도 사용자들에게 큰 호응을 얻지는 못했다. 텍스트를 통한 커뮤니케이션에 익숙해져 있는 사용자들에게 음성을 통한 커뮤니케이션은 익숙하지 않았던 까닭이다.

그러나 이러한 문제점에도 불구하고 콘솔게임의 온라인화는 매우 급속도로 진행되고 있다. 콘솔게임 업계를 이끌고 있는 소니와 MS는 콘솔게임의 발전 방향도 온라인화에 있다는 점을 강력하게 주장하며 계속해서 콘솔게임용 온라인게임에 대한 연구개발에 박차를 가하고 있다. PS2용 밀리터리 액션게임인 〈SOCOM〉을 필두로 소니는 국내에서 콘솔게임용 온라인 게임을 발매하기 시작했으며 X-Box는 세계 최대의 스포츠 게임 퍼블리셔이면서 동시에 개발사인 EA사와 합작하여 'X-Box Live'라는 콘솔게임기용 온라인게임들을 스포츠 장르에서 하나둘 서비스하기 시작했다.

사실 콘솔게임기에서 네트워크 게임을 서비스한 것이 소니나 MS의 독창적인 아이디어는 아니다. 이미 1979년에 'CVC(Control Video Corporation)'이라는 회사는 '게임라인'이라는 최초의 콘솔게임기용 온라인 네트워크 서비스를 상용화했다. 당시 Atari의 VCS용 게임을 1200bps급 모뎀을 이용하여 전화선을 통해 다운로드 받는 서비스를 고안했으며 '마스터 모듈'이라는 특수한 카드리지를 통해서 접속 요금을 받았다. 비록 이 서비스는 1983년 '아타리 쇼크'로 인해 빛을 보지 못하고 시장에서 사라졌지만 닌텐도의 '브로드밴드 X'라는 서비스로 이어졌고 소니의 '플레이스테이션 브로드밴드(PS-BB)'라는 온라인 서비스로 다시금 부활하게 된다.

PS2와 X-Box로 대변되는 현재의 콘솔게임기들은 기본적으로 네트웍 어뎁터를 내장하고 있으며 쉽사리 초고속 인터넷 망에 연결할 수가 있다. 과거에는 모뎀을 사용하는 열악한 환경을 제공했으나 지금은 그렇지 않다. 오랫동안 수많은 히트작을 발표해 온 게임개발사들은 콘솔게임이 온라인화가 된다는 것이 어떤 의미인지 잘 알고 있다. 혼자서 즐기는 스탠드얼론 게임들은 한계가 있으며 대부분의 게이머들이 친구와 함께 게임을 즐기는 것이 얼마나 흥미로운 일인가에 대해 잘 알고 있다. 필연적으로 콘솔게임의 온라인화는 급속도로 진행될 것이며 문제점으로 나타나고 있는 부분에 대한 훌륭한 대안이 속속 개발될 것이다.

PS2는 이미 2002년 5월16일부터 스퀘어의 첫 번째 온라인 게임인 〈파이널 판타지 XI〉를 서비스하기 시작했고 다양한 온라인 콘텐츠를 갖추기 위해 총력을 기울이고 있으며 이는 온라인 콘솔게임시장의 선점을 위한 노력이라고 볼 수 있다. 온라인 서비스가 보급되면 소프트웨어 및 콘텐츠 유통에도 많은 변화를 예상하고 있다. PS2가 인터넷에 연결되면 PC의 확장팩처럼 게임의 추가 데이터를 유, 무료로 다운로드 서비스하거나 제한된 양만큼의 온라인 게임을 서비스 할 수도 있다. 또한 PC처럼 데모 버전을 미리 공개하여 홍보효과를 거둘 수도 있으며 인터넷상으로 음악이나 영상의 송신 서비스도 가능하다. 소니는 브로드밴드 유닛에 브로드밴드 네비게이터를 탑재시켜 PS 에뮬레이터와 PS2 플레이어, 메일, 인스턴스 메시지 기능, 쥬크 박스, 멀티미디어 플레이어 등의 기능을 제공하게 된다.

이를 위해 소니에서는 DNAS(Dynamic Network Authentication System)를 설치하고 이를 통해 새로운 비즈니스 모델의 구축과 PS2나 네트워크 대응 AV기기, IT제품의 하드웨어와 결제 서비스, 그리고 게임, 음악 등의 컨텐츠를 적극적으로 육성해 나갈 예정이다. 이미 PS2를 이용하여 디지털 콘텐츠의 전자상거래와 게임은 물론 디지털 데이터라면 어떤 것이든 유통이 가능하다는 것을 알고 있으며 이에 초점을 맞춘 하드웨어 개발에서부터 적당한 디지털 콘텐츠를 개발하는 모든 작업에 집중하고 있다. 특히 게임분야는 콘솔게임기를 구입하는 가장 큰 원인이기 때문에 게이머들을 PS2앞에 앉게 할 수 있는 킬러타이틀을 지속적으로 공급해야 한다는 것을 누구보다도 잘 알고 있다.

반면 MS도 이러한 소니의 움직임에 매우 민감하게 대응하고 있다. X-Box를 처음 개발 당시부터 네트워크 기능에 있어 PS2를 앞서기 위해 심혈을 기울였으며 윈도우기반으로 제작되는 X-Box는 PC의 장점을 그래도 이어받아 네트워크 온라인 게임분야에 있어서는 PS2를 능가하는 것이 사실이다.MS는 X-Box를 통한 네트워크 서비스인 'X-Box Live'를 2002년 11월부터 서비스하기 시작했다. 발매초기부터 네트워크 기능을 강조하는 홍보를 펼쳤던 MS는 기대이하의 판매실적의 원인으로 X-Box Live를 살리지 못한 것으로 꼽고 있다. 이에 MS는 좀 더 공격적인 마케팅과 타이틀개발에 막대한 자금을 쏟아 부으면서 X-Box Live를 활성화시키려 노력하고 있다. 이러한 움직임의 하나로 세계 최대의 스포츠게임 유통사이며 개발사인 EA와 전략적인 제휴를 통해 X-Box Live를 활성화시키려 하고 있다.

세가의 인기 아케이드 게임인 〈스파이크 아웃〉을 X-Box Live에 대응시켜 제작하고 있으며 일본의 유명한 40여개의 게임개발사가 약 50여개의 라이브 대응 게임을 개발하고 있다. 〈언리얼 토너먼트(Unreal Rournament)〉, 〈맥 어설트(Mach Assault)〉, 〈NFL 피버 2003〉, 〈미드타운 매드니스(Midtown Madness)〉, 〈레인보우 식스 : 레이븐 쉴드(Rainbow Six : Raven Shield)〉, 〈카운터 스트라이크(Counter Strike)〉 등 미국 및 유럽에서도 많은 X-Box Live용 게임을 개발하여 선보이고 있다.

X-Box Live는 한마디로 가정용 게임기를 기반으로 전 세계적으로 통일된 온라인 포털 서비스를 제공한다는 것이 가장 큰 장점이라고 할 수 있다. 사용자들에 대한 인증과 과금, 보안 시스템 등 온라인 게임 서비스에서 반드시 해결해야할 문제들에 대해 자사의 호스팅 인프

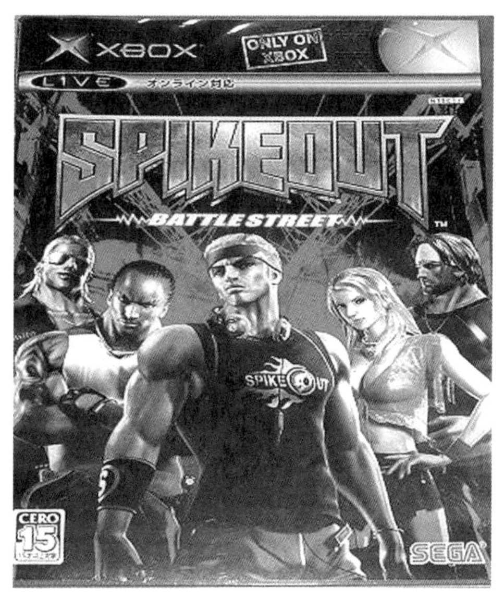

〈그림 2.7〉 Spike Out, Battle Street, SEGA

라를 통해 일괄적으로 관리하기 때문에 정작 개발사에서는 온라인 서비스에 대해서는 크게 신경쓰지 않고 다만 콘텐츠 개발에 전념할 수 있다는 것도 큰 장점이다. MS는 X-Box Live용 게임 개발에 참여하는 게임개발사가 사용자들에게 무료로 온라인 게임 서비스를 제공할 경우 개발사에 대한 수수료를 받지 않고 있다. 유로 서비스를 제공할 경우에는 사용자 인증서비스 및 사용자에게 부과되는 이용료의 일부를 MS에서 부담하고 있다. 이는 라이브 대응 온라인 게임을 개발하는 개발사들에게 큰 매력이 아닐 수 없다. 물론 독자적인 서비스가 가능한 회사라면

문제가 조금 달라지겠지만 그럴 능력이 안 되는 중소업체들에게는 큰 영향력을 발휘한다.

소니와 MS에 밀려 제3인자의 자리로 밀려나 있는 닌텐도도 온라인콘솔 게임시장을 그저 바라보고만 있지는 않을 것이다. 현재까지 열세에서 회복하지 못하고 있긴 하지만 과거의 왕좌를 지키고 있던 저력은 아직도 남아 있음이 분명하다. 소니나 MS에 비해 상대적으로 미온적인 입장을 고수해오고 있으나 역시 게임기를 통한 온라인 서비스에 무관심하다거나 중요성을 인지하지 못하고 있다는 것은 결코 아니다. 아마도 최적의 기회를 기다리고 있음이라 판단된다. 지금은 소니와 MS의 온라인 콘솔게임 전쟁이 너무나 치열하기 때문에 다만 기회를 엿보고 있을 뿐 결코 칼을 거둔 것은 아니다. 차근차근 준비를 하면서 시장이 무르익고 기회가 생기면 분명 나름대로의 새로운 무기를 들고 시장에 진출할 것은 자명하다.

이미 온라인 콘솔 게임시장은 격전의 장이 되었다. 국내에서는 그러한 움직임이 비교적 활발히 일고 있지는 않으나 전 세계적인 흐름으로 볼 때 국내도 조만간 그 전쟁터로 변할 것이다. 콘솔게임기의 밝은 미래를 점할 수 있는 유리한 고지를 점령하기 위한 세계적인 게임업체들의 치열한 전쟁이 당분간 지속될 것이며 우리는 어떻게 살아남을 것인가에 대한 대비책을 마련해야 하며 나아가 세계시장에 어떻게 진출할 것인가에 대한 미래지향적인 계획이 수립되어야 할 것이다.

❹ 가정용 비디오 게임기의 미래

21세기는 문화콘텐츠의 시대, 엔터테인먼트의 시대이다. 소형화 다기능화를 추구하는 21세기의 멀티미디어 기기는 다양한 문화콘텐츠와 엔터테인먼트 상품을 수용하기 위해 통합멀티미디어 기기의 형식을 취해가고 있다. 핸드폰에 카메라, MP3, 캠코더, 전자사전, TV기능 등 다양한 기능이 추가되고 있는 것과 마찬가지로 가정에서 사용될 수 있는 홈네트워킹의 중심에 있는 셋톱박스 기기가 요구되고 있다. 곧 다가올 미래에 이러한 수요가 창출해 내는 시장의 규모와 그 파급효과가 어떤 것인지에 대한 파악이 이미 끝난 소니나 MS같은 국제적기업들은 자신들의 게임기를 그 역할을 수행할 수 있는 다용도 기기로 발전시켜가고 있다. 아이들과 함께 거실에 모여앉아 저녁식사 후에 간단하게 즐기는 게임기가 전부가 아니다. 디지털 시대에 요구되는 다양한 기능과 가정에 보급된 여러 가지 디지털 가전기기를 하나로 통합하여 제어할 수 있는 통합 멀티미디어 기기에 점차로 다가가고 있다.

'집에 오면 자동인식 시스템에 의해 문이 열리고, 이미 퇴근 시간에 맞추어 난방 시스템이 자동으로 가동되며, 음성 인식과 같은 인터페이스를 통해 가정 내 기기들은 편리하게 조작한다...' 어느 업체의 광고 내용 중 일부이다. 영화에서도 자주 등장하는 모습으로 집 주인이 귀가하게 되면 주인이 평소에 하는 습관대로 집안의 분위기나 조명, 온도, 향기는 물론이고 좋아하는 음악까지도 자동으로 흘러나오는 그런 살아있는 집을 의미한다. 조그만 리모콘 하나로 온 집안의 모든 가전기기들을 제어할 수 있으며 통신은 물론 엔터테인먼트 기기 까지도 집이라는 하나의 전자기기속에 세탁기, 냉장고, TV, 전화기, 게임기 등의 각각의 기능을 하는 부속품들을 원하는 대로 조정할 수 있는 그런 모습니다.

이러한 꿈과 같은 환경을 가능케 하는데 있어 다양한 가전기기들과 통신기기 그리고 정보기기들을 하나로 묶어줄 수 있는 콘솔이 필요하며 그 역할을 게임기가 할 것이라는 것이 소니나 MS와 같은 국제적 기업들의 생각인 것이다. 홈 네트워킹을 구현하기 위해서는 데이터를 저장

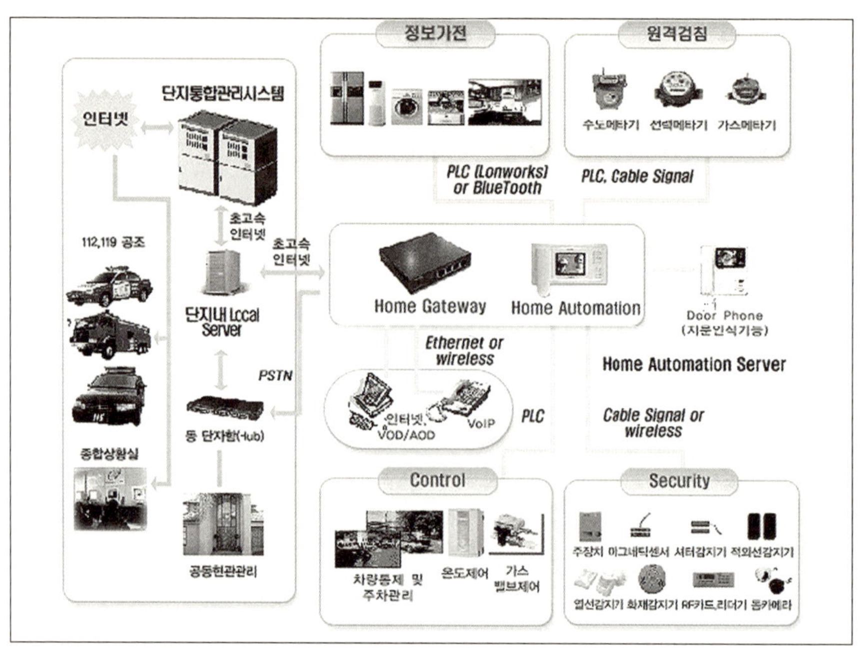

〈그림 2.8〉 홈 네트워킹 구성도

해주고 연결된 기기들을 제어할 수 있는 '홈 서버(home server)'와 가정 내의 네트워크를 외부에서 원격 제어할 수 있는 '홈 게이트 웨이(home gateway)', 그리고 유무선 입출력 단말기 등이 필요하다. 현재 사용되고 있는 대부분의 개인용 PC의 운용체제(OS) 시장을 독식해온 MS는 2001년 '윈도XP'라는 차세대 OS를 개발하여 보급하기 시작했으며 이는 'e-Home'이라는 새로운 컨셉과 일치한다고 볼 수 있다. 즉, 홈 PC의 역할을 문서작성, 오락, 인터넷 접속 기기 수준에서 벗어나 홈 네트워킹과 홈 엔터테인먼트의 허브(Hub)로 진화시키겠다는 것이다. 여기에 MS는 홈 네트워킹을 위한 홈 서버로 강력한 성능의 PC 또는 X-Box를 후보로 내세우고 있다.

가정용 비디오 게임기의 네트워크화는 단순히 혼자서 즐기던 비디오 게임을 온라인게임으로 즐길 수 있다는 것만을 의미하지는 않는다. 이미 PS2나 X-Box는 개발초기부터 단순게임기를 뛰어넘는 무언가를 위해 철저히 대비하고 출시되었다. 네트워크 인터페이스를 통해 웹서핑의 도구로 사용한다든지 디지털 방송의 수신기로 사용한다든지 간단한 홈 오피스 도구로 사용한다든지 DVD와 같은 고화질의 동영상 미디어 재생기로 사용한다든지 디지털 가전을 통합 제어하는 셋톱박스로 사용하는 등의 여러 가지 기능을 숨겨놓았다. 다만 그것을 100%활용할 수 있는 인프라 형성과 콘텐츠 확보 등의 문제를 시간을 두고 기다리고 있는 것이다.

8GB용량의 하드디스크, 광대역 인터넷접속 포트, 디지털 TV대응 기능을 내장하고 있는 것으로 미루어 볼 때 X-Box는 MS가 세워놓고 있는 홈 네트워킹 시장을 점령하기 위한 전략에 의해 개발된 게임기이면서 홈엔터테인먼트 서버로 손색이 없다.

소니도 결코 가만히 손을 놓고 있을 기업은 아니다. 그들도 역시 MS와 비슷한 구상을 하고 있으며 2000년 이후 자사에서 생산하는 가전제품과 유무선 정보기기 일체를 네트워크로 묶어 활용가치를 극대화 한다는 전략을 구체화 해왔다. 'UVN(Ubiquitous Value Network)'와 '코쿤(CoCoon : Connected Community On Network)' 프로젝트로 대변된다. UVN은 소니가 생산하는 모든 정보, 가전기기의 하드웨어와 소프트웨어를 네트워크에 연결하는 개념이다. 개인적인 자료는 모든 가전기기를 통해 서로 정보의 공유가 이뤄질 수 없다.

게임기라는 것은 상징적인 의미일 뿐 정작 그 주된 기능은 모든 멀티미디어 기기 및 가전기기 등을 통합·관리할 수 있는 홈 네트워킹의 중심이 되는 기기로 발전해 가는 것이 콘솔게임의 미래일 것이다. PS2를 이용해서 물건을 주문하고 인터넷 서핑을 즐기며 게임도하고 영화도 관람하며 집안의 모든 디지털 가전기기를 동시에 제어할 수 있는 그런 미래가 콘솔게임기의 앞에 펼쳐질 것으로 예상된다. 모든 디지털 가전을 통합·관리할 수 있다는 것은 미래사회의 정보를 직접적으로 관리할 수 있다는 것을 의미하며 이에 따르는 엄청난 상업적인 이익과 부가적인 부산물에 대한 세계적인 기업들의 영역쟁탈전이 치열할 것이라는 것을 의미한다.